Dr. med. Wilhelm Schüßler

Dr. K. Kirchmann

Bio-chemie Lexikon

nach Dr. Schüßler

Ein Lehr- und Verordnungsbuch der biochemischen Heilmethode

Eva Kirchmann Verlag

Ehestorfer Heuweg 40 · 2104 Hamburg 92

V. Auflage

Druck: Scharnhorst & Reincke, 2805 Brinkum/Bremen

Vertrieb: Kerstin Barsties, –Bio-Lex-Vertrieb–, Ehestorfer Heuweg 40, D-2104 Hamburg 92, Tel.-Nr.: 040/7 96 63 70, Fax-Nr. 040/7 96 59 36
ISBN 3-980 1928-1-4

Vorwort
(zur ersten Auflage)

Der seit vielen Jahren zu beobachtende allgemeine Zug der Bevölkerung zu giftfreien, naturgemäßen Heilmitteln hat durch die in letzter Zeit bekannt gewordenen Schädigungen durch giftige Arzneien einen starken Auftrieb erfahren.

Unter den naturgemäßen Heilmethoden ist die Biochemie nach Dr. Schüßler zusammen mit der Homöopathie wohl die bedeutendste. Der praktische Arzt kann angesichts des Fehlens jeder Ausbildungsmöglichkeit auf den Universitäten die Biochemie nicht verordnen und die Heilpraktiker wenden sich meist der Homöopathie zu.

Die Herausgabe eines umfassenden volkstümlichen, dabei auf streng wissenschaftlicher Basis aufgebauten Lehr- und Verordnungsbuches dürfte daher einem Bedürfnis entsprechen.

Das vorliegende Werk gründet sich in allen Teilen (wissenschaftliche Begründung, praktische Krankheitsbehandlung, Ernährungsvorschriften usw.) auf eine mehr als 40jährige umfassende Forschungsarbeit und praktische Erfahrung und Beobachtung des Verfassers.

Es möchte dem Leser Anregung bieten, dem Patienten aber zur Wiedererlangung des höchsten Gutes, der Gesundheit, verhelfen.

Hamburg, im Juni 1962.

Der Verfasser

Vorwort

(zur zweiten Auflage)

Es war schon der Wunsch des verstorbenen Dr. KARL KIRCHMANN, daß ich eines Tages die Überarbeitung des „biochemie-lexikons" vornehmen sollte. Frau Eva Kirchmann hat diesen Wunsch erneuert und so geht nun das Buch in einer zweiten überarbeiteten Auflage hinaus in die Hände der mehr und mehr steigenden Zahl der Anhänger der Lehre Dr. med. W. H. Schüßlers.

Die wissenschaftlichen Erkenntnisse der letzten Jahre – nicht zuletzt auch die Kybernetik – haben die Wirkung der biochemischen Funktionsmittel erklärbar gemacht.

Unumstößlich bleibt bestehen, daß die Grundgedanken Dr. Schüßlers seiner Zeit weit voraus waren und – von der Fachwelt damals oft belächelt und angefeindet – heute beweisbar geworden sind.

Die Biochemische Heilweise, deren volkstümlichster Interpret Dr. Karl Kirchmann war, tritt ihren Weg in das 2. Jahrhundert ihres Bestehens mit einem sachlichen Fundament an.

Jesteburg / Osnabrück, im Sommer 1976

Günther Lindemann

Vorwort
(zur dritten Auflage)

Ist die Bio-Chemie nach Dr. Schüßler zeitgemäß?

Wir leben heute in einer sehr zwiespältigen Zeit: Einerseits vertrauen wir auf die Errungenschaften der modernen Technik und konsumieren bedenkenlos; andererseits bahnt sich ein Bewußtsein an, für die alten unverfälschten Werte und Erfahrungen.

Wenn wir dieses betrachten in Hinblick auf die Gesunderhaltung unseres Organismus, so stehen wir auf der Schwelle zwischen der bequemen Auffassung hinsichtlich unkritischer Anwendung chemischer Medikamente und der Rückbesinnung auf die Erfahrung der alten Ärzte, hinsichtlich der Anwendung natürlicher Stoffe und deren Aufbereitung zur Gesundung kranker Menschen.

Wenn wir in diesem Zusammenhang die Biochemie nach Dr. Schüßler betrachten, so hat diese (neben einer ganzen Reihe weiterer vorzüglicher Methoden) auch heute noch ihren festen Platz bei der Behandlung kranker Menschen. In diesem Buch, das jetzt zu recht seine 3. Auflage erlebt, wird das Gedankengut des weitschauenden Arztes Wilhelm Schüßler nicht nur von seiner medizin-theoretischen Seite erläutert, sondern in besonders ausführlicher Weise praktisch anwendbar gemacht. Dieses Buch ist sowohl für den interessierten Mediziner geeignet, der sich über die Anwendung dieser Methode anhand ihrer historischen Entwicklung informieren will, als auch für den Laien, der sich verantwortungsbewußt um die Belange seiner eigenen Gesundheit kümmern möchte.

Nun will das Buch beileibe nicht, daß jeder sein eigener Arzt wird: dies wäre sicher falsch, denn er könnte wegen fehlender Diagnose zur falschen Anwendung auch der Funktionsmittel kommen (nutzlos!). Oder er könnte dabei Erkrankungen übersehen (gefährlich!).

Aber als Ergänzung bei der Behandlung der aufgeführten Krankheiten können die ausführlichen Hinweise auch dem Nichtfachmann nützlich sein.

Die weite Verbreitung, die dieses Buch bisher erfahren hat, ist der Neuauflage zu wünschen: Das Buch, in seiner völlig überarbeiteten Form, bringt eine zeitgemäße Übersicht mit vielen Einzelhinweisen für diese auch heute noch zeitgemäße Heilmethode.

Ahlen, Mai 1982

Hans D. Gosau

Vorwort

(zur vierten Auflage)

Mehr als 25 Jahre sind vergangen, seitdem das „Biochemie-Lexikon" in seiner ersten Auflage im Jahre 1962 erschien. In dieser Zeit wurde das Lebenswerk Dr. Karl Kirchmanns mit über 70.000 verkauften Exemplaren zu dem Standardwerk der biochemischen Heilmethode nach Dr. Schüßler.

Die Hinwendung zu naturgemäßen Lebensformen und Heilmethoden, wie sie erfreulicherweise gerade auch bei der jüngeren Generation in der letzten Zeit zu verzeichnen ist, läßt erwarten, daß die Verbreitung der biochemischen Heilmethode weiter zunimmt und die vorliegende vierte Auflage nicht die letzte sein wird.

Hamburg, im Juni 1988

Eva Kirchmann

Vorwort

(zur fünften Auflage)

Der Verfasser des „Biochemie-Lexikons" hatte seinerzeit eine Reihe von Spezialpräparaten zur Unterstützung der Therapie mit den biochemischen Mineralsalzen entwickelt und produziert, auf die verschiedentlich im Krankheitsverzeichnis dieses Buches verwiesen wird.

Leider sind nach Übernahme der Firma Biokirch durch andere Inhaber viele dieser Präparate nicht mehr erhältlich.

Dies betrifft z. Zt. die

- Asthma-, Herz-, Husten-, Leber- und Galle- sowie Magentropfen,
- biochemischen Tees nach Dr. Kirchmann,
- Spezialpräparate Hämosan, Nervenöl, Stomac und Florin.

Da meinerseits keinerlei Einflußnahme mehr auf die Produktpalette dieser Firma besteht, werden möglicherweise noch weitere Präparate vom Markt genommen.

So bedauerlich diese Entwicklung ist, besteht dennoch weiterhin die Möglichkeit, die biochemische Therapie ggf. durch die Anwendung anderer naturgemäßer Heilmittel (vgl. u. a. das Kapitel „Biochemie und Arzneikräuter") zu ergänzen.

Insbesondere ist dabei an Tees und Kräuterextrakte, die von diversen Herstellern angeboten werden, zu denken.

Hamburg, im August 1990.

Eva Kirchmann

Inhaltsverzeichnis

Dieses Buch ist ein Bekenntnis

zu einer wahrhaft naturgemäßen Lebens- und Heilweise. Es erhebt nicht den Anspruch, alleinseligmachende Theorien über eine gesunde Lebensführung oder eine vollständige Gesundheitslehre zu verkünden; aber es bekennt sich zur Biochemischen Heilmethode Dr. med. W. H. Schüßlers.

Dieses Buch ist ein Programm

Die Biochemische Heilmethode Dr. Schüßlers hat in den rund 100 Jahren ihres Bestehens ihre Zuverlässigkeit bewiesen. Da aber dem angehenden Mediziner bis heute keine Gelegenheit geboten ist, diese Heilmethode während seines Hochschulstudiums kennen zu lernen, muß es das Ziel eines informierten Behandlers sein, die Verbreitung dieser Methode durch Wort und Schrift zu fördern. Und in diesem Sinne darf gesagt werden: Verbreitung der Biochemischen Heilmethode Dr. Schüßlers ist

Dienst an der Volksgesundheit

Diesem Zweck dient auch das umfangreiche Krankheitsverzeichnis mit den zahlreichen von Dr. Kirchmann ausgearbeiteten Rezepten, die in mehr als 40 Jahren erprobt wurden und sich bewährt haben.

TEIL I

Die Grundlagen

Begriff
Entwicklung
Grundsätze

Biochemie heißt „Lebenschemie" (griech. bios = das Leben). Dieser Begriff hat heute zwei Bedeutungen:

1. Biochemie, gegen Ende des 19. Jahrhunderts aus den Grenzgebieten von Biologie und Chemie entstanden, ist heute weitgehend selbständiger Wissenschaftszweig. Die Biochemie ist die Lehre von der Gesamtheit chemischer Vorgänge in der belebten Natur.
   Die Biochemie erforscht die funktionellen Zusammenhänge des Zellgeschehens, die vor allem im Stoffwechsel und in der chemischen Regulation der Lebensvorgänge zum Ausdruck kommen.
2. Biochemie, Heilmethode des Arztes Dr. med. W. H. Schüßler aus Oldenburg 1821–1898.

Seit dem Altertum bis etwa zum letzten Drittel des 19. Jahrhunderts waren die von der Natur gegebenen Mittel (Heilkräuter, Lehm, Mineralquellen, Sonne, Wärme, Wasser, Massage und Bewegung) die einzigen Hilfsmittel des Arztes im Kampf gegen Krankheiten. Gegen Ende des 19. Jahrhunderts setzte dann der sogenannte Siegeszug der Chemie und der Naturwissenschaften ein, unter deren Einfluß sich ein grundsätzlicher Wandel im ärztlichen Denken abzuzeichnen begann; damit verbunden war eine Änderung der Pharmakologie (Lehre von der Arzneimittelwirkung). Im Gefolge dieser für damalige Zeiten staunenswerten Forschungsergebnisse der Chemie glaubte man, den Körper als ein Konglomerat von chemischen Stoffen auffassen zu können und man glaubte, durch chemische Mittel den Körper wieder in den Zustand der Gesundheit versetzen zu können.

Bei solchen Gedankengängen hatte man aber völlig übersehen, daß der Körper über keine Stoffwechselanlagen für chemische bzw. synthetische Substanzen verfügt. Das bedeutet, daß der Organismus mit solchen Stoffen im allgemeinen nicht reguliert (normalisiert) werden kann, sondern nur in eine künstliche (oft vorübergehende) definierte Stoffwechselsituation gebracht werden kann.

Und während auf einzelnen Gebieten der Medizin, insbesondere auf dem Gebiet der Chirurgie wahre Großtaten vollbracht wurden, hat die materialistisch-mechanistische Auffassung des lebendigen Organismus bei der Bekämpfung vor allem der chronischen Leiden in eine Sackgasse geführt, aus der es keinen Ausweg – es sei denn den der völligen Umkehr – gibt.

Und fürwahr: Wer möchte im Ernst behaupten, daß man ein chronisches Nervenleiden oder eine hartnäckige Schlaflosigkeit oder eine Migräne mit giftigen Betäubungsmitteln h e i l e n könnte?

Es ist selbstverständlich, daß eine derartige, den Gesetzen der Natur widersprechende Behandlung nicht nur erfolglos sein mußte, sondern daß durch sie auch noch Schäden gesetzt werden (Arzneimittelschäden).
Das Ergebnis aber war ein Anwachsen der Anhängerschaft der Naturheilmethoden.

Was sollen wir unter dem Begriff

Naturheilmethoden

verstehen?

Wir wollen diesen Begriff etwas verändern und von „naturgemäßen Heilmethoden" sprechen. Man versteht dann also darunter etwas, was sich um „Natur" und die ihr „gemäße" Heilweise dreht. Darüber gehen die Ansichten oft auseinander. Man kann sich aber auf die Formulierung des großen Arztes Ferdinand Hoff einigen: „Eine Krankenbehandlung ist naturgemäß, wenn sie in gebührender Ehrfurcht vor dem wunderbaren Wirken der Selbsterhaltungsvorgänge in der Natur handelt und sich selbst als ein Teil derselben, als dienendes Glied betrachtet. In diesem Geiste kann und soll sie alle Heilmethoden heranziehen, die treue Naturbeobachtung und wissenschaftliche Forschung als die geeignetesten erwiesen haben. Naturwidrig ist eine ärztliche Denkweise, die von vorgefaßten dogmatischen Glaubenssätzen ausgeht, aufgrund dieser Dogmen sich prinzipiell auf eine enge Behandlungsmethode beschränkt und andere ablehnt und sich auf diese Weise anmaßt, den großartigen Reichtum und die Mannigfaltigkeit der Natur in ein engstirniges kleines Schema zu zwängen".

Die Anwendung der natürlichen Heilweisen beruht auf Erfahrung. Die naturgemäßen Heilmethoden umfassen die Behandlung mit Bädern (in

Badeorten, im Heim oder in Badeanstalten), die Trinkkuren, die Wasserbehandlung, die Anwendung von Wärme, Kälte, Luft, Licht, Bewegung und Ruhe, Massage, Gymnastik und letztlich auch allgemeine Prinzipien einer als richtig erkannten Ernährungsweise.

Die natürlichen Heilweisen zielen auf die gleichen Kräfte, die auch den Menschen gesund erhalten. Deswegen spielen sie in der Gesunderhaltung und in der Krankheitsvorbeugung eine so bedeutende Rolle. Im 19. Jahrhundert gab es eine Reihe von hervorragenden Vertretern einer naturgemäßen Heilweise. Als Beispiele wollen wir hier nennen:

Hufeland, Christoph Wilhelm (1762–1836), Arzt, Universitätsprofessor und sehr fruchtbarer Fachschriftsteller. Er war zu seiner Zeit Hauptvertreter der sogenannten eklektischen Richtung, jener (begrüßenswerten) Richtung, die Wissenschaft und therapeutische Erfahrungen aus allen vorhandenen Systemen zu entlehnen sich bemüht. Gemäß diesem Eklektizismus hat Hufeland auch den naturgemäßen Heilmethoden sein besonderes Interesse zuteil werden lassen.

Priessnitz, Vinzenz (1790–1851), der „Bauer", war geradezu berüchtigt durch seine oft quälenden Naturheilanwendungen (harte Kaltwassermethoden!). Aber noch heute hat der von ihm zum ersten Mal verwendete feuchtkalte Leibumschlag mit trockener Wollumhüllung als „Priessnitz-Umschlag" seinen festen Platz in der Naturheilkunde.

Hahnemann, Samuel Christian Friedrich (1755–1843), der Begründer der Homöopathie.

Und schließlich hat auch

Kneipp, Sebastian (1821–1897), als Begründer der Wasserheilkunde (besser gesagt der Erneuerer der Wasserheilkunde!) den naturgemäßen Heilmethoden im 19. Jahrhundert einen bedeutenden Auftrieb gegeben. Diese Vorbilder bestärkten in Schüßler frühzeitig die Erkenntnis der großen Heilkräfte der Natur.

Die Biochemie nach Dr. Schüßler gehört aus dem Grunde zu den „naturgemäßen Heilmethoden", weil ihre Heilmittel (die Funktionsmittel) aus potenzierten Mineralsalzen bestehen, die von Natur aus zu den Bestandteilen der menschlichen Zelle und damit der Gewebe und Organe gehören.

Die Lebensdaten Dr. Schüßlers

1821	Am 21. August Geburt Wilhelm Heinrich Schüßlers in Bad Zwischenahn im Großherzogtum Oldenburg
1853	Beginn des Medizinstudiums in Paris
1854	Studium in Berlin
1855	Promotion zum Dr. med. in Giessen. Anschließend an der Universität Prag Fortsetzung des Studiums
1857	Nachträgliches Abiturium am Alten Gymnasium in Oldenburg
1857	Am 28. 7. und 12. 8. medizinisches Staatsexamen in Oldenburg
1858	Am 2. Januar Zulassung Dr. med. Schüßlers als Arzt, Wundarzt und Geburtshelfer. Erste Wohnung und Praxis in der Kurwickstraße
1872	Beginn der Arbeiten an der „abgekürzten Therapie"
1873	Erster Artikel mit dem Titel „Eine abgekürzte homöopathische Therapie" in der „Allgemeinen Homöopathischen Zeitung Nr. 12"
1874	Erscheinen der 1. Auflage „Eine abgekürzte Therapie"
1885	Gründung des ersten Biochemischen Vereins Deutschlands (Rechnungsrat Meyer in Oldenburg). Damit Beginn des Biochemischen Vereinswesens überhaupt
1898	30. März Tod Dr. med. Wilhelm Heinrich Schüßlers

Das Denkmal vor den Gebäuden der Firma Dr. Madaus & Co. in Radebeul b. Dresden

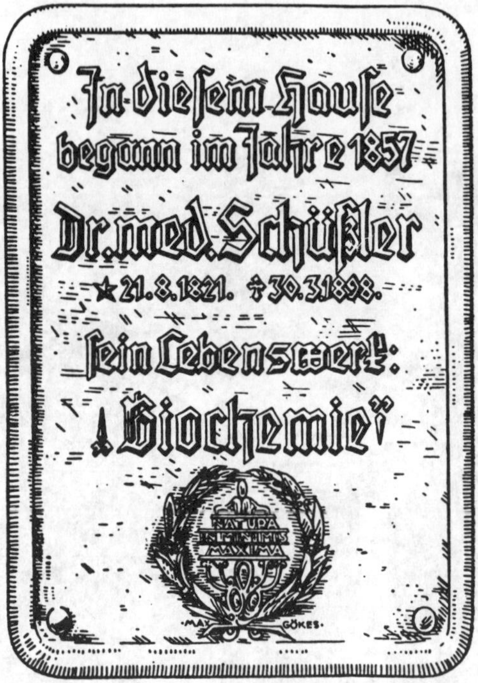

Gedenktafel an Dr. Schüßlers ersten Praxisräumen in der Kurwickstraße in Oldenburg

Das Geburtshaus Dr. W. H. Schüßlers in Bad Zwischenahn

Biochemie – Homöopathie

Homöopathie ist ein Heilverfahren, das versucht, durch die Anwendung des historisch schon alten Ähnlichkeitsgedankens einen therapeutischen Effekt zu erzielen. Das Arzneimittel, das zur homöopathischen Therapie eingesetzt wird, muß am gesunden Organismus ähnliche Erscheinungen hervorrufen, wie sie bei der zu behandelnden Krankheit beobachtet werden (P. Mössinger).

Diesen Arzneimittelversuch am Gesunden kennt man in der Biochemie nicht. Das Mineral, als natürlicher Bestandteil der Zelle, kann beim gesunden Menschen keine Erscheinungen hervorrufen, wie sie die Homöopathie bei ihren Versuchen erwartet.

Schüßler selber hat gesagt: „Einige Ärzte haben die Behauptung aufgestellt, die biochemischen Mittel müßten am Gesunden geprüft werden, und aus den mittels solcher Prüfungen gewonnenen Symptomen müßten die Indikationen sich ergeben. Das ist grundfalsch. Die Indikationen des biochemischen Mittels müssen aus der physiologischen und pathologischen Chemie hergeleitet resp. durch die Ergebnisse ihrer Anwendung gegen Krankheiten bestimmt werden."

Daraus ist zu folgern: Das Denkmodell der Biochemie kann man geradezu als „Antithese der Homöopathie" bezeichnen (Broy).

Die Schüßler'sche Biochemie ist eine eigenständige Heilweise, sie besitzt ein eigenes Lehrgebäude und eigene Vorstellungen. Nur dann wird sie eine lebendige Methode bleiben, wenn sie sich streng im Sinne Dr. Schüßlers weiterentwickelt. Die Ergebnisse wissenschaftlicher Forschung lassen sich für die Biochemie nutzbar machen.

Bei seinen Forschungen ging Schüßler von den lebensnotwendigen Bestandteilen des menschlichen Körpers aus. Diese kann man einteilen in die organischen und die anorganischen Bestandteile.

Die organischen Bestandteile sind Kohlenhydrate (Zucker), Fett und Eiweiß. Die anorganischen Bestandteile sind Natrium, Calcium, Kalium, Eisen, Magnesium gebunden zum Teil an Chlor, Phosphorsäure, Schwefelsäure und Fluor, dazu als einzelner Mineralstoff die Kieselsäure. Der menschliche Körper enthält selbstverständlich noch eine große Menge weiterer anorganischer Bestandteile, so z. B. Jod, Mangan, Kupfer und viele andere; die sogenannten Spurenelemente, die nur in allerkleinsten Mengen vorhanden sind, wurden erst in den letzten Jahrzehnten in wissenschaftlicher Kleinarbeit erforscht.

Das Lehrgebäude Dr. Schüßler's

Drei Grundpfeiler sind es, auf denen sich im wesentlichen das Lehrgebäude der Schüßler'schen Biochemie aufbaut:

1. Der Grundsatz der Biologie, wie sie damals verstanden wurde: „Die kleinste Lebenseinheit ist die Zelle". Heute weiß man, daß dieser Satz nicht mehr ganz zutrifft; die biologische Forschung hat ergeben, daß sich die Zelle selbst wieder aus einer großen Zahl von Einzellebewesen zusammensetzt. Für das Verständnis der biochemischen Lehre kann man aber unbedenklich von der Zelle als Lebenseinheit ausgehen.
2. Rudolf Virchow's berühmter Satz: „Das Wesen der Krankheit ist die pathogen (krankhaft) veränderte Zelle".
3. Der Grundsatz Moleschott's: „Gesund bleiben kann der Mensch nur, wenn er die nötigen Mineralstoffe in der erforderlichen Menge und im richtigen Verhältnis besitzt."

Diese „Grundpfeiler" sollen nun etwas näher erläutert werden!

Alle Organe des menschlichen Körpers bestehen aus kleinen Bauelementen, die man Zellen nennt. Wenn Zellen gleicher Art mit bestimmter Funktion zusammenwirken, nennt man das Gewebe. So z. B. finden sich spezialisierte Zellverbände zusammen zu Knochen, zu Muskeln, zu Deckgewebe, zu Bindegewebe, zu Fettgewebe und zu Nervengewebe, um nur einige zu nennen. Siehe hierzu auch die Abbildung auf Seite 21.

Stammesgeschichtlich stammen jedoch alle Zellen, auch wenn sie noch so verschieden sind, in Funktion und Bau von einzelligen Lebewesen ab und in der gleichen Weise entwickeln sich noch die ca. 50-80 Billionen Zellen des menschlichen Körpers aus einer einzigen Zelle, nämlich aus der befruchteten Eizelle.

Die Zelle ist keineswegs eine kompakte Angelegenheit, sondern eine hochorganisierte Funktionseinheit, sie besteht aus einem Zellkern (Nukleus) und einer den Zellkern umgebenden Schicht, die Protoplasma

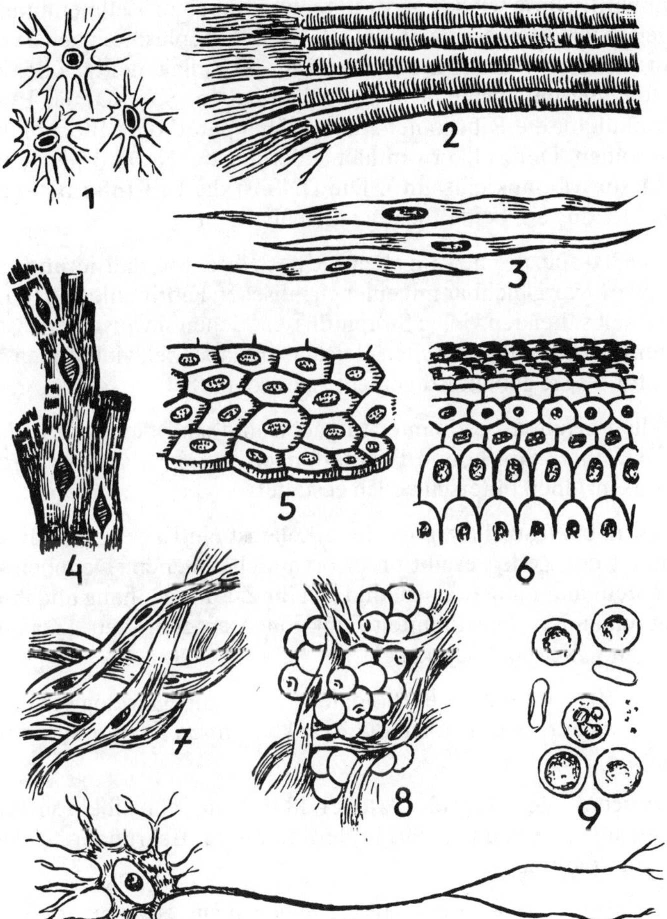

Zellen des menschlichen Körpers

1 Knochenzellen
2 Quergestreifte Muskelfasern
3 Glatte Muskelfasern
4 Herzmuskelfasern
5 Einschichtiges Epithel
6 Mehrschichtiges Epithel
7 Bindegewebsfasern
8 Fettgewebe
9 Blutzellen
10 Nervenzelle

(Zeichnung nach Dr. E. Ruediger in „Kleine Anatomie des menschlichen Körpers") genannt wird. Diese wiederum ist umgeben von einer Zellmembran, die die Zelle gegen ihre Umgebung abschließt. Das Protoplasma, auch Zytoplasma genannt, enthält wieder eine ganze Anzahl von Zellelementen oder Zellorganellen, die alle unterschiedliche Aufgaben haben. So z. B. das Endoplastische Retikulum, die Ribosomen, den Golgiapparat, die Mitochondrien und die Lysosomen. Der Zellkern enthält außerdem das Kernkörperchen und die DNS (Desoxyribonukleinsäure). Die DNS ist die Erb-Information, die bei einer Zellteilung auf beide Tochterzellen übergeht.

Jede Zelle hat spezifische Aufgaben – je nach ihrer Spezialisierung und ist ein Wunderwerk, vergleichbar mit einer chemischen Fabrik, die vollautomatisch läuft und selbst bei den vielen Störeinflüssen, denen sie ausgesetzt ist, schafft sie es, im Verband mit den Zellen gleicher Aufgabe, den vielfältigen Anforderungen, für die sie gebaut ist, gerecht zu werden.

Alle Zellen erfüllen bestimmte Aufgaben und sind demnach nicht nur in ihrem Bau, ihrer Größe und Beschaffenheit, sondern auch in ihren Funktionen im einzelnen unterschiedlich gestaltet.

Aber besonders festzuhalten ist: Jede Zelle ist ein Lebewesen für sich. Die Gesamtheit der Zellen ergibt unser organisches Leben. Dennoch sind alle Zellen aufeinander angewiesen, und erst ihr Zusammenhang und ihre gegenseitig aufeinander abgestimmten Funktionen ergeben den „Zellen-Staat", den wir dann „Körper" nennen.

Aus diesen Erkenntnissen der Biologie baut sich nun ganz logisch der Grundsatz Virchows auf, daß nämlich die Krankheit ihren letzten Sitz stets in der Zelle hat.

Rudolf Virchow, geb. am 13. Oktober 1821 *) in Schivelbein in Pommern, gestorben am 5. September 1902 in Berlin, war der Begründer der sogenannten „Zellularpathologie".

Natürlich ergreift das Krankheitsgeschehen nicht etwa nur eine einzelne Zelle, sondern stets einen „Zellverband".

Eine Krankheit liegt begreiflicherweise nicht schon dann vor, wenn von den oben erwähnten 50-80 Billionen Zellen vielleicht 1 000 oder 10 000 Zellen krankhaft verändert sind. Es müssen schon Funktionsstörungen eintreten, die dem normalen Ablauf des Lebensgeschehens eines Organes bzw. des Organismus hinderlich, schädlich oder zweckwidrig werden. Dann erst treten

---

*) Das Jahr 1821 hat uns gleich drei bedeutende Männer geschenkt: Schüßler, Virchow und Kneipp! Und der nachstehend erwähnte Moleschott ist 1822 geboren!

sie als Krankheit in Erscheinung. Die „Symptome" als Krankheitserscheinungen sind also nichts anderes als der Ausdruck einer gestörten Funktion der krankgewordenen (krankhaft veränderten) Zellen bzw. Zellverbände.

Die wissenschaftliche Großtat Virchows besteht darin, daß er in dem alten Streit um das „Wesen" der Krankheit eine wirklich brauchbare Erklärung gefunden hat. Vor Virchow standen sich zwei „Richtungen" schroff gegenüber: Die eine Richtung, als Humoralpathologie bezeichnet, sah die Säfte des Körpers (humores) als Ausgangspunkt der Krankheit an, während die Vertreter der anderen Richtung, der Solidarpathologie, in den festen Teilen des Körpers (solidus = fest), insbesondere in den Nerven, den Ausgangspunkt der Krankheiten erblickten.

Virchow's Lehre ist somit ein wichtiger Grundpfeiler in dem Aufbau des Schüßler'schen Lehrgebäudes.

Trotz des Widerstreits wegen der unterschiedlichen Auffassungen der Humoralpathologie, Solidarpathologie oder Zellularpathologie ist es für unser heutiges Verständnis wichtig, daß wir wissen, daß das Wesen einer Erkrankung nie darin liegt, daß ein gewisses Areal des Körpers erkrankt ist, während der Rest gesund bleibt, sondern daß eine Erkrankung stets den gesamten Organismus ergreift, selbst wenn die Krankheitszeichen nur lokal erkennbar sind.

Darin ändern auch nichts die neuesten Erkenntnisse, daß Regulationsstörungen im Zwischenzellbereich (Intrazelluläre Räume) ihren Sitz haben.

Moleschott lehrt, daß die Gesundheit des Körpers bedingt ist durch das Vorhandensein der notwendigen mineralischen Bestandteile. Das heißt also: Im Körper, im Blut, in der sogenannten „Zwischenzellflüssigkeit" und in den Zellen selbst müssen die notwendigen Mengen der anorganischen Bestandteile (Mineralsalze) vorhanden sein, wenn der Zustand der Gesundheit bestehen soll.

Moleschott, Jakob, geboren 9. August 1822 in Herzogenbusch, gestorben 20. Mai 1893 in Rom, einer der bedeutendsten Physiologen des 19. Jahrhunderts, ist heute fast vergessen. Er entwickelte als Universitätslehrer und als Schriftsteller eine außerordentlich fruchtbare Tätigkeit. Es konnte nicht wundernehmen, daß auch Schüßler, der bei seinen Forschungen in erster Linie von der „Physiologie" (d. i. die Lehre von den normalen Lebensvorgängen) ausgegangen ist, von Moleschott starke Anregungen empfangen hatte. Insbesondere eines der bedeutendsten Werke Moleschotts, „Kreislauf des Lebens" (2 Bände, Mainz 1852), gab Schüßler, wie wir vermuten müssen, den letzten Anstoß zur Begründung seiner „biochemischen Heilmethode". In diesem Buch prägt Moleschott den lapidaren Satz:

> „Der Bau und die Lebensfähigkeit der Organe sind durch die lebensnotwendigen Mengen der anorganischen Bestandteile bedingt . . ."

Und weiter:

> „Es läßt sich angesichts der eingreifenden Tatsachen nicht mehr bestreiten, daß die Stoffe, die bei der Verbrennung zurückbleiben, die sogen. Aschenbestandteile (d. h. die anorganischen Stoffe), zu der inneren Zusammensetzung und damit zu der formgebenden Grundlage der Gewebe ebenso wesentlich gehören, wie die Stoffe, welche die Verbrennung verflüchtigt . . ."

Wenn wir den obigen zuerst zitierten Satz seiner professoralen Schwerflüssigkeit entkleiden, so besagt die Lehre Moleschotts in knappen Worten:

> „Gesund bleiben (Aufbau und Erhaltung) kann der Mensch nur, wenn er die notwendigen Mineralstoffe in seinem Körper besitzt."

Dies also waren die „Grundpfeiler", auf denen Schüßler sein Lehrgebäude aufbaute:

1. Lehrsatz der Biologie: Die Natur der Zelle
2. Virchow: Das Wesen der Krankheit als pathogen veränderte Zelle
3. Moleschott: Lebensnotwendig sind die anorganischen Stoffe.

Die Grundsätze Dr. Schüßlers

Bevor wir nun darangehen, die Grundsätze der Schüßler'schen Lehre darzustellen, müssen wir auf eine wichtige Tatsache hinweisen:

Wenn in Lehrbüchern der biochemischen Heilmethode der Versuch unternommen wird, eine „wissenschaftliche", d. h. theoretisch-logische Begründung für die einzelnen Lehrsätze und ihre Schlußfolgerungen aufzustellen, so muß anerkannt werden, daß ein derartiger Versuch im exakt-naturwissenschaftlichen Sinne bisher nicht geglückt ist.

Dies ist eines der wichtigsten „Argumente" unserer Gegner. Wir Biochemiker nehmen einen derartigen Einwand schon aus der Erwägung heraus nicht ernst, weil

a) wissenschaftliche Beweisführungen, mögen sie noch so „exakt" sein, häufig genug durch spätere Erkenntnisse wieder umgeworfen werden; das lehrt uns die ganze Entwicklungsgeschichte der Naturwissenschaften;

b) vor allem aber haben wir Biochemiker gegenüber theoretisch-wissenschaftlichen Einwänden in die Waagschale zu werfen, daß viele Menschen durch die biochemische Heilmethode z. T. nach jahrelanger erfolgloser „allopathischer" Behandlung geheilt worden sind. Und diesen Tatsachen allein, nicht etwa einer großzügigen „Reklame" oder umfangreichen literarischen Darstellungen usw. verdankt die biochemische Heilmethode ihre große Wertschätzung. Seit Schüßlers Tode sind mehr als 80 Jahre vergangen und heute zählen viele Millionen geheilter Menschen zu ihren treuen Anhängern. Und fürwahr: Die Anhängerschaft dieser Heilmethode wächst von Tag zu Tag. Demgegenüber ist es sowohl für die „Bewertung" dieser Heilmethode, als auch vom Standpunkt der Volksgesundheit aus ganz gleichgültig, ob es heute schon gelingt, eine auch vom Gegner anerkannte, naturwissenschaftlich exakte Beweisführung vorzulegen.

Die nachstehenden Darlegungen sollen daher nur die Lehre Dr. Schüßlers an sich erläutern und durch Hinweise auf ähnliche, z. T. bereits erforschte Gedankengänge zu weiterer Forschung anregen.

Wenn wir nun im folgenden die Lehrsätze Dr. Schüßlers aufstellen, so ist diese Darstellung nicht etwa aus Schüßlers Schriften entnommen. Wir finden in allen seinen (übrigens sehr wenigen) literarischen Arbeiten nur Andeutungen; selbst sein Hauptwerk mit dem Titel „Eine Abgekürzte Therapie" stellt diese Lehrsätze nur schwer erkennbar heraus.

Und leider muß gesagt werden, daß Dr. Schüßler gerade dieses Hauptwerk in einer solch knappen und oftmals an „Telegrammstil" erinnernden Form geschrieben hat, daß das Studium seiner Lehre selbst einem wissenschaftlich vorgebildeten Fachmann außerordentlich erschwert ist. Ganz gewiß hat diese Tatsache die schnelle Verbreitung der biochemischen Heilweise stark behindert. Gerade aus diesem Grunde bemüht sich dieses Buch um eine besonders klare Gliederung.

Wenn wir nun von dem Grundsatz Moleschotts ausgehen, daß nämlich für „Bau und Lebensfähigkeit der Organe", also für das Gesundbleiben, die notwendigen Mengen der anorganischen Bestandteile (also der Mineralstoffe) verantwortlich sind, dann folgt daraus, daß beim Fehlen eines oder mehrerer dieser Mineralstoffe Krankheiten auftreten müssen. Und so entwickelte Dr. Schüßler seinen

ersten Lehrsatz:

„Alle Krankheiten entstehen durch einen Mangel an bestimmten lebensnotwendigen Mineralstoffen."

Es könnte mancher einen Einwand erheben: Wenn man im Herbst oder Winter infolge plötzlicher Abkühlung, Unterdrückung der Ausscheidungen oder durch Infektion eine „Erkältung" bekommt, so könne das doch nichts mit einem „Mineralstoffmangel" zu tun haben; eine solche einfache Erkältung könne doch jeder einmal bekommen. Auf diesen Einwand kann sofort mit einer anderweitigen Feststellung geantwortet werden:

> Unter denselben Lebensbedingungen, die bei dem einen die Erkältung (oder die Grippe oder Influenza usw.) ausgelöst haben, haben doch viele Hunderte von Personen ebenfalls gestanden, ohne daß diese anderen von der „Krankheit" befallen worden sind. Also müssen in dem Körper derjenigen Personen, die von der Krankheit befallen werden, besondere abweichende Verhältnisse vorliegen, so daß der Körper dem Angriff der „Krankheit" unterlegen ist.

Die Biochemie erklärt diese eigenartigen Umstände mit der Tatsache, daß eben bei völliger Ausgeglichenheit des Mineralstoffhaushaltes die Krankheit keinen „Nährboden" für ihre Entwicklung finden kann; derjenige, dessen Mineralstoffhaushalt in Ordnung ist, besitzt auf Grund der Widerstandskraft der eigenen Natur genügend Energien, um dem Ansturm der Krankheit erfolgreich zu begegnen. Die Gesamtsumme der Zellen, deren jede ja ein eigenes Lebewesen ist, besitzt – bei richtigem Mineralstoffgehalt – die Fähigkeit, der Krankheit Widerstand entgegenzusetzen.

Wir Biochemiker stellen jedenfalls fest – und das ist wissenschaftlich bewiesen –, daß es keine pathophysiologische Veränderung im Körper (also Krankheit) gibt, die nicht mit einer Verschiebung der Mineralstoffe im Körper einhergeht, bei der also nicht eine Veränderung im Mineralstoffhaushalt innerhalb und außerhalb der Zelle eintritt.

Aus seinem ersten Lehrsatz entwickelte Dr. Schüßler nun ganz logisch seinen

zweiten Lehrsatz

der ja bereits in Moleschotts Schriften angedeutet ist:

„Durch Zuführung der fehlenden Stoffe tritt die Heilung ein."

Heute sagen wir: „Durch Zuführung der geeigneten Mineralstoffe wird die Veränderung im Mineralhaushalt (der Zelle) ausgeglichen und damit tritt Heilung ein".

Wir haben oben gesehen, daß der menschliche Körper eine sehr große Zahl von Mineralstoffen enthält; und vielleicht sind die letzten Forschungen hierüber noch gar nicht abgeschlossen.

Nun kam es für Dr. Schüßler darauf an, festzustellen, welche dieser zahlreichen Stoffe denn nun wirklich in sein System aufgenommen werden sollten. Denn es wäre schon zu Schüßlers Lebzeiten unmöglich gewesen, alle anorganischen Stoffe des menschlichen Körpers in ein Heilsystem einzubauen; erst recht wäre dies heute, nach der Entdeckung der sogenannten Spurenelemente unmöglich.

Dr. Schüßler hat nur 11 Salze in sein System aufgenommen. Und wenn wir hier das Dichterwort: „In der Beschränkung zeigt sich der Meister" zitieren, so zwingt uns doch die seherische Begabung, mit der Schüßler seine 11 Mittel heraussuchte, ebensoviel Bewunderung ab, wie die großartige Rechtfertigung seiner Beschränkung, die in den staunenswerten Heilerfolgen einer Therapie mit nur 11 Mitteln zu erblicken ist.

Diese 11 Schüßler-Mittel sind folgende:

Nr. 1. Calcium fluoratum, abgekürzt calc. fluor., Fluorkalzium.
Nr. 2. Calcium phosphoricum, abgekürzt calc. phos., phosphorsaurer Kalk.
Nr. 3. Ferrum phosphoricum, abgekürzt ferr. phos., phosphorsaures Eisen.
Nr. 4. Kalium chloratum, abgekürzt kal. chlor., Chlorkalium.
Nr. 5. Kalium phosphoricum, abgekürzt kal. phos., phosphorsaures Kalium.
Nr. 6. Kalium sulfuricum, abgekürzt kal. sulf., schwefelsaures Kalium.
Nr. 7. Magnesium phosphoricum, abgekürzt magn. phos., phosphorsaures Magnesium.
Nr. 8. Natrium muriaticum, abgekürzt natr. mur., Chlornatrium.
Nr. 9. Natrium phosphoricum, abgekürzt natr. phos., phosphorsaures Natrium.
Nr. 10. Natrium sulfuricum, abgekürzt natr. sulf., schwefelsaures Natrium.
Nr. 11. Silicea, abgekürzt sil., Kieselsäure.

Die vorstehende Nummernfolge ist heute allgemein üblich; sie entspricht der in den Apotheken, Drogerien und in den biochemischen Vereinen gebräuchlichen Nummernfolge. Jedoch war eine solche Einheitlichkeit durchaus nicht immer üblich, vielmehr waren vor dem letzten Weltkrieg rund 4–5 verschiedene Nummernfolgen der biochemischen Mittel im Handel. Dies rührte davon her, weil Dr. Schüßler in seinen Schriften nirgends eine genaue Reihenfolge der Mittel innehält und demgemäß auch keine „Nummern" verwendet. Den Besitzern von älteren Biochemie-Büchern sei daher geraten, die an Hand dieser Bücher etwa herausgesuchten Mittel nicht mit der Nummer, sondern mit der Mittelbezeichnung in der Apotheke oder Drogerie zu verlangen.

Nur die vorstehenden 11 Mittel hat Dr. Schüßler – auf Grund einer 25jährigen Beobachtung am Krankenbett! – in sein System aufgenommen. Wer also „biochemische Mittel nach Dr. Schüßler" herstellt oder vertreibt, muß sich auf diese 11 Mittel beschränken.

Ein 12. Mittel, nämlich calcium sulfuricum, schwefelsauren Kalk, hatte er ursprünglich noch mit eingeschlossen, hat es aber später wieder ausgemerzt, weil es „nicht in die konstante Zusammensetzung des Blutes übergeht" (siehe Schüßler, „Eine Abgekürzte Therapie", Seite 25). Statt calc. sulf. kommen nach Schüßler in Betracht silicea und natr. phos. Da jedoch calc. sulf. von vielen Praktikern verordnet und seine Heilsamkeit rühmend hervorgehoben wird, kann es unbedenklich eingereiht werden.

Dr. Schüßler sagt in seinem Hauptwerk „Eine Abgekürzte Therapie" folgendes:

> „Die biochemischen Mittel (d. h. seine elf Mittel) genügen, nach richtiger Wahl angewendet, zur Heilung aller durch innerliche Mittel heilbaren Krankheiten." (Seite 9)

Und weiter:

> „Die im Blute und in den Geweben vertretenen anorganischen Stoffe genügen zur Heilung aller Krankheiten, welche überhaupt heilbar sind." (Seite 25)

Diese weitergehende Behauptung darf aber nicht mißverstanden werden:

a) Schon Schüßler selbst macht eine Ausnahme bezüglich der akuten Vergiftungsfälle.
b) Die weitere notwendige Einschränkung ergibt sich aus der Fassung: „überhaupt heilbar": Es gibt nämlich eine größere Zahl von Krankheiten und mehr noch von „anormalen Zuständen", die überhaupt nicht heilbar sind, weil eben die physiologischen Voraussetzungen dafür fehlen. Einige Beispiele mögen dartun, was damit gemeint ist:
   aa) Eine Glatze ist bestimmt unheilbar, wenn die Haarkeime zerstört sind;
   bb) Auch die Otosklerose gehört hierher.
   cc) Desgleichen sind selbstverständlich anatomische Mißbildungen nicht mit innerlichen Mitteln heilbar.

Wenn nun Schüßler diesen Satz der absoluten Heilwirksamkeit seiner Therapie aufstellt, so muß hierzu folgendes gesagt werden:
Dr. Schüßlers Heilsystem ist nicht etwa das Hirngespinst irgendeines grauen Theoretikers, vielmehr hat Dr. Schüßler seine theoretischen Forschungsergebnisse während einer Zeitdauer von mehr als 25 Jahren in

praktischer Erfahrung am Krankenbett mit größtem Erfolg ausprobiert: Schon 1874 war sein Werk „Eine Abgekürzte Therapie" zum ersten Male erschienen. Und von da an, bis zu seinem Tode im Jahre 1898, hat Dr. Schüßler ausschließlich nach seinen biochemischen Grundsätzen die Krankenbehandlung durchgeführt. Auf Grund des Ergebnisses seiner praktischen Erfahrungen hat er dann testamentarisch verfügt, daß die letzte von ihm selbst noch durchgesehene Auflage seiner „Abgekürzten Therapie" in alle Zukunft unverändert abgedruckt werden soll.

Die Kenntnis von dem Ernst und der jahrzehntelangen praktischen Erfahrung Dr. Schüßlers wird das Vertrauen zu ihm und seiner Heilweise in uns erst recht bestärken können.

Allerdings muß hier noch folgendes bemerkt werden:
Dr. Schüßler lehnte außer seinem Heilsystem alle anderen Heilverfahren ab, so z. B. auch die Homöopathie, die Behandlung mit Heilbädern usw. Schüßler war eben ein Apostel seines Evangeliums; und jeder Apostel ist einseitig, ja vielleicht sogar ungerecht und unduldsam! Wir möchten heute – ungeachtet der unbezweifelbaren Heilwirksamkeit der Biochemie – doch nicht diesem absoluten Standpunkt Schüßlers das Wort reden. Im ganzen menschlichen Zusammenleben ist Unduldsamkeit und Rechthaberei von Übel; dies gilt ganz besonders auch in Fragen der Gesundheit und der Krankenbehandlung. Und so möchten wir – auch im Sinne Hufelands, des großen „Eklektikers" – durchaus der Meinung sein, daß der wahre Naturheiler alle ihm im Rahmen der Naturheilmethoden gebotenen Möglichkeiten zu Gunsten des Kranken ausnützen sollte. Dies bezieht sich vor allem auch auf die zusätzliche Anwendung nichtmedikamentöser Behandlungen (Wasser, Licht, Luft, Massage, Wärme, Gymnastik, Ernährung, allgemeine Lebensführung usw.).

Bevor wir in unseren theoretischen Erörterungen fortfahren, ist für den Leser vielleicht interessant, etwas über den Widerhall zu erfahren, den die Biochemie in Fach- und Laienkreisen erfahren hat und wie sich die weitere Ausbreitung dieser revolutionären medizinischen Gedanken entwickelt hat.

Soeben haben wir von der Unduldsamkeit Schüßlers und seiner Ablehnung aller anderen, auch der natürlichen Heilverfahren gesprochen.

Es ist zunächst verständlich, daß sich die eigenen Berufskollegen gegen einen derartigen Anspruch der alleinseligmachenden biochemischen Heilweise wendeten! Es kommt dazu, daß Schüßler bedauerlicherweise nicht die Gabe hatte, seine theoretischen Ideen in einer allgemein oder wenigstens für den Fachmann verständlichen Sprache wiederzugeben. Es ist nun einmal so, daß derjenige, der neue Lehren irgendwelcher Art verkündet, diese Ideen wenigstens den Fachleuten irgendwie klar machen muß, sei es in Vorträgen oder Veröffentlichungen in den Fachzeitschriften, oder sei es durch Herausgabe von Buchwerken; denn andernfalls kann ja nicht einmal der Fachmann sich ein Urteil bilden, abgesehen von dem gerade in Therapiefragen hochwichtigen Interesse des Laien.

Schüßler selber war in Ärztekreisen kein geschickter Erklärer seiner Lehre. So kam es, daß es bei seinem Tode keine größere Zahl von Anhängern seiner Heilweise in den Kreisen der Ärzte gab. Man konnte nicht von einer „Schüßler'schen Schule" sprechen. Im Umkreis von Oldenburg waren es die Doktoren Cornelius, Hartmann, Hoffmann und Reiff, von denen letzterer noch heute in den Herzen seiner Patienten lebt. Wohl gab es Naturheilkundige und auch anderswo noch Ärzte, die Biochemie verordneten, aber es waren anfangs doch nur wenige.

Und so ergab sich – zunächst in Oldenburg, der Wirkungsstätte Dr. Schüßlers –, daß sich die Geheilten selbst in regelmäßigen Zusammenkünften trafen. Hierbei wurden die Fragen der biochemischen Therapie im Erfahrungsaustausch besprochen, – und schließlich hatten die Interessenten einen eigenen Verein, den ersten sogenannten Biochemischen Verein in Oldenburg gegründet – er besteht noch heute und nennt sich mit Recht „Traditionsverein".

Der Verein bezweckte die Pflege der Schüßler'schen Heillehre, gegenseitige Aussprache, Hilfe und Beratung in Krankheitsfällen. Die ersten Berater waren durchaus Laien, erst später ging man dazu über, Heilpraktiker für die Beratung der Vereinsmitglieder zu verpflichten. Von Oldenburg ausgehend entwickelten sich vor dem ersten Weltkrieg überall im damaligen Deutschen Reich derartige biochemische Vereine. Ihren großen Aufschwung entfaltete die biochemische Bewegung – immer noch abgelehnt von der offiziellen Ärzteschaft – nach dem ersten Weltkrieg, vor allem durch den organisatorischen Zusammenschluß der örtlichen Vereine in dem „Biochemischen Bund Deutschlands e. V.". In seiner Blütezeit, kurz vor dem Auftreten Hitlers, hatte der Biobund, wie er kurz genannt wurde, nahezu eine halbe Million eingeschriebener Einzelmitglieder. *)

---

*) Adressen der biochemischen Vereine siehe Seite 329ff.

Und trotzdem hat die biochemische „Bewegung" als gesundheitspolitischer Faktor in der Bundesrepublik eine ungeheure Erweiterung und Vertiefung erfahren: Nicht der notwendigerweise enge Rahmen eines Gesundheitsvereins verkörpert und trägt heute das biochemische Gedankengut: Tatsächlich sind alle Kreise der Bevölkerung Pioniere und Träger dieser heilbringenden Ideen der Biochemie geworden.

Wenn wir nun die wissenschaftliche Forschungsarbeit Schüßlers weiterverfolgen, so stellen wir an die Spitze jene programmatischen Worte, mit denen er seine „Abgekürzte Therapie" einleitet; sie lauten:

> „Vor reichlich einem Jahr nahm ich mir vor, auf dem Wege des Experiments (Sperrung durch den Verf.) zu ermitteln, ob es möglich sei, sämtliche überhaupt heilbaren Krankheiten mittels derjenigen anorganischen Substanzen zu heilen, welche die natürlichen, d. h. physiologischen Funktionsmittel des Organismus sind . . ."

Charakteristisch an diesen einleitenden Sätzen ist zweierlei:

1. Die strenge Selbstzucht und der Kritizismus, mit dem Schüßler nur das Experiment (am Krankenbett), nicht aber rein theoretische Kombinationen in Betracht ziehen will.
2. Gleichzeitig aber bemerken wir schon einen „schwierigen Stil": Was heißt nämlich: „physiologische Funktionsmittel"? Ein derartiger Ausdruck war damals durchaus ungebräuchlich, sein Verständnis setzt die Kenntnis der Moleschott'schen Forschungen und Lehren voraus!

Schon zu Schüßlers Zeiten war bekannt, daß die lebensnotwendigen Mineralsalze im menschlichen Blut und in der Zwischenzellenflüssigkeit nur in ganz kleinen Mengen vorhanden sind. In einem Kilo Blutzellen sind z. B. enthalten:

0,060 g phosphorsaures Magnesium,
0,094 g phosphorsaurer Kalk,
0,132 g schwefelsaures Kalium usw.

Der menschliche Körper enthält z. B. insgesamt höchstens 3 Gramm Eisen.

Wenn nun an diesen geringen Mengen ein kleines, ja kleinstes Manko auftritt und dadurch schon eine Krankheit verursacht wird, so ist klar, daß zur Heilung der Krankheit nur solche allergeringsten Mengen der fehlenden Mineralstoffe zugeführt werden dürfen, daß gerade eben das geringe Manko wieder aufgefüllt wird. So erkennen wir als

dritten Lehrsatz:

„Die Zuführung der Mineralstoffe darf nur in allergeringsten Mengen erfolgen."

Und am allerwichtigsten, weil für den Heilerfolg ausschlaggebend, ist der

vierte Lehrsatz:

„Die Zuführung der fehlenden Stoffe muß in einer solchen Verdünnung erfolgen, daß der Übertritt des heilwirksamen Salzes unmittelbar durch die Schleimhäute der Mundhöhle, des Schlundes und der Speiseröhre direkt ins Blut erfolgt."

Dr. Schüßler formuliert diese Forderung in seiner „Abgekürzten Therapie" wie folgt:

> „Ein Mineralstoff, der in den Magen eines Menschen gelangt, wird der Einwirkung der im Magensafte enthaltenen Salzsäure ausgesetzt." (Seite 12).

Und weiter:

> „Das Mittel muß so verdünnt sein, daß seine freigewordenen Moleküle durch das Epithelium der Mundhöhle, des Schlundes und der Speiseröhre und durch die Wandungen der Kapillaren in das Blut treten können." (Seite 13).

Daraus folgt mit zwingender Logik:

1. Für jedes biochemische Mittel, das in den Magen gelangt, besteht die Befürchtung, daß es dort durch chemische Umsetzungen unwirksam wird.
2. Für die Anwendungen aller biochemischen Mittel ist unbedingt zu beachten, daß sie ganz langsam im Munde zergehen.
3. Diejenige Arzneiform wird für biochemische Mittel den bestmöglichen Wirkungserfolg erzielen, bei der der Arzneiträger *) recht lange im Munde verbleibt.
4. Beim Einnehmen von biochemischen Lösungen (Wasserlösungen) soll man diese ganz langsam, schluckweise zu sich nehmen und den jeweili-

*) Unter „Arzneiträger" versteht man denjenigen Stoff, der als solcher keine arzneiliche Wirkung ausübt, sondern lediglich gewissermaßen das „Gefäß" für das Festhalten des eigentlich arzneilich wirksamen Stoffes darstellt. Bei den biochemischen Mitteln ist der arzneilich wirksame Stoff das biochemische Salz. Da dieses aber nur in kleinsten Mengen (dritter Lehrsatz) und in stärkster Verdünnung (vierter Lehrsatz) dem Körper zugeführt werden darf, braucht das biochemisch wirksame Salz gewissermaßen ein Gefäß, einen Träger, in welchem es enthalten ist. Als solche „Arzneiträger" werden für die biochemischen Mittel nachstehende Stoffe verwendet: Milchzucker, Rohrzucker, Wasser, Öle und Fette; letzere aber nur als Arzneiträger für äußerlich anzuwendende Mittel (Salben, Cremes, Haaröle usw.).

gen kleinen Schluck möglichst lange im Munde behalten. Dies ist notwendig, weil die Flüssigkeit – Wasser –, in der das biochemische Mittel „gelöst" vorhanden ist, eben auch als „Arzneiträger" wirkt.

Die vorstehenden Feststellungen sind aus einem Grunde besonders wichtig: In der gesamten biochemischen Literatur wird erstaunlicherweise diesen allerwichtigsten Grundsätzen, von deren Befolgung geradezu die Heilwirksamkeit der biochemischen Mittel abhängt, nur eine höchst nebensächliche, untergeordnete Behandlung gewidmet. Näheres über diese ganzen Zusammenhänge wolle der Leser in dem wichtigen Kapitel „Gebrauchsanweisung" nachlesen.

Die Verdünnungsstufen, die Dr. Schüßler in seiner Praxis angewendet hat, waren:

a) für Nr. 1 (calc. fluor.), Nr. 3 (ferr. phos.) und Nr. 11 (silicea) die sogenannte 12. Dezimalverdünnung;
b) für die übrigen acht Salze die sogenannte 6. Dezimalverdünnung.

Die 12. Dezimalverdünnung bedeutet das Verdünnungsverhältnis 1 : eine Billion, die 6. Dezimalverdünnung 1 : eine Million.

Ausdrücklich läßt aber Dr. Schüßler auch noch andere Verdünnungsstufen zu, und zwar bei den oben erwähnten ersten drei Salzen bis herunter zur 6. Verdünnungsdezimale, bei den übrigen acht Salzen läßt er sogar noch niedrigere Verdünnungsstufen zu.

Es gibt viele Praktiker, die die Verdünnungsstufen jeweils dem einzelnen Krankheitsfall anpassen, wenngleich auch diese Praktiker in den weitaus meisten Fällen die von Schüßler vorgeschriebenen Verdünnungsstufen einhalten. Allgemeine Regeln lassen sich hier nicht aufstellen, weil es ja nicht nur auf den einzelnen Krankheitsfall, sondern auch auf die besondere Konstitution der Patienten ankommt.

Eine Verdeutlichung der Funktion der Schleimhäute soll das Verständnis der Wirksamkeit der biochemischen Heilmethode erleichtern.

Unser ganzer Verdauungskanal, beginnend mit den Lippen und endigend am After, ist innen ausgekleidet mit den sogenannten „Schleimhäuten". Während die äußere Haut, die den Körper umgibt, zäh, widerstandsfähig, lederartig ist, sind die den Verdauungskanal auskleidenden Schleimhäute von einer ganz feinen Struktur. Fast bis zur Oberfläche aller Hautpartien, also auch der Schleimhäute, reichen die sogenannten „Kapillaren", d. h. „Haargefäße". Die Kapillaren sind die letzten, feinsten Endigungen der Blutgefäße im Blutkreislauf des Körpers.

Die Schleimhäute der Mundhöhle zeigen ein Aufnahmevermögen für bestimmte Flüssigkeiten, vor allem für Alkohol und außerdem für Wasser und genügend verdünnte wässerige Lösungen.

Für diese oft geradezu stürmische „Arbeit" der Schleimhäute, insbesondere was die Aufsaugung betrifft, möchte ich noch ein paar Beispiele bringen:

a) Wenn man ein Glas Wein statt zu „trinken", ganz langsam mit dem Teelöffel auslöffelt, dann kann man, noch bevor das Weinglas vollständig ausgelöffelt ist, bereits eine bekannte Erscheinung feststellen: Man wird lustig, bekommt einen heißen Kopf; Personen, die „gar nichts vertragen können", werden schon leicht angeheitert. Trinkt man aber das Glas Wein in gewöhnlicher Weise aus, dann treten keine besonderen Erscheinungen auf. Wie erklärt sich das? Beim Auslöffeln mit dem Teelöffel umspült der Alkohol des Weines in großer Ausdehnung die Schleimhäute der Mundhöhle. Diese saugen den Alkohol auf und führen ihn direkt über die Kapillaren in die Blutbahn, wo der Alkohol seine Wirkung dann als „Lähmung des Zentralnervensystems" äußert.*) Beim gewöhnlichen Austrinken haben aber die Schleimhäute der Mundhöhle gar keine Zeit, den Alkohol in größerer Menge aufzusaugen, weil, wie bekannt, bei raschem Trinken die Flüssigkeit schnell über die Speiseröhre in den Magen gelangt. Im Magen aber wird der Alkohol durch den Magensaft verdünnt und er tritt daher nur sehr viel langsamer und nur in verdünnterem Zustand in die Blutbahn über.

b) Auch die bekanntlich trotz der starken Verdünnung mit Eiswasser ziemlich „berauschende" Wirkung des Schwedenpunsches erklärt sich nur durch die Gewohnheit, den Schwedenpunsch nicht zu „trinken", sondern durch einen Strohhalm zu genießen.

c) Ein anderes Beispiel: Wenn man sich mit einer etwas stärkeren alkoholischen Flüssigkeit (etwa Rum oder Weinbrand) einige Sekunden kräftig den Mund ausspült und dann nicht schluckt, sondern vielmehr den gesamten Inhalt ausspuckt, so kann man doch schon wenige Minuten nach dieser Prozedur den durch die Schleimhäute der Mundhöhle aufgesogenen und ins Blut übergeführten Alkohol, zum Beispiel bei einer Blutentnahme aus der großen Zehe, feststellen.

Es sei also nochmals betont, daß die Aufnahme der biochemischen Salze unmittelbar durch die Schleimhäute der Mundhöhle die wichtigste Vorausset-

---

*) Jede „Wirkung" des innerlich eingenommenen Alkohols (vom leichten „Angeheitertsein" bis zur sinnlosen Trunkenheit) wird medizinisch als „Lähmung des Zentralnervensystems" bezeichnet.

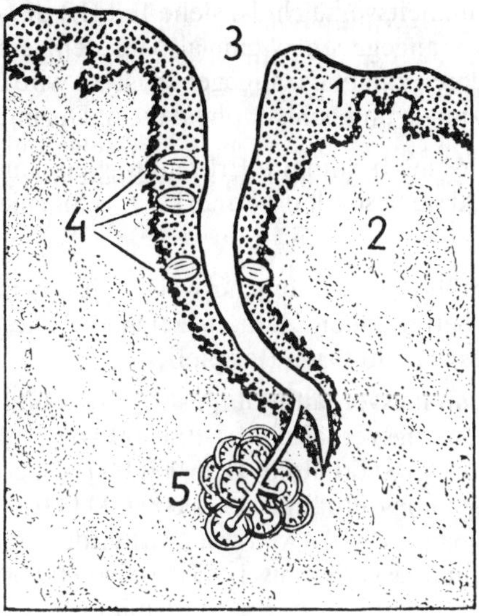

Schnitt durch die Zungenschleimhaut
(Etwa 50-fach vergrößert)

1 Deckzellenschichten
2 Bindegewebige Schichten
3 Zungengrube
4 Geschmacksknospen
5 Zungendrüse mit Ausführungsgang

zung für die Heilwirksamkeit darstellt. Der exakte Beweis dafür, warum dies so sein muß, läßt sich auch hier wieder nicht erbringen. Die 100jährige Erfahrung hat aber gezeigt, daß Dr. Schüßler mit seiner Forderung des Übertritts der Salzlösungen durch die Schleimhäute tatsächlich im Recht war.

Immer wieder müssen wir darauf hinweisen, daß die biochemische Heillehre in all ihren einzelnen Forderungen zum großen Teil eine Erfahrungswissenschaft darstellt, und daß bezüglich mancher Thesen naturwissenschaftlich exakte Beweise noch nicht beigebracht werden können.

Weil die oben erwähnten Verdünnungsstufen (für calc. fluor., ferr. phos. und sil. die 12., für die übrigen 8 Salze die 6. Dezimale) sich auf Dr. Schüßlers Verordnungspraxis gründen, werden die biochemischen Mittel grundsätzlich von allen Herstellerfirmen in diesen „Normal"-Potenzen an die Apotheken und Drogerien geliefert. Aus demselben Grunde werden in den biochemischen Lehrbüchern und Krankheitsverzeichnissen (auch in unserem nachstehenden Krankheitsverzeichnis, siehe Teil II.) diese „Normal"-Potenzen nicht besonders angegeben. Wenn also in dem einen Fall etwa calc. fluor., in einem anderen kal. phos. angegeben ist, so wird bei calc. fluor. automatisch die 12. Dezimale und bei kal. phos. die 6. Dezimale angewendet.

Nur dann, wenn für eine bestimmte Erkrankung eine andere Potenzierung zweckmäßig ist, wird sie besonders vermerkt, z. B. bei niedrigem Blutdruck: Kal. phos. D 3.

Die Potenzierungshöhe *) wird üblicherweise mit einem lateinischen „D", unter Zusatz der betreffenden Zahl, bezeichnet. Diese Bezeichnung ist durchaus einfach, es bedeutet zum Beispiel:

D 3 das Verdünnungsverhältnis 1 : 1.000 = $1 : 10^{-3}$
D 5 das Verdünnungsverhältnis 1 : 100.000 = $1 : 10^{-5}$
D 6 das Verdünnungsverhältnis 1 : 1.000.000 = $1 : 10^{-6}$
D 9 das Verdünnungsverhältnis 1 : 1.000.000.000 (1 Milliarde) = $1 : 10^{-9}$
D 12 das Verdünnungsverhältnis 1 : 1.000.000.000.000 (1 Billion) = $1 : 10^{-12}$

Gegen die an sich gewiß klaren und einleuchtenden Beweisführungen Dr. Schüßlers sind doch, namentlich in früheren Zeiten, eine größere Anzahl von Einwendungen erhoben worden. Wenngleich diese Einwendungen durch den großen Siegeszug der Biochemie, durch ihre unbezweifelbaren praktischen Erfolge am Krankenbett längst widerlegt sind, und wenngleich heute angesichts der klaren Entwicklung die so vorlauten Gegner verstummt sind, sollen doch die zwei wichtigsten Einwände, die gegen die biochemische Heilweise vorgebracht wurden, hier kurz angeführt und widerlegt werden.

Erster Einwand:

Man hat gesagt: So hohe Verdünnungen wie 1 : 100.000.000 und noch höher, könnten keine Wirkung mehr äußern. Tatsächlich ist dieser Einwand aber vollkommen hinfällig, wenn wir uns einmal die Mühe nehmen, den Dingen auf den Grund zu gehen. Tag für Tag, überall im täglichen Leben treten uns solche Verdünnungsstufen gegenüber – nur übersehen wir sie meistens oder denken nicht darüber nach.

Ein paar Beispiele hoher Verdünnungen mit gleichwohl erheblichen Wirkungen möchte ich anführen:

---

*) Die Ausdrücke: Dezimalpotenz, Dezimalverdünnungsstufe, Dezimalverdünnungsskala usw. sind alle gleichbedeutend.

a) Kalium permanganicum (übermangansaures Kali), in jeder Apotheke und Drogerie für wenig Geld käuflich, wird als Desinfektionsmittel außerordentlich geschätzt (desinfizieren heißt: Bakterien, also Kleinlebewesen, abtöten). Jeder Laie weiß, daß die keimtötende Wirkung bestimmt dann vorliegt, wenn eine Wasserlösung dieses übermangansauren Kalis eine rote (schwachrote) Färbung zeigt. Wenn wir nun zwei kleine Körnchen übermangansaures Kali, die ein Gewicht von etwa 5–6 mg (mg = 1/1000 g) haben, langsam in einem Liter (= 1000 g) Wasser auflösen, so ergibt sich eine deutliche Rotfärbung dieser Lösung. Die Lösung entspricht aber nach Vorstehendem etwa der 6. Dezimalverdünnung; also selbst in dieser Verdünnung 1 : 1.000.000 (genauer ausgedrückt: 5 : 1.000.000) hat dic Lösung noch keimtötende Wirkung.

b) In allen natürlichen Heilquellen finden sich die meisten der wirksamen Stoffe in Verdünnungsverhältnissen von etwa 1 : 100.000 an aufwärts. So enthält zum Beispiel die Wildunger Helenenquelle neben ähnlich hochverdünnten Salzen : Schwefelsaures Natron (Bioch. Nr. 10) im Verhältnis (ca.) 1 : 100.000 = D 5, doppelkohlensaures Manganoxydul im Verhältnis (ca.) 1 : 1.000.000 = D 6, phosphorsauren Kalk (Bioch. Nr. 2) im Verhältnis (ca.) 1 : 10.000.000 = D 7.

Da die Heilwirksamkeit der natürlichen Mineralquellen seit Jahrhunderten anerkannt und crprobt ist, sind sie der beste Beweis für die Wirksamkeit höherer und höchster Verdünnungen. Besonders interessant ist es, daß die einzelnen „Schüßler'schen" Salze in allen Heilquellen vorkommen und zwar eben meist in den von Dr. Schüßler vorgeschriebenen Verdünnungsstufen.

Dr. Schüßler selbst ist ja wesentlich auch durch das Studium der Balneologie (Bäderlehre) zur Begründung seines biochemischen Heilsystems angeregt worden. Aus dem seinerzeit berühmten Werk des Marburger Universitätsprofessors und Bäderforschers F. W. Beneke („Grundlagen der Pathologie des Stoffwechsels", Berlin 1874) hat Schüßler viele Gedankengänge entnommen.

Gerade unter diesen historischen Gesichtspunkten bezeichnen manche Herstellerfirmen ihre biochemischen Mittel als „biochemische Mineralquellsalzpastillen".

Von mancher Seite könnte gegen die Heranziehung der Mineralquellen als Analogie zu den Verdünnungen der Schüßler'schen Lehre darauf hingewiesen werden, daß in den Mineralquellen v i e l e Mineralstoffe gelöst seien, und daß bei der Zusammenrechnung der gelösten Mineralien meist nur ein Verdünnungsverhältnis von (durchschnittlich) 1 : 1.000 herauskomme.

Darauf ist folgendes zu erwidern:

aa) Kein Mensch wird annehmen, daß in den natürlichen Mineralquellen die Gesamtheit der Salze für den Heilerfolg ausschlaggebend ist.

bb) Auch die Biochemie geht, wenn auch nur in Ausnahmefällen, bis zur 3. Dezimale (D 3, das ist 1 : 1.000) herunter.

c) Ein weiteres interessantes Beispiel für die Wirksamkeit hoher Verdünnungen stellt unser gewöhnliches Bier dar: Bekanntlich tritt beim Genuß von Bier eine gewisse Ermüdungserscheinung auf, die vulgär mit dem Ausdruck „Bettschwere" bezeichnet wird. Ursache dieser Erscheinung ist nicht etwa, wie man meinen könnte, der Alkohol, sondern vielmehr der im Bier enthaltene Hopfen, der ja sonst als Arzneidroge zu den Beruhigungs- und Schlafmitteln gehört.*)

Gestützt wird diese Behauptung, daß nicht der Alkohol die Ermüdung verursacht, durch einen kleinen Versuch: Man trinke am Morgen einen halben Liter Stark-Bier und versuche eine halbe Stunde später die Treppen hinaufzusteigen. Deutlich empfindet man das Schweregefühl, die Mattigkeit in den Gliedern, namentlich in den Oberschenkeln. Wenn man aber am nächsten Tag zu derselben Zeit etwa ein Glas Weinbrand trinkt, dessen Alkohol ungefähr dem eines halben Liters Bier entspricht, so wird man eher das Gefühl einer gewissen Leichtigkeit, keinesfalls aber ein Ermüdungsgefühl beim Treppensteigen empfinden.

Bei der Bereitung des Bieres wird aber der Hopfen in einer solchen Form verwendet, daß die wirksamen Bestandteile des Hopfens im Bier nur in einer Verdünnung von 1 : 1 Million, ja vielleicht nur in einer Verdünnung von 1 : 10 Millionen vorhanden sind. Das heißt: Der Hopfen zeigt in einer Verdünnung von 1 : 10 Millionen (D 7) eine deutlich ermüdende, ja einschläfernde Wirkung.

d) Und zum Schluß noch ein kleines Beispiel: Jeder gewöhnliche Arzneikräuteraufguß, z. B. Lindenblütentee oder Kamillentee, aber auch ein Aufguß von deutschem Tee oder schwarzem Tee, enthält die wirksamen Bestandteile nur in einer sehr hohen Verdünnung, die etwa an die 5. oder 6. Dezimale heranreichen dürfte.

*) Nur nebenbei sei bemerkt, daß der Hopfen kein ganz „harmloses" Beruhigungsmittel darstellt. Der im Hopfen enthaltene wirksame Stoff, das Lupulin, ist für nierenkranke oder nierenschwache Personen gefährlich.

Nach diesen wenigen Beispielen wird wohl niemand mehr die Auffassung vertreten können, daß ein Verdünnungsverhältnis von 1 : 1 Million etwa keine Wirkung äußern könnte.

Zweiter Einwand:

Die biochemischen Salze seien ohnedies in der täglichen Nahrung enthalten; wenn der Mensch trotzdem „krank" werde, so gehe daraus hervor, daß die biochemischen Salze nicht als heilwirksame Stoffe betrachtet werden könnten. – Auch dieser Einwand geht fehl; er ist nur erklärlich durch die mangelnde Kenntnis der biochemischen Lehre.

Allerdings ist richtig, daß die biochemischen Salze auch in der täglichen Nahrung enthalten sind, denn der Körper kann alle lebensnotwendigen Stoffe nur durch die Nahrung in sich aufnehmen, allein

a) meist sind diese Salze in der täglichen Nahrung nicht in reiner, freier Form, sondern, wie der Chemiker sagt, in organischer Bindung enthalten. Man stellt sich nun vor, daß organisch gebundene Mineralsalze nicht, wie es für die Heilwirksamkeit notwendig ist, durch die Schleimhäute der Mundhohle direkt ins Blut ubertreten konnen;

b) sofern die betreffenden Mineralstoffe aber in Form freier Moleküle in der Nahrung enthalten sind (z. B. Kochsalz in der Fleischbrühe oder wenn, wie üblich, Kochsalz den Speisen noch besonders beigegeben wird), sind sie viel zu konzentriert, als daß sie noch durch die Schleimhäute der Mundhöhle ins Blut übergehen könnten.

c) Die biochemische Lehre nimmt an, daß gerade das Auftreten von Krankheiten ein Beweis dafür sei, daß die tägliche Nahrung nicht die richtige Zusammensetzung, nicht das richtige Mengenverhältnis der notwendigen Mineralstoffe enthält, so daß also wegen des Fehlens des einen oder anderen Salzes bestimmte Krankheiten auftreten. Und es ist unbestritten, daß die Ernährungsfrage bei vielen Krankheiten eine ausschlaggebende Rolle spielt. Andererseits ist auch einsichtig, daß ein Organismus dadurch krank wird, daß infolge einer Verwertungsstörung die in der Nahrung vorhandenen Stoffe nicht in die für den Organismus nötige Form gebracht werden können (Stoffwechselstörung) und dadurch dem Körper fehlen. Sie müssen dann in der dem Körper gemäßen Form (biochemische Funktionsmittel) zugeführt werden.

Besonders aufschlußreich und beweiskräftig zur Zurückweisung des obigen zweiten Einwandes sind die sogenannten „Salzkrankheiten". Der Biochemiker versteht unter diesem Begriff solche Krankheiten, die wässerig-salzige Flüssigkeiten absondern, also z. B. Fließschnupfen, Salzfluß, oft auch „offene Beine", besonders wenn die Absonderungen klebrig sich anfühlen und scharf ätzend sind, auch heftige Juckbeschwerden auslösen.

Der Laie könnte nun argumentieren: Der Körper scheidet hier Kochsalz aus; da der Organismus aber Kochsalz als lebensnotwendigen Mineralstoff braucht, muß man das abgehende Kochsalz schnellstens wieder ersetzen, – und der Patient würzt daher seine Speisen immer noch stärker. Ergebnis: Es tritt nicht nur keine Heilung ein, sondern das Leiden verschlimmert sich zusehends! Die Lösung des Rätsels: Wenn der Körper Kochsalz ausscheidet, so ist dies ein Beweis dafür, daß die Zellen (auf diese kommt es ja nach Virchow an!) das mit der Nahrung zugeführte Kochsalz infolge einer Funktionsstörung (im Innern der Zelle!) nicht mehr aufnehmen und verarbeiten können; und diese Funktionsstörung ist eben durch einen M a n g e l an Kochsalz entstanden.

Es ist ein beinahe grotesker Widerspruch: We i l die Zelle kein Kochsalz hat, darum scheidet der Körper das Kochsalz aus! Aber der anomale Kochsalzhunger der Zelle kann nicht mit den starken Kochsalzkonzentrationen, die wir mit der Nahrung zu uns nehmen, gestillt werden, und darum muß dieses Kochsalz ausgeschieden werden. Und nun kommt die Schlußfolgerung: Sobald wir dem Körper das der Zelle fehlende Kochsalz in einer solchen Verdünnung (also nach Schüßler D 6) zuführen, daß diese verdünnte Lösung durch die Zellmembrane in das Innere der Zelle eindringen kann, wird die Zelle wieder „funktionstüchtig", der Organismus kann das ihm mit den Speisen zugeführte Salz wieder ordnungsgemäß verarbeiten und der „Salzfluß" hört auf!

Mancher könnte nun sagen: Das seien doch alles nur „Kombinationen", ein naturwissenschaftlicher „Beweis" könnte nicht geführt werden. Letzteres ist an sich richtig. Aber stets haben die erwiesenen Tatsachen ein stärkeres Gewicht, als wissenschaftliche Beweisführungen. Und gerade an dem Beispiel der Salzkrankheiten können wir die Richtigkeit der vorstehenden biochemischen Deduktionen am eigenen Körper ausprobieren: Wenn Sie, liebe Leser, einmal einen recht kräftigen Fließschnupfen haben (mit salziger Absonderung aus der Nase!), dann salzen Sie Ihre Speisen zunächst mal besonders kräftig; Sie werden beobachten, daß der Schnupfen dann viel unangenehmer und der Ausfluß aus der Nase viel ätzender wird! Sobald Sie nun aber das Kochsalz in der biochemisch verdünnten Form, nämlich natr. mur. D 6, anwenden, wird der Fließschnupfen in kürzester Frist geheilt, der Ausfluß hört auf!

Um irrtümliche Auffassungen zu vermeiden, sei hier auf die sogenannten reinen „Mangelkrankheiten” (Eiweißmangelkrankheiten, Vitaminmangelkrankheiten, die sogenannten Avitaminosen) hingewiesen. Diese Krankheiten haben als eine Ursache ungenügende oder falsche Ernährung und sie können durch entsprechende Umstellung der Nahrungszufuhr geheilt werden. Aber auch hier erweist sich die große Bedeutung der biochemischen Heilmethode, indem, wie die praktische Erfahrung gezeigt hat, die Wirkung der in erster Linie notwendigen Maßnahmen durch gleichzeitige Verabreichung biochemischer Mittel erheblich gefördert und beschleunigt wird.

Biochemie und Arzneikräuter

Die neuerliche Foschung hat bezüglich der Biochemie ein interessantes Ergebnis gezeitigt: Es ist nämlich ein natürlicher Zusammenhang der biochemischen Heilmethode mit der Kräuterheilmethode aufgedeckt worden. Der Verfasser darf für sich in Anspruch nehmen, daß er gerade dieses Gebiet zuerst in breiterer Öffentlichkeit wissenschaftlich und literarisch bearbeitet hat.

Die Zusammenhänge der biochemischen Heilmethode mit der Kräuterheilkunde beruhen auf verschiedenen Grundlagen:

1. Wenn wir forschen, auf welche Ursachen eigentlich die Heilwirksamkeit der Arzneikräuter zurückzuführen ist, so finden wir, daß es neben dem Gehalt der Arzneikräuter an ätherischen Ölen, an Bitterstoffen, an Schleimstoffen, insbesondere auch der Gehalt der Arzneikräuter an Mineralstoffen ist, dem die Bedeutung des heilwirksamen Prinzips zukommt.

   In der Natur kommen Mineralstoffe in großen Mengen vor und die Pflanze nimmt sie in Form ihrer Salze in gelöster Form mit ihren Wurzeln auf. Für die in der Pflanze enthaltenen Mineralsalze, die in den menschlichen und tierischen Organismus übergehen, hat Dr. Lahmann schon vor mehr als 50 Jahren den Begriff Nährsalze geprägt.

   Dieses Nährsalze sind unerläßlicher Bestandteil des Körpers und bedürfen steten Ersatzes.

   Schon von altersher wurden Heilpflanzen mit bestimmten Mineralstoffen bei gewissen Erkrankungen rein erfahrungsgemäß angewandt. Und nun finden wir eine interessante Tatsache:

Gerade viele derjenigen Kräuter, die seit Jahrhunderten gegen bestimmte Leiden gebraucht werden, sind besonders reich an jenen Mineralstoffen, die auch Dr. Schüßler gegen dieselbe Krankheit verordnet. Es seien ein paar Beispiele angeführt:

a) Zinnkraut (Schachtelhalm, Herba equiseti) ist bekannt und geschätzt als ein vorzügliches Mittel bei Lungenleiden. Zinnkraut gehört aber zu den sogenannten „Kieselsäuredrogen", d. h. zu jenen Drogen, die ausgezeichnet sind durch einen besonders hohen Gehalt an assimilierbarer *) Kieselsäure. In der Biochemie ist aber gerade silicea, d. h. Kieselsäure, eines der Hauptmittel gegen Lungenleiden, speziell wegen ihrer das Bindegewebe der Lunge stützenden Fähigkeit.

   Das biochemische Mittel silicea wirkt bekanntlich ausgezeichnet bei Eiterungen. In gleicher Weise kann man mit geradezu verblüffendem Erfolg schlecht heilende oder eiternde Wunden mit einem Teeaufguß von Kieselsäuredrogen behandeln.

b) Gegen hartnäckige Verschleimung wird mit größtem Erfolg die bekannte Droge „Spitzwegerich" angewendet. Spitzwegerich besitzt aber einen reichen Gehalt an Chlorkalium (kal. chlor.). Gerade dieses Mittel stellt auch in der Biochemie das Hauptmittel gegen hartnäckige Verschleimung dar.

In den letzten Jahrzehnten hat die Erforschung des Mineralstoffgehalts der Arzneikräuter wichtige Erkenntnisse gezeitigt; es ist tatsächlich so, daß in unseren Arzneikräutern die lebensnotwendigen biochemischen Salze in besonderem Umfang enthalten sind.

Es würde allerdings zu weit führen, wenn wir die an sich interessanten Forschungsergebnisse hier etwa in tabellarischer Form zusammenstellen würden. Immerhin aber erkennen wir, daß der Lehrsatz Moleschott's von der lebensnotwendigen Bedeutung der Mineralstoffe auch für das Pflanzenleben gilt, denn auch die Pflanze bedarf zu ihrer Entwicklung und zu ihrem Leben und Gedeihen des Vorhandenseins – eben der biochemischen Salze!

---

*) „Assimilierbar" heißt: Zur Aufnahme in den Körper geeignet.
Kleine pflanzenbiologische Anmerkung: Für alle Kieselsäuredrogen, z. B. außer Schachtelhalm noch Vogelknöterich, Brennessel, Hohlzahn, Heidekraut (nicht Blüten) usw. ist wichtig, daß nur junge Pflanzen gesammelt werden sollten, weil bei zunehmendem Alter der Pflanze die darin enthaltene Kieselsäure immer mehr ihre Löslichkeit verliert und aus diesem Grunde bei der Teezubereitung nicht mehr in den Aufguß übergeht; dadurch würde praktisch der Tee wirkungslos.

2. Und endlich kommt für die Verbindung der Biochemie mit den Arzneikräutern noch ein weiterer wichtiger Gesichtspunkt hinzu:

Arzneitees trinkt man üblicherweise morgens und abends. Wenn nun der Patient am Tage die gegen „sein" Leiden infrage kommenden biochemischen Mittel einnimmt, so bedeutet dies, daß der Organismus dauernd unter der wohltuenden und heilungsfördernden Einwirkung von naturgemäßen, giftfreien Mitteln steht, – die Folge ist eine beträchtliche Beschleunigung des Heilungsverlaufs.

Bei der großen Wichtigkeit, die hiernach einer sinnvollen

gemeinsamen Anwendung von Biochemie und Arzneikräutern

zukommt, halte ich es für angezeigt, im nachstehenden in alphabetischer Reihenfolge die wichtigsten Arzneikräuter und die dazu anwendbaren biochemischen Mittel anzuführen:

Arzneidroge	**Anwendung**	**dazugehörige biochemische Mittel *)**
Aloe	gegen chronische Verstopfung	Fer. phos., natr. phos. (evtl. natr. mur. + magn. phos.)
Althee-Wurzel (Eibisch-Wurzel)	gegen Husten	Ferr. phos., kal. chlor.
Angelika-Wurzel	zur Magenstärkung, bei nerv. Magenschmerzen	Kal. phos., magn. phos.
Anis	gegen Husten	Ferr. phos., kal. chlor.
Bärentraubenblätter	gegen Blasenleiden	Siehe Stichwort „Blasenleiden" im Teil II (Krankheitsverzeichnis)
Baldrianwurzel	bei Nervosität, nervöser Schlaflosigkeit	Kal. phos., magn. phos.
Bickbeeren	gegen Durchfall	Ferr. phos., natr. sulf.

*) Es ist selbstverständlich nicht zweckmäßig, sich auf die obigen Angaben der biochemischen Mittel allein zu beschränken, sondern in jedem Fall im Krankheitsverzeichnis (Teil II) die näheren Vorschriften bei der betreffenden Krankheit nachzulesen.

Arzneidroge	Anwendung	dazugehörige biochemische Mittel
Birkenblätter	gegen Nierenleiden	Ferr. phos., kal. phos., natr. phos., natr. sulf.
Brennessel	zur Blutreinigung	Natr. mur., natr. phos., sil.
Carragheen-Moos	als schleimlösendes, linderndes Mittel, gegen Reizung der Atemwege	Ferr. phos., kal. chlor.
Enzian-Wurzel	als magenstärkendes Mittel	Kal. phos., magn. phos.
Erdrauch	a) gegen Drüsenerkrankungen u. Skrofulose	Calc. phos., natr. phos., sil.
	b) als Blutreinigungsmittel	Natr. mur., natr. phos., sil.
	c) bei Leber- u. Gallestörungen	Kal. sulf., natr. sulf.
Eucalyptus	gegen Asthma	Kal. phos., kal. sulf., magn. phos.
Faulbaumrinde	gegen Verstopfung	Ferr. phos., natr. phos. natr. sulf.
Fenchel	a) bei Kindern als lösendes und beruhigendes Mittel	Kal. chlor., kal. phos., magn. phos.
	b) gegen Husten	Ferr. phos., kal. chlor.
Fliederblüten	a) als schweißtreibendes und harntreibendes Mittel	Ferr. phos., natr. sulf.
	b) als Abführmittel	Ferr. phos., natr. phos., natr. sulf.
Galgant-Wurzel	als magenstärkendes Mittel	Kal. phos., magn. phos., natr. phos.

Arzneidroge	Anwendung	dazugehörige biochemische Mittel
Hauhechel-Wurzel	zur Förderung d. Harnausscheidung u. zur Blutreinigung	Natr. mur., natr. phos., natr. sulf., sil.
Heidelbeeren	(s. Bickbeeren)	
Hirtentäschel	gegen Blutungen	Siehe Stichwort „Blutungen" im Teil II (Krankheitsverzeichnis)
Hohlzahn	gegen Husten u. Lungenkrankheiten	Calc. phos., ferr. phos., kal. chlor., sil.
Hopfen	gegen Schlaflosigkeit	Kal. phos. (ferr. phos., besonders bei älteren Personen und bei Blutandrang zum Kopf; auch magn. phos. kommt in Betracht), siehe Stichwort „Schlaflosigkeit" im Teil II (Krankheitsverzeichnis)
Huflattichblätter	gegen Husten u. Heiserkeit	Ferr. phos., kal. chlor.
Isländisch Moos	gegen Brustleiden	Ferr. phos., kal. chlor., sil.
Kamillen	a) innerlich zur Magenstärkung und gegen Magenkrämpfe	Kal. phos., magn. phos.
	b) äußerlich gegen Furunkeln	Sil.
Klettenwurzel	a) innerlich als Zusatz zu schweißtreibenden und blutreinigenden Tees	Natr. mur., natr. phos., natr. sulf., sil.
	b) äußerlich zur Förderung d. Haarwuchses	Kal. phos., natr. mur., sil.

Arzneidroge	Anwendung	dazugehörige biochemische Mittel *)
Leinsamen	a) innerl. geg. Husten	Ferr. phos., kal. chlor.
	b) äußerlich gegen Geschwüre, Entzündungen	Natr. phos., sil.
Lindenblüten	a) schweißtreibendes, entzündungswidriges Mittel	Ferr. phos., natr. sulf.
	b) bei Nierenkrankheiten	Ferr. phos., kal. phos., natr. phos., natr. sulf.
Pfefferminze	a) zur Magenstärkung	Kal. phos., magn. phos.
	b) gegen Koliken	Magn. phos. (in heißem Wasser!)
	c) gegen Blähungen	Magn. phos., natr. phos.
Pimpinell-Wurzel	gegen Heiserkeit	Ferr. phos., kal. chlor.
Ratanhia-Wurzel	a) bei Durchfall	Ferr. phos., natr. sulf.
	b) bei Blutungen	Siehe Stichwort „Blutungen" im Teil II (Krankheitsverzeichnis)
Rhabarber	a) zur Magenstärkung	Kal. phos., magn. phos.
	b) gegen Durchfall (nur in ganz kl. Gaben)	Ferr. phos., natr. sulf.
	c) gegen Verstopfung (in größeren Gaben)	Ferr. phos., natr. phos. natr. sulf. *)
Salbei	a) innerl. geg. Nachtschweiße bei Lungenleiden	Calc. phos., sil.
	b) innerl. und zum Gurgeln bei Halsentzündungen	Ferr. phos., kal. chlor.

*) Wegen der annähernden Gleichartigkeit der biochemischen Verordnung bei Durchfall und bei Verstopfung – also bei entgegengesetzten Krankheitserscheinungen – siehe Näheres im Kapitel „Wirkungskreis": Ferr. phos. ist „Muskelmittel". Bei Durchfall muß die Muskulatur der geschwächten Darmzotten, die durch ihre Saugtätigkeit (Muskelarbeit!) die verflüssigten Nahrungsstoffe durch die Darmwandung ins Blut überführen, anregen; bei Verstopfung muß ferr. phos. die Ring- und Längsmuskeln der Darmwandung zur Ausführung der peristaltischen Bewegungen kräftigen.

Arzneidroge	Anwendung	dazugehörige biochemische Mittel
Schachtelhalm	bei Lungenleiden	Calc. phos., sil.
Schafgarbe	a) gegen Lungen- und Brustleiden	Calc. phos., sil.
	b) bei Nierenleiden	Ferr. phos., natr. phos., natr. sulf.
	c) bei Magenleiden	Kal. phos., magn. phos.
	d) bei Leberleiden	Kal. sulf., natr. sulf.
Sennesbläter u. Sennesschoten	gegen Verstopfung	Ferr. phos., natr. phos., natr. sulf.
Sonnentau	a) gegen Wassersucht	Natr. mur., natr. sulf. Im übrigen siehe Stichwort „Wassersucht" im Teil II (Krankheitsverzeichnis)
	b) gegen Keuchhusten	Siehe Stichwort „Keuchhusten" im Teil II (Krankheitsverzeichnis)
Spitzwegerich	gegen Husten und Verschleimung	Ferr. phos., kal. chlor.
Stiefmütterchen	zur Blutreinigung	Natr. mur., natr. phos., sil.
Stockrosen	innerl. gegen Husten, äußerl. zum Gurgeln	Ferr. phos., kal. chlor.
Süßholz	gegen Husten	Ferr. phos., kal. chlor.
Tausendgüldenkraut	a) zur Magenstärkung	Kal. phos., magn. phos.
	b) zur Förderung der Gallensekretion	Kal. sulf., natr. sulf.
Thymian	gegen Keuchhusten	Siehe Stichwort „Keuchhusten" im Teil II (Krankheitsverzeichnis)
Tormentill-Wurzel	gegen Durchfälle u. Ruhr	Ferr. phos., kal. phos., natr. sulf. (evtl. dazu natr. phos.)

Arzneidroge	Anwendung	dazugehörige biochemische Mittel
Walnußblätter	zur Blutreinigung	Natr. mur., natr. phos., sil.
Weißklee	a) gegen Husten b) gegen Gicht	Ferr. phos., kal. chlor. Natr. phos., sil.
Wermutkraut	zur Magenstärkung	Kal. phos., magn. phos. (evtl. dazu, besonders bei Übersäuerung: Natr. phos.)
Wollblumen	als schleimlösendes Mittel	Ferr. phos., kal. chlor.
Zinnkraut	(siehe Schachtelhalm)	

Handelsformen der biochemischen Mittel

Für den Leser in gewissem Sinne interessant, für den Patienten aber wichtig ist die Kenntnis der Handelsformen der biochemischen Mittel.

1. Die Milchzuckerverreibungen

Hier wird, wie schon der Name sagt, als Verdünnungsmittel chemisch reiner Milchzucker verwendet. Von größter Wichtigkeit ist begreiflicherweise die ganz gleichmäßige Verteilung des biochemisch wirksamen Salzes in dem Milchzucker. Diese Verteilung wird in Form einer mechanischen Verreibung erzielt, aber nicht etwa in der Weise, daß man z. B. 1 g Kal. phos. etwa mit 999 999 g Milchzucker verreibt, um so die Verdünnung der 6. Dezimale (1 : 1 000 000) darzustellen. Muß eine Potenzierung mit Milchzucker durchgeführt werden, so muß zunächst 1 g Ursalz mit 9 g Milchzucker nach genauer Vorschrift des Homöopathischen Arzneibuches innig verrieben werden. Von dieser Verreibung, der sogenannten 1. Dezimale, wird nun wieder 1 g genommen und abermals mit 9 g Milchzucker verrieben. Das ist dann die 2. Dezimale. Das Verfahren wird solange fortgesetzt, bis die gewünschte Dezimalstufe erreicht ist.

Auch in modernen Großbetrieben, wo die Potenzierung in Spezialmaschinen vorgenommen wird, wird stufenweise vorgegangen.
Aus diesen pulverförmigen Verreibungen werden dann die

Milchzucker-Pastillen bzw. Tabletten

hergestellt.

Bei diesen wird die nach den Regeln hergestellte Milchzuckerverreibung in die bekannte Pastillenform gepreßt. Die biochemischen Pastillen werden heute vielfach in Form der sogenannten Quellsalzpastillen hergestellt, wobei man von den natürlichen Salzen bekannter Mineralquellen ausgeht.

Die biochemischen Salben und Cremes

Diese biochemischen Salben und Cremes enthalten das biochemische Salz in dem vorgeschriebenen Verdünnungsverhältnis, wobei als „Arzneiträger" Öle und Fette Verwendung finden *). Dabei ist es notwendig, daß vorwiegend tierische oder pflanzliche Fette und Öle verwendet werden, mineralische Fette dagegen nur in geringen Mengen oder besser überhaupt nicht. Denn nur pflanzliche und tierische Fette dringen durch die Oberhaut in den Körper ein, während mineralische Fette lediglich eine oben auf der Haut haftende Schutzschicht, nach Art eines Films, bilden.

Die Anwendung der biochemischen Salben und Cremes erfolgt äußerlich in allen den Fällen, in denen irgendwelche äußeren Erscheinungen auftreten (Pickel, Mitesser, Falten, Runzeln, fahle Haut, Verhärtungen, Verhornungen, Hautausschläge, sonstige Absonderungen, Abschuppungen usw.). Sie sind natürlich auch ganz ausgezeichnet zu verwenden zur allgemeinen Hautpflege, insbesondere mit der Nr. 1, die durch das biochemische Mittel calc. fluor. die Elastisierung der äußeren Hautpartien bewirkt.

Die biochemischen Kosmetika

Da die menschliche Haut nicht nur eine wichtige Ausscheidungsfunktion zu erfüllen hat (Gas- und Wasser-Stoffwechsel!), sondern da sie auch Resorptionsorgan ist, ist begreiflich, daß die biochemischen Mittel auch in der Kosmetik große Bedeutung besitzen. Unter kosmetischen Mitteln werden Mittel zur Pflege der Haut, der Nägel und des Haares verstanden.

Zur allgemeinen „Schönheitspflege" der Oberhaut, also zur Erhaltung der natürlichen „Spannung", zur Förderung der Durchblutung, zur Verhütung von frühzeitigen Falten und Runzeln hat sich die biochemische Coldcreme calc. fluor., wie oben kurz angedeutet, ausgezeichnet bewährt.

Für die Pflege der Nägel, also zur Erzielung eines regelmäßigen Wachstums und zur Vermeidung des „Riffeligwerdens", des Spaltens und des Brüchigwerdens, ist die biochemische Coldcreme silicea von größter Bedeutung. Die Anwendung der biochemischen Coldcreme calc. fluor. zur Haut- und Gesichtspflege, und die Anwendung der biochemischen Coldcreme silicea zur Nagelpflege erfolgen am besten durch abendliches Einreiben bzw. Einmassieren.

Zur Pflege des Haares sind biochemische Haarwässer im Handel. Nähere Begründungen für die Wirksamkeit solcher biochemischer Kosmetika siehe im Kapitel über den „Wirkungskreis".

---

*) Es werden heute allgemein die sogenannten Cremes (meist als Coldcremes – „Kühl"-Cremes) bevorzugt: Infolge des bei der Cremefabrikation beigefügten Wasseranteils verreiben sich die Cremes leichter auf der Haut, auch fördert der Wasserzusatz die Resorption durch die Haut; vgl. v. Czetsch-Lindenwald, „Salben, Puder, Externa", Berlin 1944, S. 29.

Wirkungskreis der biochemischen Heilmittel

Wir haben gesehen, daß die Wirkung der biochemischen Salze darin besteht, daß der Mineralsalzmangel der Zelle, also der „Hunger" der Zelle (bzw. des Blutes und der Zwischenzellflüssigkeit) gestillt wird. Die Zelle hat zu wenig Mineralsalze und wird dadurch „funktionsuntüchtig", sie kann keine Arbeit leisten, es entstehen: Schwächen, Unterfunktion, „Krankheiten". Durch Zuführung des oder der fehlenden Salze vollzieht sich dann die Wiederherstellung des normalen Zustandes, des Sättigungszustandes der Zelle: Sie wird wieder funktionstüchtig, d. h. es tritt der Zustand der normalen Tätigkeit der Zelle, der „Gesundheit", wieder ein. Nun enthalten aber nicht alle Zellen die Mineralstoffe in gleicher Menge; z. B. Knochenzellen enthalten vorwiegend Kalk, die Zellen des Muskelgewebes vorwiegend Eisen usw. Infolgedessen kommt jedem der elf Salze ein ganz bestimmtes Wirkungsgebiet zu.

Obgleich also die Biochemie nach Dr. Schüßler als Heilmittel nur elf Salze kennt, ist die Anwendung derselben durchaus nicht so ganz einfach. *)

---

*) Ganz schlaue und geschäftstüchtige Fabrikanten haben versucht, folgendermaßen zu argumentieren: Wenn 11 Salze zur Heilung aller Krankheiten genügen, dann braucht man ja nur dem Körper alle 11 Salze auf einmal in einem einzigen Präparat zuzuführen, und die Zelle wird dann schon auf Grund ihres „Hungers" und auf Grund ihres „Auswahlvermögens" die Salze, an denen sie gerade Mangel hat, sich heraussuchen; dann müsse automatisch die Gesundheit eintreten. Bei solcher Betrachtung ergebe sich also, daß wir gar keine Diagnose zu stellen brauchten und daß jeder Arzt überflüssig werde.
Eine derartige Beweisführung ist grundfalsch, und solche Handlungsweise ist eine äußerste Gefährdung für den Körper. Denn die einzelnen biochemischen Mittel stehen zueinander in einem Verhältnis der „Gegensätzlichkeit", des Antagonismus (ein solcher Antagonismus besteht z. B. bei Calcium einerseits und Natrium andererseits). Wenn man nun dem Körper alle 11 Mittel auf einmal (oder auch hintereinander in kurzen Abständen, wie manche Fabrikanten „verordneten") wahllos zuführt, dann kann begreiflicherweise die spezifische Wirkung des einen Mittels sich nicht im Sinne der Heilung entfalten, da sie durch die entgegengesetzte Wirkung eines anderen Salzes aufgehoben wird. Ein besonders für meine Leser aus ärztlichen Kreisen interessanter Hinweis auf den Antagonismus zwischen Calcium und Kalium findet sich in einer Arbeit von Dr. Hanns Rudolf Fromm über „Das Zwiegespräch der Digitalis" in Heft 3, Seite 129 der Zeitschrift „Die Pharmazie" vom März 1947:
Calcium erzeugt systolische Sympathikuswirkung.
Kalium erzeugt diastolischen Vaguseffekt.

Verbietet sich also die wahllose gleichzeitige Anwendung aller 11 Mittel schon im Hinblick auf den Antagonismus, so muß zudem beachtet werden, daß je nach der Lage des einzelnen Krankheitsfalles besondere Anordnungen bezüglich der Reihenfolge und der Häufigkeit des Einnehmens der einzelnen Mittel erforderlich sind. Allerdings ist nichts dagegen einzuwenden, wenn zur Vorbeugung alle 11 Mittel der Reihe nach eingenommen werden, man muß aber dann mit den einzelnen Mittel mindestens täglich, noch besser alle zwei Tage abwechseln. Bei solchem Verfahren kann das „Selektionsvermögen" (Auswahlvermögen) der Zelle durchaus wirksam werden, und es kann auf solche Weise ein in der Entstehung begriffener Mineralstoffmangel, der heute noch nicht (als „Krankheit") erkennbar ist, bei längerer Fortdauer aber leicht zur tatsächlichen Erkrankung führen kann, rechtzeitig behoben werden. Näheres hierzu siehe im Kapitel „Gebrauchsanweisung" unter Ziffer 5 („Wichtiger Hinweis").

Denn die Biochemie behandelt ja nicht „Krankheits-Symptome" (etwa Kopfschmerzen, Magenschmerzen usw.), sondern sie richtet die Verordnung der zutreffenden Mittel nach den Krankheits- U r s a c h e n ein. Ein Beispiel möge dies erläutern: Kopfschmerz kann die verschiedensten Ursachen haben: Nervosität, Herzfehler, Blutarmut, Wechseljahre, beginnende Verkalkung usw. Je nach diesen verschiedenen Krankheitsu r s a c h e n kommen eben wieder verschiedene Mittel in Betracht. Es ist infolgedessen notwendig, dem Wirkungskreis der biochemischen Mittel größte Beachtung zu schenken, weil in vielen Fällen die Feststellung der notwendigen Mittel nur auf diese Weise möglich ist; denn kein einziges „Krankheitsverzeichnis" kann so vollständig sein, daß es alle denkbaren Krankheitsursachen und das Zusammenwirken der verschiedenen Ursachen zu den auftretenden Folge(Krankheits-)Erscheinungen aufzählen könnte.

Es kann daher jedem, der sich mit diesen Dingen befaßt, insbesondere jedem Arzt, nicht dringend genug ans Herz gelegt werden, die Einzelheiten des „Wirkungskreises" recht gründlich durchzudenken und miteinander in Beziehung zu bringen.

Zum Zwecke der Erleichterung des Verständnisses und der Übersichtlichkeit werden bei der nachstehenden Besprechung der einzelnen Mittel

unter 1. die allgemeinen Angaben und die Angaben über das wichtigste Vorkommen des betreffenden Mittels in den einzelnen Körperorganen, Geweben usw., und

unter 2. die sich daraus ergebenden „Krankheits-Indikationen"

angeführt.

Nr. 1. Calcium fluoratum
(Fluorcalcium)

1. Fluorcalcium ist (als Mineral) gewöhnlicher Flußspat, also eines der in der Natur am häufigsten vorkommenden Mineralien.
   Calc. fluor. wirkt stets sehr langsam; es kommt daher vorwiegend für chronische Fälle in Betracht und ist hier oft monatelang zu nehmen. Im menschlichen Körper ist Fluorcalcium in besonderem Maße vorhanden
   a) in der Oberfläche der Zähne (Schmelz der Zähne) und der Knochen, ferner
   b) in allen elastischen Fasern,
   c) in allen Oberhautzellen.

Diese Vorkommen sind die wichtigsten. Außerdem ist calcium fluoratum noch nachgewiesen in einer großen Anzahl innerer Organe: Gehirn, Herz, Lungen, Leber, Nieren, ferner auch in der Linse des Auges.

2. Aus diesem Vorkommen ergibt sich das Anwendungsgebiet des Fluorcalciums:

   a) Zähne und Knochen (vor allem Leiden der Knochenhaut und des Zahnschmelzes), also:
   Fehlen des Zahnschmelzes oder Aufrauhung desselben.
   Zahnschmerzen, wenn der Zahn lose oder berührungsempfindlich ist.
   Lockerwerden der Zähne ohne Schmerzen (Parodontose!).
   Förderung des Zahndurchbruchs beim Säugling und Kleinkind, auch bei Zahnkrämpfen.
   Zu langes Offenbleiben der Fontanellen (Hinterhauptlücken beim Säugling).
   Knochenanschwellungen.
   Knochenentzündungen, Knochenhautentzündungen und Knochenquetschungen.
   Knocheneiterungen und Knochenfisteln.
   Gelenkschwellungen, Gelenkentzündung.
   Rückgratverkrümmung (Skoliose, Kyphose).
   Knochenschwäche, Knochenbrüchigkeit.
   Karies, Knochendeformierungen (Arthrosis deformans!).
   Bandscheibenschäden.
   Knochenbrüche.

   Vor allem: Vorbereitung der Zahn- und Knochenbildung beim Kind im Mutterleib: **Jede werdende Mutter** sollte calc. fluor. im Wechsel mit calc. phos. anwenden.

   b) Elastische Fasern und Oberhautzellen:
   Elastizitätsverlust der Gefäßwandungen: Verkalkung, Adererweiterung (Aneurysma), Hämorrhoiden, Krampfadern, Herzerweiterung, Herzvergrößerung.

   Elastizitätsverlust der inneren Organe: Erschlaffung der Aufhängebänder für Magen, Nieren, Leber, Gebärmutter, auch zur Straffung der Aufhängebänder der weiblichen Brust (gleichzeitig äußerliche Anwendung der biochemischen Coldcreme calc. fluor.), Hängebauch. (Kurdauer mindestens 5–6 Monate!)

   Elastizitätsverlust der Oberhaut: Falten und Runzeln
   (auch hier gleichzeitig und vor allem Anwendung der biochemischen Coldcreme calc. fluor. zur allgemeinen Haut- und Schön-

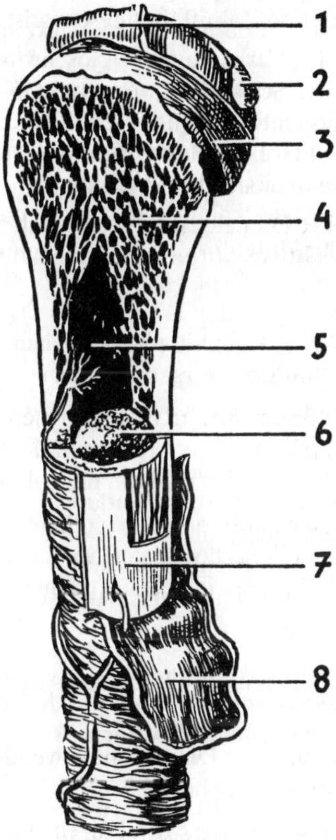

Knochen

Der obere Teil ist zur Kenntlichmachung der Einzelheiten aufgemeißelt

1 Gelenkhaut	5 Markhöhle
2 Gelenkschmiere	6 Knochenmark
3 Gelenkknorpel	7 Knochensubstanz
4 Schwammgewebe	8 Knochenhaut

heitspflege, also zur besseren Durchblutung, Straffung und Glättung der Oberhaut), Risse in den Handflächen, Aftereinrisse.

Elastizitätsmittel für das Bindegewebe: Gutartige Schwellungen aller Art, auch Wangen- und Zahnfleischgeschwulst.

Elastizitätsmittel für Verhärtungen: Geschwüre mit harten Rändern, Warzen, Hornhaut, Schwielen, verhärtete Narben (in allen diesen Fällen auch äußerlich als biochemische Coldcreme calc. fluor. anzuwenden), gutartige Brustdrüsenknoten, Gerstenkorn, Drüsenverhärtungen, Kropf, wenn er sich hart anfühlt.

c) Sonderhinweis: Da calc. fluor. sich auch in der Linse des Auges findet, ist es ein wichtiges Mittel bei der Behandlung des grauen Stars.

Nr. 2. Calcium phosphoricum

(Phosphorsaurer Kalk)

1. Phosphorsaurer Kalk findet sich im menschlichen Körper
   a) vorwiegend in allen Zähnen und Knochen. Die Knochen enthalten bis zu 85 Prozent ihres Gewichts calcium phosphoricum;

   b) in allen Zellen, insbesondere in den Zellkernen. Besonders sei hingewiesen auf die Blutzellen, die Ei- und Samenzellen und auf eine Reihe innerer Drüsen (Leber, Speicheldrüse, Schilddrüse usw.);

   c) in den Schleimhäuten.

2. Daraus gewinnen wir die hauptsächlichsten Anwendungsgebiete von calcium phosphoricum:

   a) Zähne und Knochen: Dieselben Anwendungsgebiete wie vorstehend bei calc. fluor. besprochen.

   Die Bedeutung dieser beiden Mittel für die Gesunderhaltung der Kinder kann nicht hoch genug bewertet werden (siehe auch die Verbindung mit silicea!). Einen wichtigen Hinweis, der von allen Lesern ganz ernst beachtet werden sollte und um dessen weiteste Verbreitung jeder bemüht sein sollte, möchte ich nachstehend bringen:

   Jede werdende Mutter sollte schon vom dritten Schwangerschaftsmonat an dauernd calcium fluoratum und calcium phosphoricum einnehmen und zwar nicht nur bis zur Entbindung, sondern während der ganzen Stillperiode und noch vier Wochen über das Aufhören des Selbststillens hinaus.

   Dadurch wird

I. den Gefahren vorgebeugt, die sich für den Kalkhaushalt des mütterlichen Körpers aus der Schwangerschaft ergeben und die bedingt sind durch den Bedarf des Körpers an Kalk (Ausfallen oder Lockerwerden der Zähne, Brechen der Haare nach der Entbindung usw.); es wird ferner

II. dem jungen Körper im Mutterleib bereits die beste Vorbereitung zu einem kräftigen und gesunden Knochenaufbau und zur Bildung eines starken Kiefers und kräftiger Zähne geboten.

III. Daß darüber hinaus hierdurch beim werdenden Säugling und beim Kleinkind die Bildung des Blutes, die Kräftigung der Muskeln, wie überhaupt der gesamten Körperkonstitution gefördert wird, ergibt sich schon aus dem Vorkommen des phosphorsauren Kalkes in allen Zellen (s. oben Ziff. 1, a, b).

Aber auch der Säugling und das heranwachsende Kleinkind sollten am besten regelmäßig, und zwar bis zur Vollendung des Knochenaufbaues, also eigentlich auch noch bis ins Jünglingsalter hinein, calcium phosphoricum und calcium fluoratum einnehmen. *) Manche Körper- und Nervenschwäche, Bleichsucht usw. würden dadurch vermieden.

Die Erkenntnis dieser, für das Gedeihen und die Gesundheit der kommenden Generationen so hochwichtigen Zusammenhänge ist eigentlich allgemeines Wissensgut aller Biochemiker und Biologen. Dabei ist es aber sehr verwunderlich, daß man in der gesamten wichtigen Literatur über die Biochemie Dr. Schüßlers über diese Fragen kaum einmal eine Andeutung findet. Nur hier und da werden Stimmen laut, um auf diese Bedeutung hinzuweisen. Aber solche nebensächlich behandelten Anführungen werden dementsprechend auch nur nebensächlich aufgefaßt.

Und dabei müßte doch eigentlich gerade für den Biochemiker der oberste Grundsatz der sein: „Vorbeugen ist besser als Heilen!" Überall aber findet man nur den Hinweis auf die Heilwirksamkeit des calcium phosphoricum bei bestehenden Knochen- und Zahnleiden! Gerade aber die Verhütung dieser schweren Krankheiten muß die wichtigste und größte Aufgabe sein. Und der beste Weg dazu ist die Befolgung der obigen Anregungen.

*) Über die Form des Einnehmens s. im nächsten Kapitel: „Besondere Gebrauchsanweisung für den Säugling und das Kleinkind".

Es muß hier ein wichtiger Einwand, der sich manchem Leser vielleicht aufdrängen könnte, besprochen werden: Calcium phosphoricum soll ja, wie wir sahen, in der 6. Dezimalpotenz, d. h. in der Verdünnung von 1 : 1.000.000 (1 zu einer Million) verabreicht werden. Das bedeutet also, daß 1 Gramm calc. phos. in 1.000 Kilo des Verdünnungsmittels (z. B. Milchzucker) enthalten ist. Nun könnte mancher sagen: Angenommen, ein einziger Unterarmknochen wiege etwa 200 Gramm, von welchen 150 Gramm reines calcium phosphoricum sein würden, so müßte man dem Kleinkind 150.000 Kilo (150 Tonnen!) Milchzucker zuführen, um die Bildung eines einzigen Unterarmknochens zu ermöglichen! Daraus ergäbe sich also, daß die ganze Beweisführung mit dem calc. phos. als Knochenmittel nicht stichhaltig sein könne.

Dieser Einwand ist unrichtig. Selbstverständlich erfolgt der Knochen-*Aufbau*, die Knochen-*Bildung*, aus den Kalkbestandteilen unserer Nahrung, auf dem Wege der Verdauung, also über den Magen-Darm-Kanal. Denn es gibt doch Millionen von Menschen, die *niemals* als Säuglinge bzw. im Wachstumsalter calc. phos. als *biochemisches* Mittel (in der biochemischen Verdünnung) eingenommen haben. Voraussetzung dafür, daß die Kalkbestandteile der Nahrung auf dem Wege über die Blutbahn in die Zwischenzell-Flüssigkeit gelangen und weiterhin zur Ernährung und Bildung der Knochen Verwendung finden können, ist aber, daß der Nährboden der Knochen, die Zwischenzell-Flüssigkeit und die knochenbildenden Zellen, genügend phosphorsauren Kalk enthalten. Ist in diesem „Nährboden“, in diesen knochenbildenden Zellen, ein Manko an phosphorsaurem Kalk entstanden, dann kann auch der mit der Nahrung zugeführte Kalk seinen Bestimmungsort nicht erreichen, er kann nicht zum Knochenaufbau Verwendung finden. Die Folge davon ist: Der Kalk wird mit dem Harn oder Stuhlgang ausgeschieden, die Bildung der Knochen selbst aber kann nur mangelhaft erfolgen, es treten Rachitis, Knochenverkrümmung (infolge mangelnder Festigkeit), insbesondere bei den Beinen und beim Rückgrat, Knochenschwäche usw. auf.

Wenn nun das winzige Manko an phosphorsaurem Kalk, durch das eine Störung der Molekularbewegung in der Zelle, also eine „Funktionsstörung“, eingetreten ist, durch Zuführung eines ebenso winzigen Teilchens calc. phos. wieder ausgeglichen wird, wird die „Bewegungsstörung“ innerhalb der Zelle behoben, die Zelle „funktioniert“ wieder, sie ist wieder imstande, die aus der Nahrung durch den Blutstrom an sie herangetragenen Kalkbestandteile aufzunehmen und zum Knochenaufbau direkt zu verwenden. Damit aber vollzieht sich die

Heilung der Rachitis, der Knochenschwäche, der Knochenverkrümmung. Diese ganzen Zusammenhänge erläutert bereits Dr. Schüßler in seiner „Abgekürzten Therapie", S. 8. Vom biochemischen Standpunkt aus ist daher der Gebrauch irgendwelcher sogenannter „Kalkpräparate", die in großer Anzahl im Handel sind und denen in den Prospekten usw. Wirksamkeit gegen Rachitis, Knochenverkrümmung und sonstige Knochenschädigungen zugeschrieben wird, dann besonders erfolgversprechend, wenn gleichzeitig calc. phos. in biochemischer Verdünnung (D 6) angewendet wird. Denn die Resorbierbarkeit („Aufnehmbarkeit") aller solcher „Kalkpräparate" hängt davon ab, daß zuvor das in den Zellen und in deren Nährboden bestehende Manko an winzigen Molekülen des phosphorsauren Kalkes ausgeglichen wird.

Für den Laien kann man die ganzen Vorgänge wohl am besten mit einem einfachen Vergleich anschaulich machen: Wenn wir eine Menge Ziegelsteine ohne weitere Zutaten aufeinanderlegen, dann wird niemals ein Haus oder eine Mauer zustandekommen; die Steine werden immer wieder umstürzen und durcheinander fallen. Erst wenn wir die Steine durch den Mörtel miteinander verbinden und gegenseitig festhalten, bleibt die Mauer stehen. So kann auch die kalkreichste Nahrung niemals einen Knochen bilden, wenn in den Zellen kein oder zu wenig phosphorsaurer Kalk (dem die Funktion des Mörtels, der Bindekraft, zufällt) enthalten ist, um die andere erhöhte Kalkzufuhr aufnehmen, an sich binden zu können. Mit einem aus der chemischen Terminologie entnommenen Ausdruck läßt sich ebenfalls die eigenartige wunderbare Wirkungsweise dieser Zusammenhänge erklären: Das biochemisch verdünnte calc. phos. wirkt in der Zelle wie ein „Katalysator". Unter einem Katalysator verstehen wir einen Stoff, der durch seine Gegenwart einen chemischen Vorgang zu beschleunigen (oder zu hemmen) hilft, ohne selbst seine Natur dabei zu verändern oder seine Existenz zu verlieren. In unserem Fall: Das biochemisch (also 1 : 1.000.000) verdünnte calc. phos. wirkt in den Zellen in dem Sinne, daß diese Zellen nunmehr befähigt werden, normal zu „funktionieren" und somit den mit der Nahrung zugeführten Kalk tatsächlich zum Aufbau der Knochen zu verwenden, zu binden und zu assimilieren.

Überhaupt ist die ganze „Zellen-Funktionsanregung", die von den biochemischen Salzen in ihren Verdünnungen hervorgerufen wird, vielleicht in allen Fällen (nicht bloß etwa beim „Knochenaufbau", sondern auch bei Verhütung und Heilung anderer Krankheiten) als eine Art katalysatorischer Wirkung zu beurteilen.

Wie calcium phosphoricum Aufbaumittel für Zähne und Knochen ist, so heilt es auch alle wie immer gearteten Knochen- und Zahnkrankheiten. Insbesondere gehören hierher die Englische Krankheit (Rachitis), schlechte Zahnbildung (auch erschwertes Zahnen) bei Kindern, Zahnkrämpfe, Verfall der Zähne; Krümmungen des Rückgrats, schwache Knochenbildung, Knochenlücken, krumme Kinderbeine, zu langes Offenbleiben der Fontanellen beim Säugling.

Ganz allgemein kann gesagt werden, daß calc. phos. die gleichen umfassenden Anwendungsgebiete hat wie calc. fluor. als Zahn- und Knochenmittel (siehe oben bei calc. fluor. Ziff. 2 a).

b) Kräftigungs- und Blutregenerationsmittel: Blutarmut, Bleichsucht.
Die Blutarmut und Bleichsucht sind gekennzeichnet durch einen Mangel an roten Blutkörperchen *). Bleichsüchtige Personen haben blasse Lippen, das Innere der Augenlider ist weißlich, es besteht eine auffallend blasse, oft fahle oder fahlgelbe Gesichtsfarbe, gedunsenes Gesicht. Aber noch ein wichtiges Kennzeichen für Blutarmut besitzen wir: Infolge des zu geringen Gehaltes des Blutes an roten Blutkörperchen werden gerade diejenigen Körperpartien, die am weitesten vom Zentrum des Blutstromes (dem Herzen) entfernt sind, nämlich die Fingerspitzen, die Fußspitzen und die Nasenspitze, am wenigsten mit Blut versorgt. Infolgedessen zeigen blutarme Personen häufig gerade an diesen Körperstellen eine deutlich fühlbare Kälte. Auch sonst ist Frösteln, kaltes Kribbeln am Rücken, in den Beinen usw. ein Zeichen von Blutarmut.

Schwächezustände, Rekonvaleszentenmittel; bei Verlangen nach Kalk, nach Speck, Schinken, Geräuchertem, nach gesalzenen und stark gewürzten Speisen, Neigung zu Erkältungen, Taubheitsgefühl, Ameisenlaufen. Bei all diesen Zuständen ist calc. phos. im Wechsel mit natr. mur. zu nehmen.

Ferner: Drüsenleiden, Rachitis, Rückgratverkrümmung, Entwicklungsstörungen des heranwachsenden Kindes. Müdigkeit und Kopfschmerz infolge Blutarmut.

Krämpfe und Schmerzen, wenn dieselben durch Blutarmut bedingt sind, bzw. wenn Blutarmut besteht.

---

*) Etwas ganz anderes ist die sogenannte „Leukämie", die Weißblütigkeit. Während bei der Blutarmut ein Mangel an roten Blutkörperchen und eine Verminderung des Hämoglobingehalts des Blutes vorliegen, sind bei der Leukämie die weißen Blutkörperchen im Übermaß vermehrt. Im übrigen sei auf Teil II (Krankheitsverzeichnis) verwiesen.

Skrofulose (hier in Verbindung mit Nr. 11, silicea). Skrofulöse Drüsenleiden erfordern daneben natr. phos. und calc. fluor.

Schwangerschaftsbeschwerden, insbesondere bei Zahnschmerz und Hohlwerden der Zähne; es hilft auch gegen das fortwährende Erbrechen der Schwangeren.

Empfindlichkeit gegen Witterungswechsel, gegen Kälte und Luftzug; Einschlafen der Gliedmaßen.

c) Nervenmittel: Schlaflosigkeit nach Überanstrengung. Bei großer Erregbarkeit der Muskeln und Nerven. Calc. phos. fördert die Zusammenziehung (Systole) des Herzmuskels.
Es sei auch noch darauf hingewiesen, daß Calcium eine erhebliche sedative Wirkung besitzt. Es ist also auch ein hervorragendes allgemeines Nervenmittel. Experimentell ist bewiesen, daß Calciummangel die nervöse Erregbarkeit der Gewebe erhöht. Calc. phos. wird daher mit besonderem Erfolg als Nervenberuhigungsmittel angewendet, insbesondere dann, wenn es gleichzeitig aus anderen Ursachen (Anämie, Knochenschwäche usw.) angezeigt ist. Erfahrene Biochemiker berichten ergänzend hierzu, daß calc. phos. in sehr häufigen Gaben Herzklopfen verursacht, daß also bei temporärer Überdosierung die sedative Wirkung in ihr Gegenteil umschlägt. Wir haben es bei diesem beobachteten Wirkungskomplex anscheinend mit einer dem Schulz-Arndt'schen Biologischen Grundgesetz ähnlichen Erscheinung zu tun. Diese äußerst interessanten Zusammenhänge zwingen immerhin zu einer gewissen Vorsicht in der Häufigkeit des Einnehmens. Die maximale Tagesdosis sollte 6 Einzelgaben nicht überschreiten.

d) Blutungen: Bei häufigem, oft unmotiviertem Auftreten von Blutungen (Nasenbluten, bes. bei Schulkindern!). Das Blut des calc.-phos.-Patienten gerinnt schwer.

e) Frauenmittel: Calc. phos. kommt für alle typischen Frauenkrankheiten und -leiden in Betracht.

f) „Eiweißartige Absonderungen": Derartige Absonderungen sehen aus wie rohes Eiweiß (nicht wie gekochtes Eiweiß). Solche Absonderungen vertrocknen auf der Oberfläche zu weißgelben Krusten *). Katarrhe der Schleimhäute, vor allem bei chronischen Zuständen oder bei anämischen (blutarmen) Personen, erfordern Calc.-

*) Ein wichtiger Unterschied gegenüber den sogen. „faserstoffhaltigen Absonderungen", die zu reinweißen oder weißgrauen Krusten vertrocknen. Letztere erfordern kal. chlor.

phos.-Zufuhr. Hieraus ergibt sich die Anwendbarkeit bei vielen Hautunreinheiten, bei manchen Arten von Flechten und Schuppen, nämlich immer dann, wenn die Absonderung eiweißhaltig, d. h. im frischen Zustand glasig, leicht milchig, nach dem Eintrocknen aber weißgelb ist.

g) Endlich ist calc. phos. das hauptsächlichste Mittel zur Blutregeneration überhaupt. Es findet also Anwendung zur Kräftigung nach schwächenden Krankheiten, bei Blutverlusten, Operationen. Überhaupt sollte man in allen den Fällen, in denen mit dem Blute „etwas nicht in Ordnung" ist, stets an calc. phos. denken.

Es soll nochmals erwähnt werden, daß immer zu erwägen ist, ob neben calc. phos. noch ein anderes biochemisches Mittel zu nehmen ist. Insbesondere macht sich bei anämischen und ähnlichen, oder davon abhängigen Zuständen die gleichzeitige Anwendung von natr. mur. zur Sicherung der Calc.-Aufnahme erforderlich.

Nr. 3. Ferrum phosphoricum
(Phosphorsaures Eisen)

1. Eisen ist einer der wichtigsten Stoffe unseres Körpers, namentlich des Blutes. Hier bildet es einen Bestandteil des roten Blutfarbstoffes (Hämoglobin) und wirkt als Sauerstoffüberträger. Phosphorsaures Eisen ist besonders vorhanden
   a) in allen Muskelzellen,
   b) im Blut,
   c) in einer Reihe innerer Organe: Gehirn, Leber (das blutreichste Organ unseres Körpers!), Darmwandung und Darmzotten und in vielen Drüsen mit innerer Sekretion (Schilddrüse, Bauchspeicheldrüse).

2. Die Hauptanwendungsgebiete des ferr. phos. können interessanterweise nicht unmittelbar (wie etwa bei den Kalkmitteln calc. fluor. und calc. phos.) aus seinem Vorkommen im Organismus abgeleitet werden; in größerem Umfang ist der Wirkungskreis von ferr. phos. aus den direkten therapeutischen Erfahrungen schon von Schüßler selbst entwickelt worden. Ferr. phos. ist:
   a) F i e b e r m i t t e l: Sofort bei den ersten Anzeichen beginnenden Fiebers alle 10 Minuten 1 Tablette ferr. phos. einnehmen. Bei steigendem Fieber, Benommenheit, Deliriumzuständen sofort kal. phos. dazunehmen, evtl. ferr. phos. gänzlich ausschalten. Dies gilt insbesondere dann, wenn der Patient sehr hinfällig ist, wenn sich Schlafsucht und Betäubung zeigen, und wenn der Puls flackert und unregelmäßig

ist. Bei solchen Zuständen empfiehlt es sich, auch bei niedrigerem Fieber kalium phosphoricum (neben ferr. phos.) einzuschalten; bei septischen Fieberzuständen darf nur kal. phos. (ohne ferr. phos.) gegeben werden!

Ferr. phos. ist hiernach für alle plötzlich auftretenden Erkrankungen, weil dieselben ja fast stets mit irgendeiner Entzündung, einem Schmerz oder einem Fieber Hand in Hand gehen, ein geradezu unentbehrliches Mittel. Unter Berücksichtigung der Tatsache, daß jede Krankheit, und insbesondere jede akute (plötzlich auftretende) Krankheit, um so schneller und leichter geheilt werden kann, je früher man der Krankheit zu Leibe rückt, sollte ferr. phos. in keiner Familie fehlen. Man gebe es in allen Fällen, selbst bei Befürchtung der schwersten Erkrankung, sofort bei Auftreten der ersten Erscheinungen. Wenn fachmännische Hilfe notwendig ist, wird das Einnehmen schon bis zur Ankunft des Arztes ganz wesentlich den Heilungsprozeß erleichtern.
Überhaupt sollte ferr. phos. in Zeiten einer Epidemie (Grippe) von allen Personen, die besonderen Ansteckungsgefahren ausgesetzt sind (Schulkinder, Versammlungsteilnehmer, Konzertbesucher usw.), zur Vorbeugung eingenommen werden:
2 Tabletten vor dem Verlassen der Wohnung und dann nochmals unterwegs bieten einen ausgezeichneten Schutz gegen Infektion.

Das Fieber ist, worauf bereits hingewiesen wurde, keine selbständige Krankheit, sondern eine Begleiterscheinung anderer, oft nicht gleich erkennbarer Krankheitszustände und eine Schutzmaßnahme des Körpers. Es darf nicht unterdrückt werden, sondern es muß lediglich kontrolliert werden. Vor den vielen im Handel befindlichen Fieberunterdrückungsmitteln kann nicht genug gewarnt werden.

Ferr. phos. ist gerade bei allen fiebrigen Zuständen aus dem Grunde so wertvoll, weil es die Abwehrkräfte des Körpers stärkt (Zufuhr von Eisen und Sauerstoff) und damit die Krankheit überwinden hilft. Es ist das „Aktivmittel" des Blutkreislaufes.

Wenn nun bei häufigen Gaben von ferr. phos. das Fieber nicht zurückgehen sollte, dann ist dies nicht etwa, wie mancher meinen könnte, ein „Beweis" für die Unwirksamkeit des ferr. phos., sondern es ist vielmehr nur ein Beweis dafür, daß der Körper die Krankheit noch nicht überwunden hat, also zur Abwehr das Fieber noch benötigt.

Sollte, was bei schweren Infektionskrankheiten durchaus möglich ist, trotz Einnehmens von ferr. phos. das Fieber steigen, so muß an Stelle von ferr. phos. sofort kal. phos. (siehe dieses) gegeben werden. Bei allen derartigen Erkrankungen ist sehr häufiges Einnehmen, bei schweren Affektionen sogar alle 5–10 Minuten, notwendig.

b) Entzündungsmittel im ersten Stadium und Schmerzmittel: Alle Schmerzen, die mit Hitze, Rötung, Schwellung, Druckempfindlichkeit, Blutüberfüllung, Blutwallungen verbunden sind. Charakteristisch: Die Schmerzen, bei denen ferr. phos. angezeigt ist, werden

aa) durch Kühle oder Kälte gebessert (z. B. kalte Umschläge), und sie werden

bb) durch Bewegung verschlimmert und

cc) durch Berührung oder Druck verschlimmert. *)

Alle Erkrankungen, in deren Bezeichnung das Wort „Entzündung" vorkommt oder die entzündungsähnliche Erscheinungen hervorrufen, werden im ersten Stadium mit ferr. phos. behandelt: Augenbindehaut- und Netzhautentzündung, Magenentzündung und Nierenentzündung, Gallenblasen- und Leberentzündung, Darmentzündung und Lungenentzündung, Ohrenentzündung, Ohrspeicheldrüsenentzündung (Mumps), Schleimbeutelentzündung, Sehnenscheidenentzündung, Gelenkentzündung und Gehirnentzündung, Blinddarmentzündung (ganz am Anfang!), Bauchfellentzündung, Rippenfellentzündung, Halsentzündung, Mandelentzündung, Kehlkopfentzündung, Knochenhautentzündung und Schleimhautentzündung, entzündete Hämorrhoidalknoten, Venenentzündung, Herzbeutel-, Herzinnenhaut-, Herzmuskelentzündung usw. usw. – aber auch z. B.: Verrenkungen, Verstauchungen, Verbrennungen, Quetschungen (überraschend schnelle Heilwirkung!), Knochenbrüche (wegen der Verletzung der Weichteile), Heiserkeit, Husten, Katarrhe (Atmungsorgane, Magen, Darm).

Frische Wunden, Verletzungen, alle Blutungen, wenn das Blut hellrot ist und leicht gerinnt.

Plötzlich auftretende entzündliche Hüftschmerzen.
Blutwallungen (mit und ohne Schwindelgefühl).

---

*) Jedoch wirkt ferr. phos. nur beim sogenannten Entzündungsschmerz, beim Wundschmerz. Die Schmerzen dieser Art sind brennend, heiß, oft mit Druckempfindlichkeit verknüpft. Eine ganz andere Art von Schmerzen sind die sogenannten schießenden, bohrenden Schmerzen, die auch häufig die Stelle wechseln, also blitzartig hin und her zucken; derartige Schmerzen finden sich besonders häufig z. B. bei Migräne, bei Ischias und Koliken.
Charakteristik dieses Schmerzes:
aa) Wärme bessert: Auflegen heißer Tücher, Heizkissen.
bb) Bewegung schafft Erleichterung, z. B. Zusammenkrümmen.
cc) Berührung oder gar Druck wird als wohltuend empfunden.
Dieser entgegengesetzte Schmerz erfordert magn. phos. Siehe dieses!

Ferner besondere Entzündungsaffektionen, wie Masern, Scharlach, Rose, Blutfleckenkrankheit.

Schmerzen als Folge von Erkältungen, Rheuma, Gicht, Ischias, auch Nervenschmerzen, wenn mit Hitze oder Rötungen (Gesicht, Nacken!) verbunden.

c) Muskelmittel: Alle Muskelerkrankungen, nervöse und rheumatische, ferner alle Erschlaffungen und Überreizungen. Es ist sehr interessant, darauf hinzuweisen, daß die Wirkung des Eisens im Muskel eigentlich nichts anderes ist, wie eine Magnetwirkung: Das Eisen bewirkt die „Spannung" des Muskels mit der nachfolgenden „Entspannung". Durch diesen wechselweisen Vorgang wird ja die „Muskelarbeit" geleistet. Hiernach kommen folgende Krankheiten und Leiden als wichtigste in Betracht:

Erschlaffung der Muskelzellen der Darmzotten bzw. der Darmwandung mit ihren Folgeerscheinungen: Verstopfung und Durchfall *).

Muskelverrenkungen, Muskelzerrungen.

Körperliche Überanstrengungen (weil hierbei immer die Muskeln in Mitleidenschaft gezogen sind), wie Folgeerscheinungen von übermäßigem Turnen, Radfahren, sog. Muskelkater; ferner Verheben und Verstauchen, Prellung.

Herzmuskelschwäche, Muskelrheumatismus, Augenlidmuskelschwäche, Herzklopfen nach Überanstrengung.

Nr. 4. Kalium chloratum
(Chlorkalium)

1. Chlorkalium findet sich in einer großen Zahl von Körperzellen, in den Gehirnzellen, Nerven- und Muskelzellen. Desgleichen kommt es in den roten Blutkörperchen vor. Seine Bedeutung im Chemismus des Körpers liegt darin, daß es den Zellenstoffwechsel anregt und in engster Beziehung zum Faserstoff steht.

*) Es ist ein scheinbarer Widerspruch, daß nämlich sowohl Durchfall, als auch die entgegengesetzte Erkrankung, Verstopfung, mit dem gleichen Mittel – ferr. phos. – behandelt werden sollen. Die inneren biologischen Zusammenhänge geben uns aber die Erklärung: Wenn die Muskelzellen der Darmwandung nicht genügend Eisen enthalten, werden sie schlaff, und der Darm kann seine wurmförmigen Bewegungen (die Peristaltik), durch welche der Darminhalt weiterbefördert wird, nicht mehr ausführen. Der Darminhalt bleibt liegen, es tritt Verstopfung ein. Durch Zuführung von ferr. phos. werden die Muskeln der Darmwandung gekräftigt, die Peristaltik geht wieder ordnungsgemäß vor sich, die Verstopfung ist behoben. Ganz anders, wenn Eisen in den Muskelzellen der Darmzotten fehlt. Diese Darmzotten sind kleine Saugröhrchen, die die verflüssigte Nahrung aufsaugen und in das Blut überführen. Fehlt in ihren Muskelzellen Eisen, so können sie ihre Saugarbeit nicht mehr leisten, die verflüssigten Nährstoffe bleiben im Darm und bewirken Durchfall. Durch Zuführung von Eisen werden die Darmzotten wieder funktionsfähig, führen ihre Saugarbeit aus, und der Durchfall hört auf.

2. Hieraus leiten wir die Anwendungsmöglichkeiten von Chlorkalium ab:

a) Es ist das Mittel der zweiten Entzündungsstufe, es steht hinter ferr. phos. (Nr. 3), das der ersten Entzündungsstufe entspricht, und vor kalium sulfuricum, das die dritte Entzündungsstufe kennzeichnet *). Die zweite Entzündungsstufe wird häufig eingeleitet durch Ausschwitzungen, Absonderungen, Ergüsse, überhaupt durch das Auftreten von äußeren Erscheinungen, die sich als Fortsetzung des entzündlichen Vorganges und bereits als Einleitung des Heilungsvorganges deuten lassen.

b) Weiße bis weißgraue, oft zähe Absonderungen, besonders Zungenbelag, Auswurf (kal. chlor. ist ausgezeichnet bei schwerlöslichem Auswurf). Hautausschläge, die zu mehlartigem Belag eintrocknen. Solche Absonderungen enthalten stets Faserstoff (Fibrin), man nennt sie daher auch „fibrinöse" Absonderungen. Besonders die Zungenschleimhaut, vor allem an der Wurzel (also hinten), zeigt im zweiten Entzündungsstadium, oftmals aber auch ohne Vorliegen einer ausgesprochenen Entzündung, bei vielen Krankheitszuständen einen solchen weißen bis weißgrauen Belag.

c) Alle Schleimhautaffektionen – Katarrhe – erfordern kal. chlor., also Heiserkeit, Luftröhrenkatarrh, Bronchialkatarrh, Magenschleimhautentzündung, Katarrh der Eustachischen Röhre (Verbindung vom Rachen zum Mittelohr), Schnupfen.

d) Insbesondere aber darf kal. chlor. nie vergessen werden bei Drüsenentzündungen jeder Art (evtl. neben calc. fluor.). Ich erinnere z. B. an Mumps.

e) Blutungen: Das Blut ist schwärzlich, dick, zäh und klumpig.

f) Affektionen der serösen Häute, die Herz, Lunge, Därme überziehen (Herzbeutel, Rippenfell und Bauchfell).

g) Kal. chlor. hat sich bei Schleimbeutelentzündungen (Bursitis praepatellaris) ausgezeichnet bewährt.

---

*) Die Begriffe „erste Entzündungsstufe", „dritte Entzündungsstufe" sind zeitlich zu verstehen: Die zweite Entzündungsstufe setzt gewöhnlich etwa 3–4 Tage nach Beginn der Erkrankung (bei schweren Infektionskrankheiten unter Umständen erheblich später) ein. Die dritte Entzündungsstufe ist häufig gekennzeichnet durch das Aufhören der Absonderungen und durch den Beginn des Abschuppungsprozesses. In welcher Zeit, gerechnet vom Beginn der Erkrankung an, die dritte Entzündungsstufe beginnt, läßt sich nicht allgemein sagen. Sogenannte chronische Entzündungen (Mittelohrentzündung, Nierenentzündung usw.) werden je nach dem Erscheinungsbild entweder der 2. oder der 3. Entzündungsstufe zugeordnet. Das biochemische Mittel der 3. Entzündungsstufe ist kal. sulf., siehe dieses.

Nr. 5. Kalium phosphoricum
(Phosphorsaures Kalium)

1. Kalium phosphoricum kommt vor
   a) in den Gehirn- und Nervenzellen,
   b) im Blut (rote Blutkörperchen und Blutflüssigkeit),
   c) in den Muskeln und der Zwischenzellenflüssigkeit.

2. Aus diesem Vorkommen ergibt sich die Anwendung von kalium phosphoricum in folgenden Fällen:

   a) Nervenmittel der Biochemie: Nervöse Überreiztheit, nervöse Ermüdungserscheinungen, allgemeine Nervenschwäche, Weinerlichkeit, Traurigkeit, Mißmutigkeit, Hypochondrie, nervöser Kopfschmerz, bes. nach geistiger Überanstrengung, Platzangst, nervöse Herzschwäche, nervöse Magenschwäche, Herzklopfen mit Angstgefühlen, nervöse Schlaflosigkeit, nervöses Asthma, Gedächtnisschwäche, nervöse Sehschwäche.

   b) Lähmungen: Gesichtsmuskellähmung (Facialislähmung), Augenmuskellähmung, Schielen (nach Diphtherie), Schließmuskellähmung des Afters und der Blase.

   c) Faulige und brandige Zustände:
   Fieber über 39° (drohende faulige Blutzersetzung!), jedoch nicht, bzw. nur mit Vorsicht (Fachmann!) beim Fieber der Tuberkulösen; stinkende faulige Entleerungen und Ausdünstungen (ruhrartige, aashaft stinkende „Reiswasser"-Durchfälle des Kleinkindes – ausgezeichnete, schnelle Heilerfolge!), stinkender Schweiß, schmierige und stinkende Geschwüre, Absonderungen mit schwärzlich-blutigem Inhalt, schmutzig-bräunlicher Zungenbelag (meist mit ekelhaftem Mundgeruch!), Mundfäule, Stinknase, Deliriumzustände, Skorbut, Diphtherie, Karbunkel, Abszeß, Eitervergiftung, Blutfleckenkrankheit.

   d) Auch bei Fieber unter 39° soll kal. phos. eingeschaltet oder sogar ausschließlich genommen werden, wenn der Patient sehr hinfällig, teilnahmslos, apathisch ist, wenn Schlummersucht oder Deliriumzustände bestehen.

   e) Alle schweren Infektionskrankheiten:
   Ruhr, Typhus, Blutvergiftung, Diphtherie, Scharlach.

   f) Blutungen: Das Blut des kal.-phos.-Patienten ist hellrot oder schwärzlich, immer aber wässerig und gerinnt nicht.

g) Muskelmittel (mit ferr. phos.): Muskelschwäche, Muskellähmungen, Epilepsie.

h) Entgiftung: Kal. phos. ist das Entgiftungsmittel der Biochemie; aus diesem Gesichtspunkt heraus findet es bei allen schweren Infektionskrankheiten (Ruhr, Typhus, Pocken, Pest) Anwendung, selbstverständlich nur in Anlehnung an die ärztlichen Maßnahmen. Vergleichen Sie hierzu auch den Wirkungseffekt von natr. phos. (Nr. 9) als Entsäuerungsmittel und von natr. sulf. (Nr. 10) als Ausscheidungsmittel.

Nr. 6. Kalium sulfuricum
(Schwefelsaures Kalium)

1. Dieses Salz kommt vor
   a) in der Oberhaut, und zwar sowohl in der äußeren Oberhaut, als auch in der oberen Schicht der Schleimhäute;
   b) in allen Zellen, welche Eisen enthalten; es ist neben ferr. phos. Sauerstoffüberträger in die Zellen und hilft so den Stoffwechsel fördern.
2. Hieraus ergeben sich folgende Wirkungsgebiete des kalium sulfuricum:
   a) Entzündungsmittel der dritten Stufe: Chronische Entzündungen aller Art.
   b) Schleimhautaffektionen: Chronische Katarrhe (Nasen, Ohren – chronische Mittelohrentzündung oder Mittelohreiterung! – , Hals, Bronchien, Luftröhren, Magen, Darm). Chronische Augenbindehautentzündung, chronische Gallenblasen-, Leber- und Nierenentzündung, chronische Gelenkentzündung.
   c) Gelbschleimige, milde Absonderungen, die wohl auch ins Grünliche spielen können, aber keinesfalls ätzend oder scharfmachend sind.
   d) Sonderhinweise: Kal. sulf. ist besonders angezeigt
   bei Schwere und Mattigkeit in den Gliedern,
   bei nächtlichem Herzklopfen und
   bei Verschlimmerung der Beschwerden gegen Abend und in geschlossenen Räumen, bei Besserung in kühler, freier Luft.
   Diese „Leitsymptome" sind besonders wichtig. Oftmals sind derartige Anzeichen fast die einzigen Hinweise auf die Notwendigkeit von kalium sulfuricum.

3. Allgemein sei hier noch betont, daß kal. sulf. ein Sauerstoffüberträger ist (genauso wie ferr. phos.); ganz besonders aber beeinflußt kal. sulf.

den venösen Blutkreislauf, während ferr. phos. mehr auf den arteriellen Blutkreislauf wirkt. Daraus ergeben sich die günstigen Wirkungen des kal. sulf. auf Herz, Pfortadersystem und in den dazugehörigen Organen.

4. Bezüglich des Unterschieds in der Wirkung des kal. sulf. gegenüber natr. sulf. wird auf die Ausführungen unter natr. sulf. verwiesen.

Nr. 7. Magnesium phosphoricum
(Phosphorsaures Magnesium)

1. Phosphorsaures Magnesium findet sich vorwiegend
   a) in den Nerven- und Muskelzellen,
   b) im Gehirn und Rückenmark,
   c) in einer großen Anzahl innerer Organe (Herz, Leber, Lunge, Milz, Bauchspeicheldrüse, Nieren, Darm und Schilddrüse);
   d) magnesium phosphoricum fördert nach Dr. Schüßler „die selbständige Bewegung der Zellen".

   Eine interessante Tatsache ist, daß sich das Magnesium im Körper stets mit Calcium „vergesellschaftet" vorfindet. Das deutet darauf hin, daß einerseits die krankhaften Erscheinungen beim Fehlen eines der beiden Salze die gleichen sind, andererseits die Salze sich in der Therapie gegenseitig ergänzen können. Wenn also im Einzelfall magnesium phosphoricum versagen sollte, dann läßt man an seine Stelle calcium phosphoricum treten.

2. Die wichtigsten Anwendungsgebiete des magnesium phosphoricum lassen sich unter folgende Stichworte bringen:
   a) Nervenmittel und Schwächemittel: Als Nervenmittel zusammen mit kal. phos. Bei ausgesprochenen Erregungszuständen wird magn. phos. besser mit calc. phos. angewendet.
   Bei allen Schwächezuständen: Magn. phos. und calc. phos.
   b) Gehirn und Rückenmark: Alle Affektionen, bei denen diese Organe beteiligt sind, also z. B. Gehirnerschütterung und Sehstörungen, krankhaftes Schielen, anfallsweise Rückenschmerzen.
   c) Schmerzmittel: Die Schmerzen, die magn. phos. erfordern, sind schießend, bohrend, sie wechseln oft die Stelle.

   Die magn. phos. wird auch als das „Blitzmittel der Biochemie" bezeichnet; dies nicht nur aus dem Grunde, weil es oft wirklich „blitzartig", innerhalb weniger Minuten (!), wirkt, sondern auch, weil es gegen „Blitzschmerzen" angewendet wird.

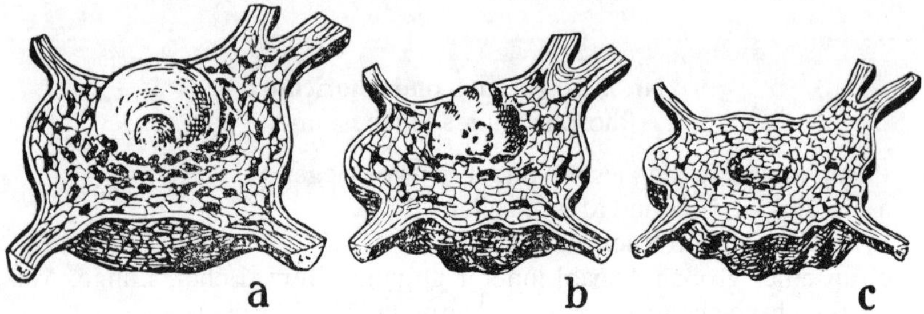

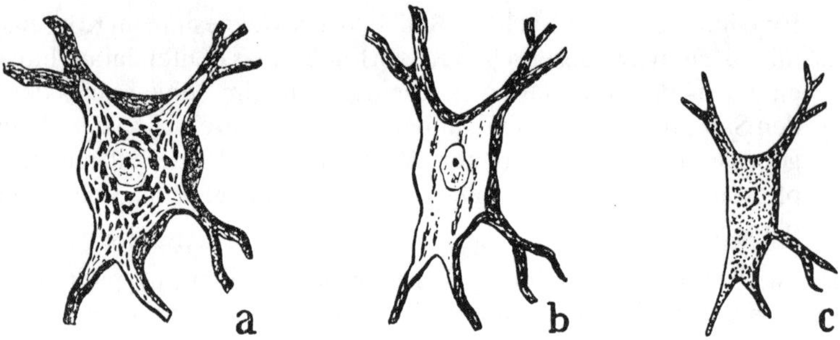

Nervenzelle

Das obige Abbildungspaar zeigt uns eine Nervenzelle des Menschen

a) in ausgeruhtem
b) in ermüdetem und
c) in erschöpftem Zustand

Beide (schematischen) Abbildungen sind in gleicher Weise aufschlußreich

(Nach Kahn)

In den Ausführungen zu ferr. phos. (Nr. 3) wird auch dieses Mittel als „Schmerzmittel" bezeichnet. In der dortigen Fußnote wird bereits auf den Unterschied der beiden „Schmerzarten" im biochemischen Sinn hingewiesen, – ein Unterschied, der eigentlich fast ein Gegensatz ist. In der Praxis hat sich nun herausgestellt, daß trotz der scheinbar klaren Unterscheidungsmerkmale die Feststellung, ob im gegebenen Fall ferr. phos. oder magn. phos. anzuwenden ist, Schwierigkeiten bereitet. Der Patient versuche also zunächst dasjenige der beiden Mittel, das er selbst als treffend für seinen Fall ansieht *). Zeigt dieses Mittel nicht alsbald seine lindernden Eigenschaften, so soll ohne weiteres zu dem anderen Mittel übergegangen werden. Es ist wiederholt passiert, daß ferr. phos. verordnet wurde und die vorschriftsmäßige Anwendung (alle ¼ Stunden 1 Tablette) stundenlang ohne die geringste Wirkung blieb; nach dem Absetzen von ferr. phos. und Übergang zu magn. phos. (in heißem Wasser, siehe nachstehend unter d!) verschwanden die Beschwerden in kürzester Frist, oft schon innerhalb 10–20 Minuten!

d) Krämpfe und Koliken: Bei allen derartigen Zuständen ist die „selbständige Bewegung der Zellen" gehindert, blockiert; sie wird nach Dr. Schüßler durch magn. phos. gefördert. Es kommen vor allem in Betracht:
Stimmritzenkrampf, Zahnkrämpfe der Kinder (mit calc. fluor.), Herzkrampf, Brustkrampf, Zwerchfellkrampf (Schlucksen), Blasenkrampf, Krampfhusten, Krampfasthma, Kinnbackenkrampf, Wadenkrampf, Schreibkrampf, Geigenspielerkrampf, Magenkrampf, Schüttellähmung, Veitstanz, Melkerkrampf. Wegen der Hinzunahme weiterer Mittel ist bei den einzelnen Krankheiten im Krankheitsverzeichnis nachzulesen.
Koliken (weil alle Koliken krampfartigen Charakter haben): Gallensteinkolik, Nierenkolik, Magenkolik, Blähungskolik, Blasenkolik, Darmkolik usw.

Besonderheit für Krämpfe und Koliken und für die Anwendung als Schmerzmittel (vorstehend Buchst. c): In akut auftretenden Fällen wird magn. phos. am besten in der Weise angewendet, daß man 10 Tabl. zerquetscht, in einem Likörglas sehr heißen Wassers auflöst und langsam schluckweise einnimmt. Vorstehendes Verfahren ist auch ausgezeichnet bewährt als „Schlafmittel" bei nervöser Erregbarkeit und als Beruhigungsmittel für Kinder, die nicht einschlafen wollen.

---

*) Sind die Schmerzen mit Fieber, Hitze, schnellem Puls verbunden, dann kommt nur ferr. phos. in Frage.

e) Eine weitere Besonderheit ist für magn. phos. charakteristisch: Magn. phos. wird vor allem immer dann angewendet, wenn

aa) Zusammenkrümmen und Wärme (Auflegen heißer Tücher, Heizkissen usw.) die Beschwerden erleichtern, bzw. wenn der Patient ein ausgesprochenes Verlangen nach Wärme empfindet, und

bb) wenn Verschlimmerung eintritt durch Kälte.

Beide Gesichtspunkte sind aufschlußreich für die therapeutische Gegensätzlichkeit von ferr. phos. und magn. phos. als Schmerzmittel.

f) Krebs: In der Literatur finden sich Hinweise auf die heilsame Wirkung des magn. phos. bei Krebsleiden; auch Schüßler selbst empfiehlt magn. phos. Allein es muß festgestellt werden, daß die einwandfreien Beweise fehlen.
Übrigens wird in der naturheilerischen Literatur in erster Linie nicht magn. phos., sondern das biochemische Mittel silicea (nachstehend Nr. 11) empfohlen.

Nr. 8. Natrium muriaticum

(Natrium chloratum, Chlornatrium, Kochsalz)

1. Die Wichtigkeit des Kochsalzes in unserem Körperhaushalt kennt jeder. Es kommt hauptsächlich vor in allen Geweben und in allen Körperflüssigkeiten.

2. Die wichtigsten Anwendungsgebiete von natr. mur. sind folgende:

a) Blutarmut und Bleichsucht: Hier ist es zusammen mit calc. phos. anzuwenden. Näheres siehe bei der Besprechung von calc. phos. (Nr. 2).

b) Blutwässerung (sogenannte hydrämische Konstitution): Sie ist kenntlich an aufgedunsenem Gesicht, schwabbelig sich anfühlenden Gliedmaßen (Schulter, Oberschenkel, Bauch, bei Frauen auch die Brustpartie). Bei solchen hydrämischen Zuständen muß natr. mur. im Wechsel mit natr. sulf. (Nr. 10) genommen werden. Auch calc. phos. kann eingeschaltet werden, besonders wenn ausgesprochene Anzeichen für Blutarmut gegeben sind (kalte Hände, Füße und kalte Nasenspitze, Frösteln am Rücken, blasse Augenlider usw.).

c) Kribbeln und Taubheitsgefühle an Händen und Füßen, oftmals verbunden mit nächtlichem Einschlafen.

d) Verschlimmerung des subjektiven Befindens durch feuchtes, nebliges Wetter, durch Aufenthalt an Binnenseen.

e) Kochsalzhunger: Unnatürliches Verlangen nach Kochsalz, Essig, Pfeffer und nach scharf gewürzten Speisen. Große Durstigkeit. In manchen Fällen auch Heißhunger nach Süßigkeiten.

f) Salzige Absonderungen mit wasserhellem, oft ätzendem Inhalt (Bläschen, Ausschwitzungen, Ausfluß), wie Tränenfluß, Speichelfluß, Salzfluß, wässerige Pickel, Fließschnupfen, salziger Geschmack im Munde, salziger Auswurf bei Husten, Brennen beim Wasserlassen, wässeriger Durchfall mit ätzender Schärfe. Sehr häufig tritt auch Jukken an allen möglichen Körperstellen auf, das zum Kratzen verführt, worauf dann mehr oder weniger scharfmachende Absonderungen auftreten.

Nr. 9. Natrium phosphoricum
(Phosphorsaures Natrium)

1. Phosphorsaures Natrium kommt fast im ganzen Körper vor, insbesondere in den Gehirnzellen, in den Blutkörperchen und in der Blut- und Gewebeflüssigkeit.

2. Seine typische, wichtigste Anwendung folgt aber aus seiner chemischen Bedeutung im Körper: Natrium phosphoricum hält die im Blut befindliche Harnsäure, die sich beim Zerfall der Eiweißstoffe bildet, in Lösung. Aus dieser Eigenschaft gewinnen wir folgende Anwendungsgebiete:

   a) Alle Übersäuerungskrankheiten: Sodbrennen, saures Aufstoßen, saurer Geschmack, Salzsäureüberschuß des Magens, sauer riechende Stühle, saures Erbrechen (besonders auch beim Kleinkind!), ferner Gicht, Rheumatismus, offene Beine, Ausschläge usw. Auch Krampfadern, Hämorrhoiden, Venenentzündungen, schlecht heilende Wunden gehören zu den „Säurekrankheiten". Selbst viele weitere innere Leiden, wie Herz-, Nieren-, Leber- und Gallekrankheiten, sogar Nervenleiden beruhen oftmals auf Übersäuerung. Die weite Verbreitung dieser Säurekrankheiten ist unzweifelhaft eine Folge unserer oft sehr naturwidrigen Ernährung. Die Heilung ist also logischerweise nur möglich bei Umstellung der Ernährung, eine Forderung, die an den Patienten mit Nachdruck gerichtet werden muß!

   b) Absonderungen, die honiggelb, rahmartig aussehen.

3. Eine Gegenüberstellung von Nr. 5 (kal. phos.) und Nr. 9 (natr. phos.):

   a) Kal. phos. ist das Entgiftungsmittel der Biochemie. Wenn also irgendwo in den Zellen sich Giftstoffe angesammelt haben und dadurch Schwäche mit Erschlaffungs- und Ermüdungszuständen eingetreten ist, oder wenn diese Giftstoffe zu Überreizungszuständen bezüglich Körpertemperatur (Fieber) und Temperament (Erregungszustände) geführt haben, dann ist kal. phos. angezeigt.

   b) Natr. phos. ist das Entsäuerungsmittel der Biochemie. Wenn also die obigen Schäden – Schwäche, Ermüdung, Überreizung – auf Übersäuerungsbasis beruhen, dann muß natr. phos. angewendet werden. Die Enderscheinungen (Ermüdung, Erschlaffung usw.) können also die gleichen sein und doch muß unter Umständen ein Unterschied in der Auswahl des Mittels – je nach dem Krankheits*ursprung* – gemacht werden.

Nr. 10. Natrium sulfuricum

(Schwefelsaures Natrium)

1. Dieses Salz ist vorwiegend in allen Körpersäften enthalten. Es ist wie natrium muriaticum dazu bestimmt, den „Wasserhaushalt" im Körper zu regulieren. Die Natriumsalze allgemein sind besonders in den Zell- und Gewebe*flüssigkeiten* wirksam. Vor allem die beiden Salze natrium muriaticum und natrium sulfuricum sind stark „hygroskopisch", d. h. wasseranziehend. Der Unterschied zwischen den beiden wasseranziehenden Salzen liegt nun aber in folgendem:

   a) Natrium muriaticum zieht das Wasser aus den Körperflüssigkeiten (Blut- und Zwischenzellenflüssigkeit) in die Zellen hinein; es bewirkt dadurch die Vergrößerung und schließlich die Teilung der Zellen; so ist also natrium muriaticum das Mittel zur Neubildung der Zellen.

   b) Ganz anders natrium sulfuricum: Natrium sulfuricum zieht das Wasser an, um es auf den natürlichen Ausscheidungswegen (insbesondere Niere, Harnorgane, Haut) aus dem Körper zu entfernen. Es charakterisiert sich also als das Ausscheidungsmittel im weitesten Sinn.

2. Hieraus gewinnen wir folgende Anwendungsmöglichkeiten für natr. sulf.:

   a) *Ausscheidung* alles dessen, was für den Körper nachteilig oder überflüssig ist, also Ausscheidung von Wasserüberschuß (Blutverwässerung) und Abfallstoffen (Stuhlverstopfung), aber auch Ausscheidung von Giftstoffen (Medikamentenvergiftung als Folge von wahllosem

Gebrauch allopathischer Arzneien!) und von Fremdkörpern. Zu letzterem Punkt darf ich einen Fall aus der Praxis berichten:

Im Muskelgewebe des Oberarms saßen Granatsplitterchen. Silicea und natr. sulf. (mit wenigen Gaben von kal. phos.) bewirkten eine normale Ausscheidung durch die Haut, unter Vermeidung der bereits angeratenen operativen Entfernung.

Folgerichtig ergibt sich hieraus die Anwendung von natr. sulf. bei allen Erkrankungen der Ausscheidungsorgane, nämlich

b) Leber, Galle, Nieren, Blase, besonders also Leberschwellung, Gelbsucht, Gallensteine, galliger Durchfall, wässriger Durchfall, Zuckerkrankheit (Bauchspeicheldrüse und Leber!), Nierenentzündung, sonstige Nierenleiden. Selbstverständlich ist bezüglich weiterer in Frage kommender Mittel bei den einzelnen Stichworten im Krankheitsverzeichnis nachzulesen.

c) Absonderungen, die grünlich-gelb aussehen, bitter schmecken (auch Erbrechen mit bitterem Geschmack).

d) Alle Leiden, die bei feuchtem Wetter, bei Nebel, in feuchten Gegenden usw. sich verschlimmern.

3. Bezüglich der oben erwähnten Leberleiden sei noch hervorgehoben, daß natr. sulf. die Galle-Absonderung anregt und so auf die Lebertätigkeit regulierend, entlastend und funktionsfördernd einwirkt. Handelt es sich aber um Leberbeschwerden, die von venösen Stauungen herrühren, dann ist kal. sulf. das zuständige Hauptlebermittel.

Erläuterung zu nachstehender Abbildung

Die Auflösung des menschlichen Körpers in Zellen

wie sie uns unter dem Mikroskop entgegentritt

Menschliches Rückenmark:
- a) in natürlicher Größe
- b) in 10-facher Vergrößerung
- c) in 100-facher Vergrößerung
- d) in 1000-facher Vergrößerung, – hier bleibt nur mehr eine einzige Zelle zur Betrachtung übrig

Das Bild c) entspricht in natürlicher Größe einem Hirsekorn, das Bild d) einem mit unbewaffneten Auge eben noch erkennbaren kleinen Punkt

a

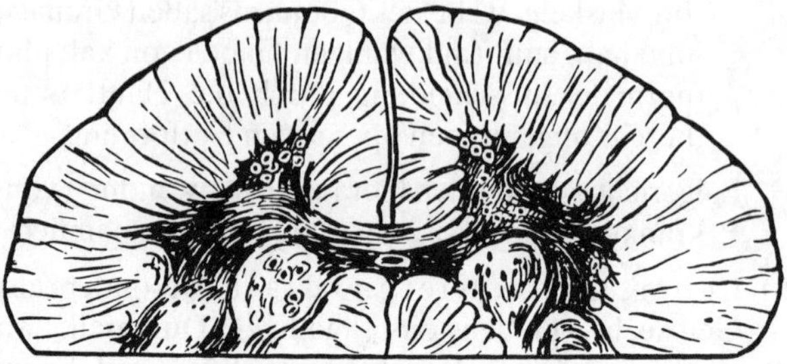

b

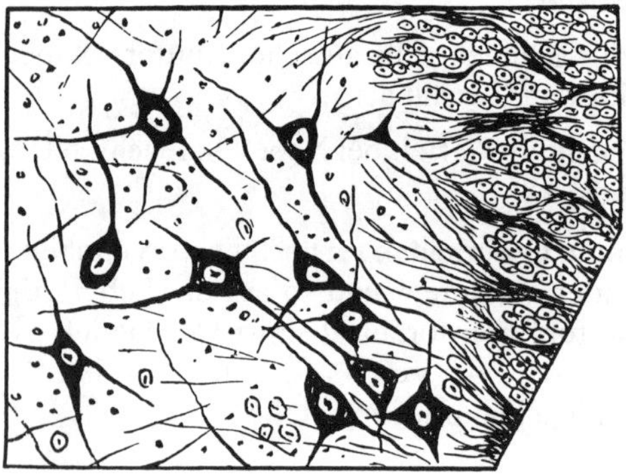

c

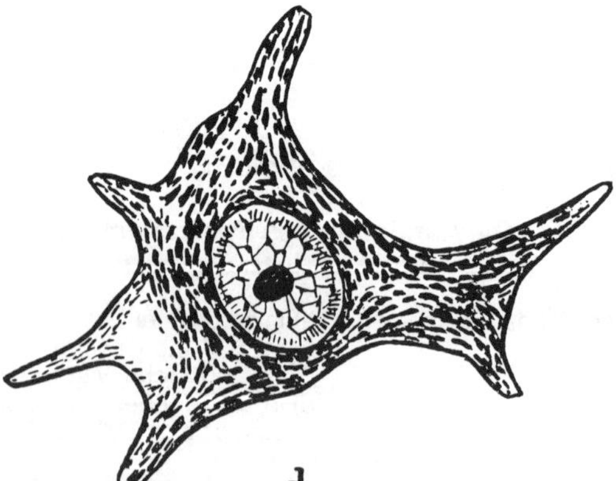

d

Nr. 11. Silicea
(Kieselsäure)

1. Kieselsäure findet sich in allen Zellen, in allen Geweben des menschlichen Körpers. Schon daraus ergibt sich, daß ihr Wirkungskreis außerordentlich groß ist. Die nachstehende gruppenweise Zusammenstellung kann nur Anhaltspunkte bieten.
   a) Kieselsäure findet sich im Bindegewebe, sie gibt dem Gewebe Halt und Festigkeit. Weiter findet sich Kieselsäure in den Nägeln, Haaren, in der Oberhaut (Epidermis), in den elastischen Häuten (z. B. Muskelhäute).
   b) Silicea steht zu den weißen Blutkörperchen in Beziehung (ferr. phos. zu den roten!).
   c) Sie bewirkt die Auflösung von Harnsäurekristallen und Ablagerungen derselben (natr. phos. hält die Harnsäure in Lösung, natr. sulf. scheidet sie aus).
   d) Drüsen, Skrofulose und Rachitis (mit calc. phos. und natr. phos.).
2. Hiernach bestimmen sich die wichtigsten Anwendungsgebiete der Kieselsäure wie folgt:
   a) Bindegewebe: Erschlaffung des Bindegewebes der Gefäßwandungen, z. B. bei Krampfadern, Hämorrhoiden. Bindegewebe der Lunge (Tuberkulose), Bindegewebe des Herzmuskels, Zellgewebsentzündung (Phlegmone) usw.
   b) Nägel und Haare: Alle Erkrankungen und auch einfache „Abnormitäten" dieser Organe, wie Ausfallen und Brüchigwerden der Haare, Schuppenbildung, Spalten; Brüchigwerden der Fingernägel, Nagelbettentzündung. Bei der Behandlung von Nägeln und Haaren, insbesondere auch zur Erhaltung derselben, ist mit gutem Erfolg auch die äußerliche Behandlung mit der biochemischen Coldcreme silicea und die Anwendung des biochemischen Haarwassers Sternosan, das die silicea in colloidaler Form enthält, durchzuführen.
   c) Schweißregulierung und Oberhaut: Die künstliche Unterdrückung der Schweißabsonderung kann zu schweren inneren Erkrankungen führen; sil. ruft die Schweißabsonderung wieder hervor, wodurch die Folgeerscheinungen der Unterdrückung verschwinden. Bezüglich der Affektionen der Oberhaut müssen besonders die Absonderungen mit juckendem Inhalt erwähnt werden, desgleichen das ohne äußere Erscheinungen auftretende Hautjucken, insbesondere bei älteren Personen. Auch hier empfiehlt sich die gleichzeitige äußerliche Anwendung der biochemischen Coldcreme sil.

d) *Eiterungen:* Eiterpusteln, Eiterpickel, Eiterungsfisteln, Furunkel, Abszesse. Dabei ist zu bemerken, daß sil. in der (üblichen) 12. Dezimalpotenz nicht mehr so sehr die Ausscheidung, als vielmehr die Rücksaugung und Zerteilung des Eiters bewirkt. Dies ist besonders wichtig für die biochemische Behandlung alter Ergüsse, die oftmals nicht verschwinden wollen (Rippenfell, Herzbeutel, Gelenkergüsse, Schleimbeutel). Soll die Ausscheidung des Eiters bewirkt werden, dann empfiehlt sich die Anwendung einer tieferen Potenz, meist wird zu diesem Zwecke die 6. Dezimalstufe verordnet.

e) *Harnsaure Kristallablagerungen* werden durch die sil. aufgelöst. Solche Ablagerungen stellen sich dar als Gichtknoten, schmerzhaftes Knirschen in den Zehen- und Fingergelenken; die meisten Formen der Nierensteine haben ebenfalls harnsaure Struktur. Natr. phos., das bei derartigen Leiden im Wechsel mit sil. eingenommen werden soll, hält die Harnsäure im Körper in Lösung.

f) *Drüsen, Skrofulose, Rachitis:* Alle derartigen Erkrankungen erfordern sil. Ganz regelmäßig liegen in solchen Fällen Ernährungsstörungen zugrunde. Wenn die sil. im Wechsel mit calc. phos. monatelang eingenommen wird, kann man oft eine geradezu erstaunliche Entwicklung der kindlichen Patienten beobachten. Einige besonders charakteristische Erkrankungen seien hier aufgeführt:

<table><tr><td>Drüsenentzündung, -schwellung, -verhärtung und -eiterung,
Knochenhautentzündung, Knochenfistel, überhaupt alle
Affektionen der Knochen auf skrofulöser Basis,
Hüftgelenkentzündung (skrofulös).</td><td>(hier evtl. mit calc. fluor.)</td></tr></table>

Schlechter Knochenbau beim Kleinkind (Kopf und Bauch groß und dick), saurer, übelriechender Kopfschweiß; schwache und oft krumme Beinchen und Ärmchen (mit calc. phos.).

Erkrankungen der Bauchspeicheldrüse (Diabetes, lt. Dr. Kiesswetter).

Mangelhafte Resorption und Verarbeitung der Nahrung (die Kinder „gedeien nicht", trotz reichlichster Ernährung). Silicea-Kinder sind weinerlich, zeigen übergroße Neigung zu Erkältungen, Eiterungen, sie sind reizbar. Die Absonderungen (Schweiß, Zungenbelag, Hautunreinheiten) sind scharf, übelriechend und ätzend (wundmachend).

Rückgratverkrümmung (mit calc. phos., calc. fluor und natr. mur.).

Nr. 12. Calcium sulfuricum

(Schwefelsaures Calcium)

Dr. Schüßler lehnt in seiner „Abgekürzten Therapie" dieses Salz ab, obwohl er es ursprünglich in sein System aufgenommen hatte. Der Grund liegt darin, daß calcium sulfuricum „nicht in die konstante Zusammensetzung des Organismus" eingeht. In den seit dem Tode Schüßlers (1898) verflossenen Jahren hat sich aber calcium sulfuricum allmählich wieder in der biochemischen Praxis einen berechtigten Ruf erworben.

Man hat festgestellt, daß calcium sulfuricum in verschiedenen wichtigen Organen, in der Leber und in der Galle, auch in den Muskeln usw., vorkommt, und besonders auf die Schleimhäute eine lösende und ausscheidende Wirkung ausübt. Obwohl Dr. Schüßler bereits die das calcium sulfuricum vollwertig ersetzenden Mittel, nämlich natrium phosphoricum und silicea, angibt, läßt sich doch nicht bestreiten, daß mit calcium sulfuricum bei besonderen Erscheinungen sehr gute Heilerfolge erzielt worden sind. Die wichtigsten Anwendungsgebiete von calcium sulfuricum sind:

a) Abszesse und Eiterungsprozesse aller Art, ganz gleichgültig, wo dieselben ihren Sitz haben; diese Prozesse müssen einen Abfluß haben.

b) Besonders wichtig und wegen seiner schnellen Heilwirkung fast unentbehrlich ist es bei allen Eiterungsfisteln.

c) Starke Schleimhautkatarrhe mit lockerem oder festem Sekret.

Aus den vorstehenden Mittelbesprechungen hat der aufmerksame Leser bereits erkannt, daß oftmals bei gleichartigen Krankheits*zuständen* verschiedene Mittel in Frage kommen können. Das hat seinen Grund darin, daß die Biochemie eben nicht Krankheitszustände in erster Linie bekämpft, sondern Krankheits*ursachen*. Aus diesem Grunde ist es unbedingt wichtig,

a) alle Krankheitsursachen stets genau zu erforschen und

b) die Wirkungsgebiete der biochemischen Mittel richtig und gründlich durchzustudieren.

Um dem Laien für den Anfang eine Art „Gedächtnisstütze" zu geben, stelle ich im nachfolgenden nochmals stichwortartig den Wirkungskreis der eben besprochenen zwölf Mittel dar.

Stichwortartige Zusammenstellung des Wirkungskreises

Nr. 1 Calc. fluor:

- Zähne und Knochen
- Elastische Fasern und Oberhautzellen
- Bindegewebsschwäche

Nr. 2 Calc. phos.:

- Aufbaumittel
- Zähne und Knochen
- Kräftigungs- und Blutregenerationsmittel (Blutarmut, Schwächezustände, Skrofulose)
- Nervenmittel, Blutungen, Frauenmittel
- Eiweißartige Absonderungen

Nr. 3 Ferr. phos.:

- Anregungsmittel
- Fiebermittel
- Entzündungsmittel der 1. Stufe
- Schmerzmittel
- Muskelmittel

Nr. 4 Kal. chlor.:

- Entzündungsmittel der 2. Stufe
- Weiße, weißgraue Absonderungen
- Schleimhäute
- Drüsen

Nr. 5 Kal. phos.:

- Nervenmittel
- Lähmungen
- Faulige und brandige Absonderungen
- Infektionen
- Fieber über 39°

Nr. 6 Kal. sulf.:

- Ausscheidungsmittel/Entgiftung
- Entzündungsmittel der 3. Stufe
- Schleimhäute
- Gelbe, gelbschleimige Absonderungen
- Venöser Blutkreislauf

Nr. 7 Magn. phos.:

Nervenmittel
Gehirn und Rückenmark
Krämpfe und Koliken

Nr. 8 Natr. mur.:

Aufbaumittel
Blutarmut und Bleichsucht
Blutverwässerung
Salzige Absonderungen

Nr. 9 Natr. phos.:

Übersäuerungskrankheiten
Honiggelbe, rahmartige Absonderungen

Nr. 10 Natr. sulf.:

Ausscheidungsmittel
Leber, Galle, Nieren, Darm
Grünlich-gelbe Absonderungen, bitterer Mundgeschmack

Nr. 11 Silicea:

Bindegewebe
Nägel und Haare
Schweißregulierung
Eiterungen
Harnsäure
Drüsen, Skrofulose, Rachitis

Nr. 12. Calc. sulf.:

Eiterungsfisteln
Schleimhautkatarrhe

Kurze Besprechung der Ergänzungsmittel

Nach dem Tode Dr. Schüßlers sind im Laufe der weiteren Entwicklung mehrere sogenannte Ergänzungsmittel in die biochemische Therapie eingeführt worden. Vor dem Kriege hat bezüglich dieser Ergänzungsmittel ein ziemlicher Wirrwar geherrscht. Allmählich aber trat eine Beruhigung, die gleichzeitig als erwünschte Bereinigung aufzufassen ist, ein. Heute werden im allgemeinen nur noch 5 solcher Ergänzungsmittel von den Praktikern verordnet. Diese 5 Mittel werden nachstehend aufgeführt, und gleichzeitig werden die Wirkungsgebiete derselben kurz besprochen.

Kalium arsenicosum
(Kaliummetarsenit)

1. Das Kaliummetarsenit ist nachgewiesen in Haut und Haaren, Schilddrüse, Leber, Nieren und Gehirn.
2. Sein Wirkungsgebiet umfaßt:
   Nervenstörungen, besonders bei blutarmen, schwächlichen Personen.
   Alle schwer beeinflußbaren Hauterkrankungen.
   Lähmungen und Krämpfe, Epilepsie.

Kalium arsenicosum wird gewöhnlich in der 6. Dezimalpotenz, seltener in D 12 angewendet. Verordnungen von niedrigeren Potenzen als D 4 unterliegen dem Rezeptzwang.

Kalium bromatum
(Kaliumbromid)

1. Im menschlichen Körper findet sich das Brom nur in sehr geringen Mengen, und zwar nur in den innersekretorischen Drüsen. Daraus ergibt sich
2. das Anwendungsgebiet von kal. brom. wie folgt:
   Drüsenstörungen, vor allem in der Schilddrüse (Kropf, Basedow), aber auch Nervenleiden und
   Gehirn- und Rückenmarksleiden.
3. Ich selbst habe ausgezeichnete Erfolge bei der Verordnung von kal. brom. beobachten können
   a) bei Kropfleiden, Überfunktion der Schilddrüse, Basedow, im Wechsel mit kal. jod., siehe nachstehend; vor allem aber
   b) als Beruhigungs- und Einschlafmittel, wenn andere Verordnungen (z. B. magn. phos. in heißem Wasser) nicht den erwarteten prompten Erfolg zeitigten. Vorzugsweise Anwendung (mit stets ganz schnellem Erfolg) bei Kindern, die nicht einschlafen wollen. Dosierung: 2–3 Tabletten 5 Minuten vor dem Schlafengehen, evtl. nach 20 Minuten wiederholen!

   Entsprechend der allgemeinen Übung verordne ich stets die 6. Dezimalstufe, als D 6. Immerhin wird von einigen Praktikern in besonderen Fällen ein Heruntergehen auf D 4 empfohlen.

Kalium jodatum
(Jodkalium)

1. Das Jod ist vor allem in der Schilddrüse, in geringeren Mengen auch in anderen Drüsen (Vorsteherdrüse, Lymphdrüsen) sowie in einigen weiteren inneren Organen nachgewiesen.

2. Seine wichtigsten Anwendungsgebiete sind:
   Störungen der Schilddrüse, und zwar
   bei Überfunktion (Basedow, beschleunigtem Herzschlag, Unruhe, erhöhtem Blutdruck) in der 6. Dezimalpotenz,
   bei Unterfunktion der Schilddrüse (niedrigem Blutdruck, Herzschwäche, Schwachsinn, Idiotismus, Kretinismus) in tieferer Potenz, gewöhnlich D 4. (Ärztliche Betreuung!).
   Noch tiefere Potenzen, etwa D 3 oder gar D 2, die ebenfalls hier und da verordnet werden, nur auf ärztliches Rezept.

   Wie oben erwähnt, wirkt kal. jod. im Wechsel mit kal. brom. unter Hinzunahme etwaiger weiterer Mittel (siehe Krankheitsverzeichnis Teil II) bei Überfunktion der Schilddrüse ausgezeichnet.

Lithium chloratum
(Chlorlithium)

1. Auch Lithium kommt im menschlichen Körper, wie wir das beim Brom gesehen haben, nur in sehr geringen Mengen vor.
2. Seine Leitsymptome sind:
   Gichtisch-rheumatische Affektionen,
   Katarrhe und Entzündungen der Harnorgane (Blase, Nieren, Harnröhre).

In der Literatur wird die Anwendung der 4. Dezimalpotenz (D 4) empfohlen. Der Grund hierfür ist mir nicht bekannt. Ich selbst habe in den relativ wenigen Fällen, in denen ich es verordnet habe, mit D 6 gute Erfolge erzielen können. Sollte die von anderer Seite vorgeschlagene 4. Dezimalpotenz etwa als eine Anlehnung an die allopathische Therapie, wo Lithiumpräparate bei Gicht und Rheuma häufig verordnet werden, aufzufassen sein?

Manganum sulfuricum
(Manganosulfat)

1. Mangansalze spielen bei der Bildung des roten Blutfarbstoffs eine bedeutende Rolle; dies ist schon seit etwa 80 Jahren bekannt. Da also das Mangan im Blut neben dem ebenso wichtigen Eisen vorhanden ist (wenn auch in wesentlich kleineren Mengen als das Eisen), kommt es in allen den Fällen zur Anwendung, in denen ferr. phos. (Nr. 3) angezeigt ist.
2. Darüber hinaus aber wird es besonders gerühmt bei Bleichsucht und Blutarmut, entzündlichen Katarrhen, Nervenschwäche. Eigene Erfahrungen fehlen, da ich es nie zu verordnen für notwendig gehalten habe. In der Literatur wird die Anwendung der 6. oder auch der 12. Dezimalpotenz empfohlen.

Gebrauchsanweisung der biochemischen Mittel

A) Allgemeine Vorschriften

1. Alle biochemischen Mittel sollen stets gut verschlossen (Witterungs- und Temperatureinflüsse) und vor Licht geschützt aufbewahrt werden.
2. Man bewahre die biochemischen Mittel nicht in Metallgefäßen (etwa kleinen Blechbüchsen) auf. Am besten werden die biochemischen Mittel in den Packungen aufbewahrt, in denen sie geliefert werden; heute verwendet die Industrie meist Kunststoffdosen für die Verpackung der biochemischen Mittel.
3. Alle biochemischen Mittel müssen ganz langsam im Munde zergehen, sie dürfen also niemals gekaut und erst recht nicht ganz hinuntergeschluckt werden. Je länger der Patient das Mittel im Munde behalten kann, desto sicherer ist der Heilerfolg. Bei Wasserlösungen nehme man also kleine Schlucke und behalte dieselben recht lange im Munde. Tabletten werden am besten unter die Zunge oder hinter die Zähne gelegt, wo sie sich sehr langsam auflösen können.
4. Es wird im allgemeinen unterschieden zwischen
   a) akuten und
   b) chronischen Leiden.
      a) Die akuten Erkrankungen sind solche, die plötzlich auftreten (plötzliche Grippe, plötzliche Nierenentzündung usw.) und an sich vorübergehend sind.
      b) Unter chronischen Leiden versteht man solche, die schon (etwas) längere Zeit dauern. Dabei ist folgendes zu beachten:

Zu a) Alle akuten Erkrankungen, also alle plötzlich auftretenden Krankheiten, erfordern sehr häufiges Einnehmen. Die Durchschnittsangabe lautet, daß der Patient etwa jede Stunde 2–3 Tabletten nehmen soll. Ist die Affektion sehr schwer (zum Beispiel:

Sehr heftiger Grippeanfall mit hohem Fieber), dann muß die Häufigkeit des Einnehmens noch wesentlich gesteigert werden. Man sollte dann sogar alle 5 Minuten 1 Tablette einnehmen. Ist dagegen die akute Erkrankung bereits im Abflauen, dann kann es schon genügen, wenn das Einnehmen nur alle zwei Stunden erfolgt.

Zu b) Bei allen chronischen Leiden gilt als durchschnittliche Regel, daß der Patient das Einnehmen etwa fünfmal am Tage (morgens, vormittags, mittags, nachmittags und abends) durchführt, und zwar jedesmal mit einer Menge von 2 – 3 Tabletten.

Es kann natürlich vorkommen, daß einerseits eine akute Erkrankung in den chronischen Zustand übergeht (zum Beispiel: Aus der akuten Nierenentzündung kann sich eine chronische Nierenentzündung entwickeln), und andererseits kann es vorkommen, daß eine chronische Krankheit plötzlich akute Erscheinungen auslöst (zum Beispiel: Die chronische Gicht kann den akuten Anfall hervorrufen). In allen Fällen ist für die Häufigkeit des Einnehmens gerade der Zustand maßgebend, der zur Zeit herrscht.

5. Wenn mehrere Mittel für den betreffenden Patienten in Frage kommen, dann dürfen niemals zwei oder mehrere Mittel gleichzeitig genommen werden, vielmehr muß mit den einzelnen Mitteln stets abgewechselt werden. Diese Vorschrift hat ihren Grund darin, daß einzelne Salze mit anderen Salzen in einem gewissen Gegensatz, in einem Verhältnis des Antagonismus, stehen. Zum Beispiel besteht ein Antagonismus zwischen Kalium und Natrium einerseits, und Calcium andererseits. Werden nun derartige Mittel gleichzeitig genommen, so hebt das eine Mittel die Wirkung des anderen Mittels auf, und es kann keine Heilung zustande kommen. Das Abwechseln erfolgt grundsätzlich mit dem jedesmaligen Einnehmen. Wenn der Patient also an einer akuten Erkrankung leidet, dann muß er mit den etwa in Betracht kommenden verschiedenen Mitteln beim jedesmaligen Einnehmen abwechseln.

Bei chronischen Leiden, bei denen mehrere Mittel in Frage kommen, müßte das Einnehmen eigentlich in der gleichen Form bewerkstelligt werden. Das würde zur Folge haben, daß der Patient unter Umständen 3 oder 4 Schachteln ins Büro oder auf seine Arbeitsstelle mitnehmen müßte; es würde auch die Gefahr bestehen, daß hierbei Verwechslungen vorkommen.

Aus diesem Grunde wurde schon vor Jahrzehnten die Vorschrift eingeführt, daß der Patient bei chronischen Leiden mit den einzelnen Nummern (Medikamenten) täglich abwechselt, so daß also an einem Tag immer nur eine Nummer an die Reihe kommt.

Dieses tägliche Abwechseln ist für den Patienten nicht nur angenehmer, sondern es ist im biologischen Sinn geradezu wertvoll: Denn auf diese Weise steht die Zelle jeweils an einem Tag dauernd unter der Einwirkung nur eines Salzes; die Gefahr einer antagonistischen Wirkung wird dadurch vollständig ausgeschlossen; und da bei chronischen Leiden, wie nachstehend dargelegt, immer eine länger dauernde Kur notwendig ist, bekommt die Zelle im Laufe der Kurdauer die erforderliche Menge des fehlenden Salzes.

Die Freiheit, die in diesen ganzen Vorschriften gegeben ist, findet ihre Begründung in dem logischen Aufbau der biologischen Heillehre: Krank ist die Zelle bzw. das Blut; besteht hier ein Mangel an Mineralstoffen und damit eine Krankheit, so muß die Biochemie zur Heilung die fehlenden Stoffe zuführen. Weil wir aber die Zelle nicht fragen können, wie groß ihr „Hunger" ist, können wir die Zufuhr der fehlenden Stoffe nur in der Form vornehmen, daß wir der Zelle die fehlenden Stoffe in der mutmaßlich von ihr benötigten Menge und Häufigkeit zur Verfügung stellen. Da die Zelle ein Lebewesen ist, wird sie von sich aus eben soviel aufnehmen, als sie zur Zeit verarbeiten, verdauen kann. Aus diesem Grunde wäre es auch töricht, wenn man eine schnelle Heilung einer chronischen Krankheit etwa damit erzielen wollte, daß man 1 oder 2 Schachteln der biochemischen Mittel gleich auf einmal einnimmt.

Ein solches „Verfahren" wäre keineswegs „schädlich", denn die biochemischen Mittel sind ja vollkommen giftfrei; aber man kann damit niemals eine Beschleunigung des Heilungsverlaufs erzielen.

In den meisten Fällen von chronischen Krankheiten, bei denen ja regelmäßig drei oder sogar vier Mittel in Frage kommen, kann die Verordnung zu einem Wochenrezept zusammengefaßt werden. Dieses Verfahren hat den bedeutenden Vorteil, daß der Behandler dasjenige Mittel, das als „Hauptmittel" anzusprechen ist, das also im Kurplan die wichtigste Rolle spielt, öfters einschalten kann.

Wichtiger Hinweis

Einerseits genügen nach Dr. Schüßler die 11 biochemischen Mittel zur Heilung aller durch innerlich einzunehmende Mittel überhaupt heilbaren Krankheiten; andererseits muß stets abgewechselt werden, und endlich: „Vorbeugen ist besser als Heilen". Aus diesen drei Feststellungen kann logischerweise der Schluß abgeleitet werden, daß das regelmäßige Einnehmen aller 11 biologischen Mittel, in täglichem Wechsel durchgeführt, einen wirksamen Vorbeugungsschutz bietet.

Und tatsächlich ist es so: Durch ein solches Verfahren wird oftmals dem Ausbruch einer Erkrankung, die dem Patienten noch gar nicht erkennbar ist, vorgebeugt.

Schon bei der Besprechung von calc. fluor. und calc. phos. als Vorbeugungsmittel gegen Schwangerschaftsschäden, oder bei den Ausführungen über ferr. phos. als Vorbeugungsmittel gegen Infektionskrankheiten haben wir diese grundlegende Bedeutung der Biochemie kennengelernt.
Nun ist aber begreiflicherweise der menschliche Organismus gerade mit zunehmendem Alter immer mehr „anfällig" für alle möglichen „Beschwerden"; diese brauchen sich durchaus nicht in jedem Falle als eigentliche „Krankheiten" zu zeigen, man spricht ja üblicherweise auch von den „Altersbeschwerden". Ganz besonders für ältere Personen hat sich nun als gesundheitlich wertvoll erwiesen,

alle 11 Mittel der Reihe nach

einzunehmen und dieses Verfahren monatelang fortzusetzen. Von dem auf den betreffenden Tag fallenden Mittel nehme man etwa dreimal 2 bis 3 Tabletten ein.

6. Die Heilung tritt bei allen akuten Erscheinungen sehr schnell, in leichteren Fällen unter Umständen schon innerhalb weniger Stunden ein: Der plötzliche Angriff, den die Krankheit auf den Körper unternimmt, wird durch die naturgemäßen biochemischen Mittel plötzlich wieder zurückgeschlagen. Andererseits erfordern einzelne akute Krankheiten ihre Zeit. Hier wendet man die Mittel nicht allein zu einem schnelleren Ablauf an, sondern vor allem zur Vermeidung von drohenden Verschlimmerungen oder Komplikationen.

   Dagegen ist bei allen chronischen Leiden stets eine Kur erforderlich.

7. Alle biochemischen Mittel sollen am besten nüchtern bzw. etwa eine halbe Stunde vor der Mahlzeit eingenommen werden.
   Das hat seinen Grund darin, daß vor der Mahlzeit die Schleimhäute der Mundhöhle aufnahmefähiger sind, als nach der durch das Essen und Trinken eingetretenen Belastung.

8. Wenn der Patient schläft, soll er zum Einnehmen der biochemischen Mittel nicht geweckt werden; Schlaf ist die beste Medizin. Jedoch soll in akuten Fällen in wachem Zustand auch während der Nacht das Einnehmen in den vorgeschriebenen Zwischenräumen fortgesetzt werden.

B) Spezielle Gebrauchsanweisung

1. Die Dosierung: Schüßler schreibt als Einzeldosis „eine Messerspitze der Verreibung" vor. Dieser Ausdruck ist sehr vieldeutig: Die breite Messerspitze eines Tischmessers ergibt ein Vielfaches jener Menge, die auf der Spitze der kleinen Schneide eines Taschenmessers untergebracht werden kann. Zu Schüßlers Zeiten gab es noch keine fabrikmäßig hergestellten Tabletten.

   Allein die „Ungenauigkeit", die die Schüßler'sche Vorschrift bedeutet, ist im biochemischen Sinne vollkommen unbedenklich: Während es bei den allopathischen Arzneimitteln außerordentlich wichtig ist, daß eine genaue Dosierung innegehalten wird, um mögliche Schädigungen zu vermeiden, kommt es bei der Biochemie auf eine solche starre Menge des Einnehmens nicht an. Wir müssen, um dieses zu verstehen, wieder auf die „Funktion" der biochemischen Mittel im Heilungsprozeß zurückgreifen: Die Zelle hat „Hunger"; wenn wir nun der Zelle im Einzelfall zu wenig von dem fehlenden Salz zuführen, dann wird der Mineralstoffmangel durch die Wiederholung beseitigt; wenn wir der Zelle aber zuviel auf einmal „anbieten", dann kann sie diese zu große Menge nicht aufnehmen und nicht „verdauen", der Überschuß wird dann einfach ausgeschieden. Heute wird als Normaldosis gewöhnlich eine Menge von 2 Tabletten verordnet; in akuten Fällen, wenn sehr häufiges Einnehmen erforderlich ist, genügt als Einzeldosis eine Tablette.

2. Die Häufigkeit des Einnehmens:
   a) In akuten Fällen, wie erwähnt, etwa alle 10 Minuten 1 Tablette. Beim Nachlassen der Beschwerden etwas seltener, etwa alle 30 Minuten eine Dosis.
   b) Bei chronischen Erkrankungen Durchschnittsdosis: Etwa alle drei Stunden 2 – 3 Tabletten.

3. Die Form des Einnehmens: 2–3 Tabletten nüchtern oder ½ Stunde vor dem Essen langsam im Munde zergehen lassen. Besonderheit der magn. phos.: Kommt magn. phos. gegen akute Erkrankungen (Kolik, Krampf usw.) zur Anwendung, dann wirkt sie besonders schnell und zuverlässig, wenn man etwa 10 Tabletten zerquetscht, das erhaltene Pulver in einem Likörglas sehr warmen Wassers auflöst und die Lösung langsam in kleinen Schlucken möglichst warm einnimmt.

   Dasselbe gilt für silicea beim Einnehmen in akuten Fällen.

Selbstverständlich kann man magn. phos., wie überhaupt jedes biochemische Mittel, auch beim kurmäßigen Gebrauch (also bei chronischen Leiden) in heißem Wasser einnehmen, allein dadurch wird keine Beschleunigung des Heilungsverlaufs erzielt.

Eine besondere Besprechung erfordert

4. die Einnehmevorschrift für den Säugling:
Die wichtigste Forderung für das Einnehmen der biochemischen Mittel, nämlich die Vorschrift „Langsam im Munde zergehen lassen", kann man dem Säugling nicht klarmachen; infolgedessen sind Sondervorschriften zu beachten:

a) Beim Brustkind erfolgt die Zuführung der biochemischen Mittel am besten auf dem Wege über den mütterlichen Körper. Es soll also die Mutter, und zwar in recht häufigen Gaben, die Mittel einnehmen. Häufige Gaben sind erforderlich, weil es sich beim Säugling ja stets nur um akute Erscheinungen, niemals um „chronische" Leiden handeln kann. Wer einmal Gelegenheit hat, in einem solchen Fall die schnelle Wirkung der biochemischen Mittel auf den kindlichen Organismus zu beobachten, der wird mit tiefer Ehrfurcht das wundersame Geheimnis der Natur erleben: Schon nach dem zweiten Anlegen des Kindes an die Mutterbrust macht sich der Heilungsvorgang in dem kindlichen Körper bemerkbar. Ich möchte hier zwei Erfahrungen berichten, die vor längerer Zeit in der medizinischen Fachpresse wiedergegeben waren:

   In dem einen Fall hatte die Mutter die Gewohnheit, vor und sogar während des Stillens 1 – 2 Gläser Portwein zu trinken, – das Baby zeigte die deutlichen Erscheinungen einer alkoholischen Betäubung.

   In dem anderen Fall hatte die Mutter vor dem Stillen 10 Zigaretten geraucht, – das Kind mußte mit einer akuten Nikotinvergiftung in das Krankenhaus eingeliefert werden!

   Wenn schon die Gifte so schnell vom mütterlichen Körper in den kindlichen Organismus übergehen, um wieviel mehr kommen die naturgemäßen Heilmittel im Zusammenhang mit der eigenen Gesundungskraft des Kindes zur Wirksamkeit!

b) Beim Flaschenkind verfahre man in der Weise, daß man in jeder Milchportion 4 – 5 biochemische Tabletten im Gewicht von 0,25 g auflöst. Um die Auflösung zu erleichtern, zerquetsche man die

Tabletten zuvor mit einem Hornlöffel und gebe das erhaltene Pulver in die Milch. Nach kräftigem Durchschütteln ist die Lösung der Tabletten in der Milch schnell erfolgt.

Bekanntlich ist die Öffnung des Saugers, der auf die Milchflasche aufgesteckt wird, sehr klein. Daraus folgt, daß der Säugling mit jedem Saugakt stets nur eine ganz kleine „Portion" der Flaschenmilch bekommt, – diese geringe Menge aber kann der Säugling nicht „hinunterschlingen", sondern sie umspült ausgiebig die Schleimhäute der Mundhöhle. So wird also die Forderung des „Langsam im Munde zergehen lassen" durch den „Apparat" selbst erfüllt.

Aus diesen Zusammenhängen heraus ist ja auch bei der Anwendung der magn. phos. in heißem Wasser die Vorschrift gegeben, daß man die Lösung „langsam in kleinen Schlucken" einnehmen soll.

c) Wenn es sich nun aber um sehr schwere Erkrankungen handelt, verweigert der kleine Patient erfahrungsgemäß die Nahrungsaufnahme, bzw. die eingenommene Milch wird regelmäßig wieder ausgebrochen. In solchen Fällen hilft die Verabreichung der biochemischen Mittel in der Milch gar nichts; zudem sind derartige schwere Affektionen meistens so gelagert, daß ein sehr häufiges, in kürzesten Abständen erfolgendes Einnehmen notwendig ist, so daß man also mit der Verabreichung der biochemischen Mittel nicht etwa bis zur jeweiligen Mahlzeit warten kann.

   In solchen schweren Fällen muß nachstehendes Verfahren angewendet werden:

   In eine braune Tropfflasche zu 50 ccm gebe man destilliertes Wasser bis zu etwa ¾ des Inhaltes. Nun werden 10 biochemische Tabletten zerquetscht und das Pulver in dem Wasser durch Schütteln aufgelöst. Von dieser Lösung werden dem kleinen Patienten alle 10 Minuten etwa 5 – 6 Tropfen seitlich an den Mundwinkel eingeträufelt.

C) Verträglichkeit der Biochemie mit anderen Mitteln und Maßnahmen

Die Erfahrung zeigt, daß Patienten sich sehr häufig erst dann der Biochemie und den anderen Naturheilmethoden zuwenden, wenn die bisherigen Verordnungen und Maßnahmen zu keinem Erfolg geführt haben. Manchmal hat der Patient auch grundsätzlich das Bedürfnis, neben den ärztlichen Verordnungen zusätzlich die Biochemie anzuwenden.

Nun erhebt sich in solchen Fällen für den Heilungsuchenden die wichtige Frage:

„Wie verträgt sich die Biochemie"

mit anderen Heilverfahren bzw. Heilmitteln.

Hierzu ist zu sagen:

1. **Alle Naturheilmethoden** haben in gleicher Weise das Ziel, die Störungen der Zellenfunktion, die wir als das Wesen der Krankheit kennengelernt haben, wieder zu beseitigen, also die normale, d. h. gesunde Lebensbetätigung des Zellstaates **auf natürliche Weise** wieder herbeizuführen; auf natürliche Weise, d. h. durch Stärkung der eigenen naturgegebenen Abwehrleistung des Körpers gegen die Krankheiten, durch Unterstützung und Kräftigung des uns vom Schöpfer eingepflanzten Lebens- und Gesundungswillens. Man muß diese grundsätzliche dogmatische Zielsetzung der Naturheilmethoden sehr ernst und gründlich durchdenken, um den wahren Sinn und Inhalt der Naturheilmethoden zu erfassen.

   Aus diesen Feststellungen ergibt sich aber, daß eine, selbstverständlich sinnvolle und mit Auswahl erfolgende

   gemeinsame Anwendung

   von Mitteln und Maßnahmen der Naturheilmethoden mit der Biochemie dem Heilungsprozeß durchaus förderlich ist.

   Mit einer biochemischen Kur – nachstehendes gilt sowohl für akute als auch für chronische Leiden – können also unbedenklich verbunden werden:

   a) Verordnungen der Homöopathie; denn auch die Homöopathie ist als Reiz-Therapie den Naturheilverfahren zuzurechnen: Sie verstärkt durch ihre hochverdünnten Mittel den in der Krankheit liegenden Reizzustand, der die Gesundung bereits einleitet (Näheres siehe oben im Kapitel über die Homöopathie).

   b) Alle bio-physikalischen Anwendungen, also Wasser, Sonne, Luft, Licht, Wärme, Atmung, Gymnastik, Massage, Bewegung, Bestrahlungen (keine Röntgenstrahlen!).

Die Biochemie in der Tierheilkunde

Wenn die Biochemie eine einwandfreie und zuverlässige Heilmethode ist, dann muß sie sich ebenfalls wirksam erweisen in der Tierheilkunde. Denn das Tier kann sich – im Gegensatz zum Menschen – keine Krankheit „einbilden".

Das Tier i s t krank oder es i s t gesund.
Tatsächlich hat die Biochemie als Heilmethode in der Tierpraxis eine ungeahnt große Bedeutung.

Und wer einmal Gelegenheit gehabt hat, die Heilerfolge der biochemischen Mittel bei Tierkrankheiten zu beobachten, dem ist auch hierdurch wieder der unzweideutige Beweis für die Einwandfreiheit und Heilkraft der Biochemie erbracht worden.

Allerdings stehen – wenigstens vorläufig noch – der umfangreichen Anwendung der Biochemie in der Tierheilkunde verschiedene Schwierigkeiten entgegen:

a) Ebensowenig wie in den akademischen Vorlesungen über menschliche Krankheiten, werden auf den tierärztlichen Hochschulen biochemische Grundsätze und Anwendungen gelehrt. Der Tierarzt oder der sonstige Tierbehandler ist also ebenso wie der praktische Arzt auf das Selbststudium der biochemischen Heilbehandlung angewiesen.

b) Die zweite Schwierigkeit besteht darin, daß die A n w e n d u n g der biochemischen Mittel beim Tier ein erhebliches Maß von eigenem Nachdenken, ja von eigener „Erfindungsgabe" erfordert: Wie will man dem unvernünftigen Tier die Grundvorschrift der Biochemie: „Langsam im Munde zergehen lassen" klar machen? Und doch hängt, wie ich immer wieder dargestellt habe, die Wirksamkeit der biochemischen Mittel gerade von der Befolgung dieses Grundsatzes in erster Linie ab.

Wie Schüßler unter seinen Arztkollegen keinen eigentlichen Nachfolger finden konnte – außer Dr. Reiff in Oldenburg –, so haben sich auch seine Kollegen von der Veterinärmedizin nicht für seine biochemische Heilweise interessiert. Auch auf diesem Gebiet hat nur ein einziger Vertreter die geistige

Fähigkeit und die Entschlußkraft aufgebracht, sich in Schüßlers Lehre zu vertiefen und sie bei der Tierbehandlung anzuwenden: Der praktische Tierarzt F. Meinert in Bünde/Westf.

Meinert hat ein sehr interessantes Werk veröffentlicht mit dem Titel „Leitfaden zur biochemischen Behandlung unserer kranken Haustiere". Hier bespricht Meinert die einzelnen Tiergattungen und deren Krankheiten in gesonderten Kapiteln, z. B. Krankheiten der Pferde, Krankheiten der Schafe und Ziegen usw.

Leider hat Meinert keinen Nachfolger gefunden (außer seinem Sohn, der ebenfalls Tierarzt in Bünde war, der aber auch längst verstorben ist). Das Buch Meinert's ist im Buchhandel bedauerlicherweise vollständig vergriffen und es wird auch nicht wieder neu aufgelegt.

So bleibt dem Tierfreund nur übrig, nach Analogie der menschlichen Krankheiten zu verfahren und im übrigen die in Betracht kommenden biochemischen Mittel an Hand des Wirkungskreises zusammenzustellen.

Bezüglich der Gabengröße sei vermerkt, daß man bei kleineren Tieren (Geflügel, Kanarienvögel usw.) ungefähr dieselbe Menge wie beim Säugling nimmt; mittelgroße Tiere (Hunde, Ziegen usw.) bekommen die Dosis wie sie für den erwachsenen Menschen (2–3 Tabletten) vorgeschrieben ist. Bei Großvieh (Rinder, Pferde usw.) wird die zweifache bis vierfache Menge gegeben. In allen Fällen besteht, wie ersichtlich, auch hier ein gewisser Spielraum. Man kann es praktisch nie „falsch machen".

Schwierigkeiten bereitet, wie erwähnt, die erfolgversprechende Anwendung der biochemischen Mittel beim Tier. Grundsätzlich muß das Verfahren so gehandhabt werden, wie ich dies oben für die Anwendung beim Säugling dargelegt habe. Es ergeben sich jedoch einige andere Möglichkeiten:

a) Hunde trinken nicht, sondern sie lecken, um den Durst zu stillen, die Flüssigkeit mit der herausgestreckten Zunge auf. Man kann also, wenn der kranke Hund noch imstande ist zu saufen, das Tablettenpulver ohne weiteres in dem Trinkwasser auflösen. Auch ist es zulässig, das Pulver trocken aufnehmen zu lassen, da der Hund das Pulver ja nicht schlucken kann, sondern zwangsläufig auf der Zunge zergehen lassen muß.

   Über die erfolgreiche biochemische Behandlung gerade kranker Hunde (Rheuma, Gicht, Lähmungen, Nervenleiden, Magen- und Darmstörungen usw.) sind mir zahlreiche Heilbestätigungen zugegangen.

b) Das Geflügel hat einen Kropf, in welchem eine Art Vorverdauung durchgeführt wird. Auch der Kropf ist mit Schleimhäuten ausgestattet. Man kann daher den Hühnern, Gänsen, Enten usw. ohne weiteres die

Tabletten in das Futter mischen. Ist die Affektion so schwer, daß das Tier die Nahrungsaufnahme verweigert, dann kann man die Tabletten einfach in den geöffneten Schnabel stecken, – im Kropf lösen sie sich langsam auf.

c) Kleinvögel (Kanarienvögel, Wellensittiche) können in der Weise behandelt werden, daß man einfach einige Tabletten in das Bauer legt oder unter das Futter mischt, oder auch die pulverisierten Tabletten dem Trinkwasser beimischt. Ein Kanarienbesitzer hat mir berichtet, daß sein Tierchen so schwach war, daß es sich nicht einmal auf den Beinchen halten konnte und natürlich auch die Nahrungsaufnahme verschmäht hat. Der Besitzer streute einfach dem teilnahmslos im Käfig sitzenden Vogel etwas Tablettenpulver vor den Schnabel, – das Tierchen fing an, langsam zu picken und nach drei Tagen war vollkommene Genesung eingetreten: Der natürliche Instinkt des Tieres hatte ihm den Weg zur Aufnahme der „Natur"-Heilmittel gewiesen!

d) Schweine (als weiteres Beispiel):

Wie gerade auch in der Veterinär-Praxis das aufmerksame Durchdenken der Schüßler'schen Forderungen zu neuen Erkenntnissen führen kann, dafür soll hier eine Anregung von Herrn Tierarzt Dr. K. Stöving, Haste, wiedergegeben werden.

Herr. Dr. Stöving vermischt z. B. bei der Applikation biochemischer Mittel bei kranken Schweinen eine größere Menge pulverisierter Tabletten mit etwas Rübensaft und bringt diesen „biochemischen Rübensaft" mit Hilfe eines Holzspatels auf die Zunge des Schweines, nachdem dem Tier vorher mittels eines eingeschobenen Knebels das Maul geöffnet wurde. Infolge der Zähflüssigkeit des Rübensaftes kann das Schwein nicht so schnell schlucken, muß vielmehr durch intensive Bewegungen der Zungen- und Kiefermuskeln den Rübensaft „verstreichen", wodurch infolge der in solcher Weise erzwungenen „langen Verweildauer" des biochemischen Mittels die Resorption durch die Schleimhäute gewährleistet ist.

Wie bei den Erkrankungen des menschlichen Organismus der Erfolg am Krankenbett das einzige und sicherste Kriterium für die Zuverlässigkeit eines Heilverfahrens ist, so ist in erhöhtem Maße hierfür der Heilerfolg in der Tierbehandlung beweiskräftig: Beim Menschen spielen das Vertrauen des Patienten zum Behandler und zu der angewandten Therapie, ferner oftmals die Suggestivwirkung usw., also Umstände, die auf seelischem Gebiet liegen, eine für den Heilerfolg ausschlaggebende Rolle, – beim Tier scheiden diese zusätzlichen „Heilfaktoren" aus.

Und so müßten gerade die Zweifler und ablehnenden Kritiker in der erfolgreichen Anwendung der Biochemie in der Tierheilkunde den stärksten Beweis für die Richtigkeit der Schüßler'schen Heilmethode erblicken.

Biologische Bemerkungen

1. Die biochemische Heilmethode ist ein Teil der biologischen, naturgemäßen Heilweisen. Die biologischen Heilweisen aber sind wiederum nur ein Teil des biologischen, d. h. naturgemäßen, naturgesetzlichen Gesamtgeschehens: Die biologischen Heilweisen befassen sich mit der naturgemäßen „Reparatur" solcher Schäden (Krankheiten), die durch ein u n biologisches Verhalten eingetreten sind.

   Unter „biologischen Regeln" verstehen wir nun in unserem Sinne

   die Gesamtheit naturgemäßer Lebensregeln!

   Jeder Mensch ist das Produkt

   a) der Lebensweise seiner Vorfahren,

   b) seiner eigenen Lebensweise,

   c) und in gewissem Sinne seiner Umwelt (Erziehung, soziale Schichtung usw.).

   Jeder Mensch ist aber gleichzeitig wieder der Ahnherr künftiger Geschlechter und bestimmt als solcher auch die „Biologie" seiner Nachkommen. Leider muß gesagt werden, daß wir erst in der heutigen Zeit zu der Erkenntnis der Wichtigkeit dieser Zusammenhänge gekommen sind, jener Zusammenhänge, daß jedes Individuum in seinem Zustand (also auch in seinem Gesundheitszustand) abhängig ist von seinen Vorfahren und deren Lebensweise, daß aber jedes Individuum auch wieder als Ahnherr den künftigen Zustand seiner Nachkommenschaft mitbestimmt.

   Würdigen wir aber diese Zusammenhänge kritisch, so müssen wir gestehen, daß der körperliche und häufig auch der geistig-seelische Gesamt-Gesundheitszustand der heute lebenden Bevölkerung außerordentlich schlecht ist *).

---

*) Wie erschreckend schlecht der Gesamt-Gesundheitszustand der Menschheit heute ist, dafür möchte ich nur zwei Aufstellungen von biologischen Statistikern anführen:
a) Es wird behauptet, daß von 100 Personen nur 5 vollkommen gesund sind!
b) Biologen erklären, daß der Mensch nach seiner natürlichen Veranlagung ein durchschnittliches Alter von ca. 150 Jahren erreichen müßte – wenn er eben noch nicht degeneriert wäre, sondern noch auf der Höhe seiner biologischen Lebenskraft stehen würde!

Allüberall, wohin wir schauen, erblicken wir Elend, Krankheit, Siechtum. Ersichtlicherweise ist nun sowohl zur Besserung des Gesamt-Gesundheitszustandes der Menschheit, als auch zur Heilung und Besserung des Leidens und der Krankheit jedes Einzelmenschen, unerläßlich, daß die Sünden der Lebensweise wenigstens für die Zukunft unterlassen werden. Aus diesem Grunde ist es erforderlich, daß in diesem Buch über die biochemische Heilmethode auch die wichtigsten biologischen Lebensregeln besprochen werden.

Der Behandler, Arzt oder Praktiker, der die fundamentalen Grundsätze biologischer Heilweisen nicht beachtet, behandelt eben nicht biologisch.

2. Die Forderung einer biologischen Lebensweise gilt in gleicher Form für akute wie für chronische Leiden:

   a) In akuten (plötzlich auftretenden) Krankheitsfällen ist es an sich nicht schwer, die biologischen Regeln zu beachten, einmal, weil der Patient ganz von selbst nicht anders will oder kann, und ferner, weil eine solch akute Erkrankung ja gewöhnlich bald vorübergeht, oder doch bald vorübergehen soll *).

   b) Bei den chronischen (länger dauernden) Krankheiten ist das Befolgen der biologischen Regeln oftmals recht schwer, weil der Mensch sich von den ihm lieb gewordenen Lebensgewohnheiten und „Genüssen" nur recht schwer trennen kann.

      In chronischen Fällen ist durch die langjährige falsche Einstellung die Gleichgültigkeit den biologischen Forderungen gegenüber vielfach weit größer als das Vertrauen zum Heilmittel.

Mit allem Nachdruck muß also festgestellt werden, daß die Heilung einer Krankheit nur möglich ist, wenn der Kranke gleichzeitig die für ihn maßgebenden biologischen Lebensregeln innehält. Heilweise und Lebensweise müssen biologisch gemeinsam durchgeführt werden.

Unter den biologischen Lebensregeln spielt nun die Ernährung die weitaus wichtigste Rolle. Immerhin müssen alle anderen Lebensgewohnheiten (Genußgifte, Schlaf, Einteilung der Arbeits- und Freizeit, Gestaltung des Vergnügens, Sport usw.) ebenfalls mit berücksichtigt werden.

---

*) Einige Beispiele seien hier erwähnt:
a) Der Grippekranke legt sich ins Bett und hütet sich vor neuen Erkältungen.
b) Bei akuter Nieren-Entzündung werden Fleisch, Alkohol, Kochsalz usw. gemieden.
c) Bei plötzlich auftretenden Durchfällen vermeidet der Patient alle den Darm reizenden Speisen.

3. Es sei noch auf folgendes hingewiesen:
Das Naturgegebene, die eigentliche Grundlage des körperlichen Lebens, ist der Stoffwechsel!

Stoffwechsel ist das physiologische Leben!

Es ist nicht möglich, im Rahmen dieses Werkes den Stoffwechsel ausführlich zu erklären bzw. zu beschreiben. Die Stoffwechselvorgänge (Funktionen) geschehen aber nicht etwa nur in den sogenannten Verdauungsorganen, sondern sie finden überall im Körper statt, und zwar in letzter Linie immer in den kleinsten Bausteinen des Körpers, in den Zellen. Darum spricht man auch von einem

Zell-Stoffwechsel als der naturgegebenen Zellfunktion.

Diese Stoffwechselvorgänge äußern sich im Aufbau, in der Erhaltung und im Abbau. Zur Aufrechterhaltung dieser Funktionen muß der nötige Bedarf an Zellsubstanz und Energie, also an Stoff und Kraft, gedeckt werden.
Alle naturgemäße Deckung des Körperbedarfs an Substanz und Energie ist die Norm naturgemäßer Ernährung und sonstiger Lebensweise.
Es ist ganz klar, daß – und damit rundet sich die Beweisführung – eine Heilung irgendwelcher Krankheiten nur zustande kommen kann, wenn gleichzeitig auch diese Forderungen naturgemäßer Bedarfsdeckung erfüllt werden.

4. Wenn wir uns nun des Wesens der Krankheit erinnern, wenn wir daran denken, daß jede Krankheit von der Zelle ihren Ausgangspunkt nimmt, und wir uns vorstellen, daß jede Zelle ein eigenes kleines Lebewesen ist, das einen eigenen Stoffwechsel hat, Nahrung aufnimmt und verdaut, Arbeit leistet, sich fortpflanzt und selbst wieder stirbt, und wenn wir vor allem daran denken, daß jedes Lebewesen einen ihm vom Schöpfer eingepflanzten Selbsterhaltungstrieb besitzt, dann erkennen wir mit zwingender Klarheit folgendes:

Heilen kann nur die Natur!

Heilen kann also nur der Selbsterhaltungstrieb der lebendigen Zelle.

Sowohl

a) die biochemischen Heilmittel, als auch
b) der helfende und beratende Arzt oder Praktiker

haben insgesamt nur die Aufgabe, weise und „natürlich" den ganzen Heilprozeß in richtige Bahnen zu lenken, zu überwachen und den Kranken vor unbiologischen Torheiten zu bewahren.

Mit unserem beschränkten Wissen und unserer schwachen Kunst können wir einzig und allein das Heilbestreben der Natur (d. h. den Selbsterhaltungstrieb und die natürliche Lebenskraft der Zelle) durch geeignete Mittel und durch eine naturgemäße Lebensweise unterstützen. Solche geeigneten Unterstützungsmittel sind auch die biochemischen Salze.

Etwa seit dem Umsturz und dem Beginn der Neuorientierung unserer gesamten Lebensverhältnisse, also etwa seit 35 Jahren, hat sich erfreulicherweise die Erkenntnis von der Wichtigkeit einer „biologischen" Lebensführung in weiten Kreisen durchgesetzt; ein großes Verdienst an diesen begrüßenswerten Umstellungen dürfen sich die großen Ernährungsreformer und die zahlreichen Naturheilvereine zumessen; wir erwähnen Bircher-Benner, Waerland, Prof. Kollath; von den Verbänden die Kneipp-Verbände, die Biochemischen Vereine, die vielen Naturheilverbände, die Waerland-Bewegung usw.

5. Ernährung: Es ist hier nicht der Ort, zu den Kontroversen Stellung zu nehmen, die sich zwischen den Anhängern einer rein vegetarischen Ernährung und den Befürwortern einer gemischten Kost abspielen. Tatsache ist einerseits, daß eine rein vegetarische Kost nicht jedem Organismus zuträglich ist, besonders dann nicht, wenn in reiferen Jahren eine Umstellung erfolgen soll. Tatsache ist ferner, daß der menschliche Darm nach seiner Länge und seiner physiologischen Funktion auf die Verarbeitung einer gemischten Kost eingerichtet ist. Tatsache ist aber endlich auch, daß hinter dem Begriff der „gemischten" Kost sich die gefährlichsten Ernährungs-Unsitten verbergen.

Neuerdings hat man die Forderung recht zutreffend so formuliert, daß man die Speisen „so naturbelassen wie möglich" (Prof. Kollath) genießen soll. Manche von der Natur gebotenen Produkte sind in ihrer natürlichen Form für uns entweder nicht unbeschränkt genießbar (z. B. Kartoffeln) oder sie werden durch eine schonende Bearbeitung (z. B. vorsichtiges Kochen) biologisch wertvoller und verdaulicher; dies gilt z. B. vom Hühnerei, das in weichgekochtem Zustand für unseren Organismus vorteilhafter ist als in roher Form.

Wir möchten also die Forderung „so naturbelassen wie möglich" in allen Richtungen unterschreiben.

Was nun die praktische Durchführung einer naturgemäßen Ernährung anbetrifft, so müssen hier leider zwei Tatsachen kritisch vermerkt werden:

a) Einerseits machen sich „Ernährungsforscher", oftmals noch mit dem Professorentitel gekrönt (Namen könnte ich nennen!), breit, die im offenen oder geheimen Auftrag interessierter Wirtschaftskreise neue „Ernährungstheorien" als alleinseligmachende Gesundheitslehren verkünden; im Zusammenhang damit steht

b) die Tatsache, daß sich der Verbraucher, und erst recht der hilfsbedürftige Patient, aber auch oftmals der verordnende Arzt überhaupt gar nicht mehr auskennt, welche der Dutzende von „Ernährungsvorschriften" denn nun eigentlich „richtig" ist. Um dem Patienten einen gewissen Anhaltspunkt zu geben, sind im Teil III dieses Buches einige grundlegende Vorschriften angegeben, – ohne daß damit der Anspruch der Vollständigkeit oder der Anspruch der auschließlichen Richtigkeit erhoben werden soll.

6. Bei der ganzen Frage der Lebensführung spielen die sogenannten Genußgifte eine besonders wichtige Rolle.

   Genußgifte sind: Alkohol, Nikotin (Tabak), Coffein, im Bohnenkaffee enthalten, Teein (im schwarzen Tee enthalten).

   Die Bedeutung und die Schädlichkeit dieser Genußgifte ist aber nicht für jedes Individuum und nicht für jede Krankheit die gleiche: Alkohol ist in allen alkoholischen Getränken enthalten, wobei die billigen Getränke (z. B. der sogenannte „Fusel") besonders gefährlich sind. Nikotin ist in allen Tabakwaren enthalten.

7. Es bedarf auch noch der Begriff

„Säurebildner"

einer Erläuterung: Seit den Forschungen von Justus von Liebig wissen wir, daß der Körper zur Aufrechterhaltung seiner Funktionen bestimmter Stoffe bedarf, und zwar der sogenannten Eiweißstoffe, der Fettstoffe und der Kohlenhydrate. Außer diesen Grundstoffen sind aber noch eine große Zahl weiterer, mengenmäßig sehr zurücktretender, dabei aber für den Lebenshaushalt hochwichtiger Stoffe erkannt worden, so vor allen Dingen Mineralstoffe (Forschungen von Moleschott, Schüßler, Lahmann, Hensel u. a.), ferner die sogenannten Vitamine. Die Forschung bezüglich der letzteren ist dauernd im Fluß und fördert ohne Unterlaß neue Erkenntnisse zutage. Die Vitamine stehen aber mit den Mineralsalzen unseres Körpers in engster Beziehung. Voraussetzung für ein gesundes Leben ist, daß der pH-Wert des Blutes konstant bleibt und nicht unterschritten wird.

Unter pH-Wert versteht man den sogenannten Wasserstoffexponenten; die Erläuterung dieses Begriffs würde in diesem Buch zu umständlich sein, es genüge der Hinweis auf die praktische Bedeutung dieses Zeichens:

Ist der pH-Wert kleiner als 7, so bedeutet dies: Saure Reaktion
pH-Wert = 7 bedeutet: Neutrale Reaktion
pH-Wert größer als 7: Alkalische Reaktion.

Dieser pH-Wert ist also der Indikator für den Säuregrad.

Nun entstehen als Abbauprodukte der Nahrungsmittel stets Säuren, und zwar meist nur als Zwischenstufen für einen weiteren Abbau (z. B. Fettsäureabbau). Beim Abbau der Eiweißstoffe kann der Säuregehalt des Blutes steigen (Harnsäurebildung!). Es ist daher für den Stoffwechsel und das physiologische Geschehen erforderlich, die Art der Ernährung so zu regeln, daß eine Bildung überschüssiger Säure vermieden wird.

Es kommt aber nicht nur auf die Auswahl der säurebildenden Eiweißstoffe an, sondern auch darauf, daß in der Zusammenstellung der Nahrung eine bewußte Betonung der „basenhaltigen" Kost obwaltet, so daß die säurebildenden Eiweißstoffe keine schädliche Folge haben können.

Wir brauchen ja natürlich auch die Säure im Körper. Der Verdauungsvorgang im Magen und wiederum im Dickdarm setzt vor allem das Vorhandensein von Säure voraus. Es kommt also nur darauf an, daß die Säure im Körper, soweit er sie braucht, in Lösung gehalten und daß jeder Überschuß sofort ausgeschieden wird.

Wir müssen nun den Begriff der „Säurebildner" erfassen. Die nachstehende Reihenfolge entspricht ungefähr der Stärke der säurebildenden Eigenschaft. *)

---

*) Ich folge hierbei teilweise dem grundlegenden Werk von Ragnar Berg: „Die Nahrungs- und Genußmittel!" (Verlag Emil Pahl, Dresden 1929), das auch heute noch richtungsweisende Geltung beanspruchen kann. Wichtig ist aber, folgendes hervorzuheben:

a) Schon Ragnar Berg weist in der Einleitung zu seinem vorerwähnten Werk darauf hin, daß die Untersuchungsverfahren häufig Fehlerquellen in sich bergen. Die Zahlen sind nicht immer zuverlässig.

b) Wichtiger aber ist noch folgendes: Der menschliche Körper und insbesondere sein Verdauungsapparat ist keine mit unseren äußeren mechanischen Mitteln nachahmbare chemische Retorte. Jedes Individuum „reagiert" auf die herangeführten Speisen erfahrungsgemäß in anderer Weise. Da aber der Körper, wie wir gesehen haben, die Summierung des Lebenswillens von ca. 25 Billionen Einzelzellen darstellt, gibt uns, wenn wir aufmerksam leben und beobachten, der Körper selbst oft schon „Warnungssignale". Eines dieser Warnungssignale bezüglich der Zuträglichkeit der Nahrung ist das bekannte „Sodbrennen", auch wohl das sogenannte saure Aufstoßen. Beide Erscheinungen deuten darauf hin, daß bestimmte Speisen für das betreffende Individuum besonders „säurebildend" wirken. Solche Speisen muß dann der betreffende Patient (aber auch der gesunde Mensch) meiden oder wenigstens einschränken. Ein paar Beispiele seien angeführt: Es gibt viele Personen, die auf den Genuß von Pflaumen Sodbrennen bekommen; andere wiederum können Pflaumen vertragen, nicht aber Äpfel. Die „Reaktion" der einzelnen Personen gegen Bohnenkaffee ist durchaus verschieden: Bei dem einen wirkt Kaffee stark säuernd, bei dem anderen tritt leichter Durchfall auf. Bei allen drei erwähnten Nahrungs- bzw. Genußmitteln (Pflaumen, Äpfel, Bohnenkaffee) verzeichnet Ragnar Berg einen Basen-Überschuß. Aus diesen Feststellungen leitet sich die Forderung ab, daß jeder Patient sich eben selbst daraufhin „kontrollieren" muß, ob er seine „Kost", auch wenn sie theoretisch als basenreich anerkannt ist, wirklich voll verträgt.

a) Vor allem Fleisch, Eier, Fischrogen *). Obenan als gefährlichste Säurebildner stehen Schweinefleisch (überhaupt alles vom Schwein!), Ochsenfleisch, Gänsebraten, alles „dunkle" Fleisch, auch Wild. Helles Fleisch (Kalbfleisch, helles Geflügel) und gekochte Fische sind weniger nachteilig. Als Faustregel kann gelten: Was braun ist, ist nachteilig, was hell ist, ist zuträglich; oder auch, wie die „Regel" von anderer Seite formuliert wurde: Was aus dem Kochtopf kommt, ist besser als das, was gebraten wird.

b) Alles Gebäck aus entmineralisiertem Getreide, insbesondere also unser Weißbrot, Kuchen, Semmeln.

c) Zucker und alle Süßigkeiten.

d) In geringerem Grade sind alle Körnerfrüchte (Weizen, Gerste, Roggen, Reis, Mais, Buchweizen, Hirse) säurebildend, und zwar um so weniger, je mehr das ganze Korn, also mit Schale bzw. Kleie, verarbeitet und genossen wird.

   Als „gefährlich" im Sinne einer biologisch ausgerichteten Ernährung sind noch folgende Gruppen anzusehen:

e) Alle sogenannten scharfen Gewürze: Essig, Pfeffer, Curry, Senf. Unsere deutschen „scharfen" Gewürze und Gemüse sind nicht nur zuträglich, sondern meist sogar biologisch wertvoll, also Rettich, Radieschen, Schnittlauch, Meerrettich, Zwiebel, Estragon, Bohnenkraut, Thymian, Löwenzahn usw.

f) Das Kochsalz in jeder Form, also auch in gesalzenen, gebratenen, geräucherten und gepökelten Speisen (Fleischbrühe!). Sogenannte „Diät-Salze" sind, wenn ihr Kochsalzanteil niedrig ist, zuträglich. Bezüglich der unter der Bezeichnung „Meersalz" im Handel befindlichen Präparate siehe dieses Stichwort im Teil II (Krankheitsverzeichnis).

g) Bohnenkaffee und schwarzer Tee.

Alle Stoffwechselkrankheiten und weitaus die meisten sonstigen Leiden sind auf unrichtige Zusammenstellung der Ernährung, insbesondere auf den Genuß von zuviel säurebildender Kost zurückzuführen. Alle

Säurekrankheiten (Harnsaure Diathese)

erfordern also vor allem eine Umstellung der Ernährung.

*) Das Blut fast aller Tiere (Rind, Kalb, Hammel, Ziege, Schwein) zeigt einen Basen-Überschuß, ist also zuträglich!

Übersäuerungserscheinungen sind insbesondere: Sodbrennen, saures Aufstoßen, Wasserzusammenlaufen im Munde, stark sauer riechender Schweiß; sehr zu Unrecht werden diese und ähnliche kleine „Unpäßlichkeiten” oftmals vernachlässigt und als bedeutungslos betrachtet. Sie sind in allen Fällen ernste Warnungszeichen der Natur! Und wir wissen heute, daß Rheumatismus und Gicht, Podagra und Nierensteine, meistens auch Stuhlverstopfung, Hämorrhoiden, sogar vorzeitige Verkalkung ihre letzte Ursache in den beschriebenen Übersäuerungserscheinungen haben.

Es muß aber hier noch betont werden, daß jede Umstellung der Ernährung nur insoweit vorgenommen werden darf, daß dadurch nicht eine Verminderung der Leistungsfähigkeit oder gar Schwächegefühle eintreten; die Umstellung der Ernährung darf also nicht plötzlich erfolgen, sondern sie muß der besonderen Konstitution des Patienten angepaßt sein (mit Ausnahme von akuten Fällen, wo eine sofortige Änderung sich oft von selbst ergibt).

Nachdem nun so viele Speisen und Getränke als „gesundheitsgefährlich” aufgeführt wurden, wird der interessierte Leser fragen:
„Was soll ich denn nun eigentlich essen?”

1. Zu bevorzugen sind alle grünen Gemüse *), Obst und Salate. Die Salate dürfen aber nicht mit Pfeffer und Essig, sondern nur mit gutem Öl und ganz wenig Zitronensaft (möglichst auch nicht mit Zitronensäure) oder saurer Milch angerichtet werden **).
2. Soweit das Gemüse gekocht (natürlich besser: gedämpft) wird, darf das Kochwasser keinesfalls weggeschüttet werden; es muß mit dem Gemüse verwendet werden, evtl. zu Suppen, Salat-Saucen usw. gebraucht werden.
3. Als Gewürze sollen unsere einheimischen Küchenkräuter Verwendung finden: Zwiebeln, Petersilie, alle Laucharten (Schnittlauch!), Kresse, Dill, Bohnenkraut, Estragon, Thymian, Majoran, Kümmel, Pefferminz usw.
4. Wichtig sind insbesondere die Nüsse in jeder Form ***) (Walnüsse, Haselnüsse, Paranüsse, Mandeln, Pinienkerne). Nüsse enthalten sehr viel

---

*) Aber nicht unsere Konservengemüse, wie etwa die gekupferten Bohnen. Die in neuerer Zeit in den Handel gebrachten Tiefkühlkonserven sind zuträglich.

**) Es ist ja leider so, daß in den billigen Restaurationen jeder Kopfsalat, Kartoffelsalat, Tomatensalat, Gurkensalat, überhaupt jeder Salat, nur nach – Essig, Pfeffer und Salz schmeckt. Man versuche einmal, den wunderbaren Wohlgeschmack eines Kopfsalates oder Feldsalates zu genießen und zu erleben, wenn Essig und Pfeffer weggelassen werden, und wenn die „Würzung” durch Zugabe von Schnittlauch, gehackten „Herz”-blättchen vom Radieschen (ausgezeichnet!) und etwas frischen gehackten Pfefferminzblättern durchgeführt wird.

***) Eine Ausnahme bilden die Erdnüsse, besonders in geröstetem Zustand, die stark säurebildend wirken; auch soll aus dem gleichen Grunde Erdnußöl nicht oder nur sparsam verwendet werden.

Fett, sie sind also besonders geeignet zur Vermeidung des bei Einschränkung des Fleischgenusses manchmal auftretenden Hungergefühls. Die Nüsse müssen aber richtig gegessen werden, sie müssen nämlich so lange und so gründlich gekaut werden, bis ein richtiger Brei im Munde entsteht.

5. Kartoffeln sind vorzüglich. Sie sollen aber stets nur in der Schale gekocht werden.

6. Als Getränke: Deutscher Tee, Fruchtsäfte, Obstsäfte, Buttermilch.

Zu der Frage des Vegetarismus soll hier nicht Stellung genommen werden; Tatsache ist, daß für den gesamten Organismus eine gemischte Kost, wenn sie unter biologischen Gesichtspunkten zusammengestellt ist, durchaus zuträglich und wertvoll ist. In einigen schweren Erkrankungsfällen freilich ist der vollständige Verzicht unerläßlich; diese Fälle sind im Krankheitsverzeichnis (Teil II) besonders hervorgehoben.

Was wir anstreben, ist eine vernünftige Regelung der Ernährung; die richtige Ernährung schafft Ausgleich gegen leichte Ernährungssünden (Diätfehler) von selbst.

Und hier spielen noch einige weitere Momente herein: Jede, selbst die biologisch vollwertigste Kost ist absolut nutzlos, wertlos und liegt wie Blei im Magen, wenn sie

a) nicht „schmeckt",
b) nicht richtig gekaut wird.

Wir müssen also dafür sorgen, daß auch die Geschmacksnerven, die den Speichelfluß und die Absonderung des Magensaftes anregen, und damit wirklich erst die Verwertung der Nahrung für den Körper ermöglichen, auf ihre Rechnung kommen. Dazu gehört vor allem,

a) daß die Speisen in einer appetitlichen und ansprechenden reizvollen Form dargeboten werden,

b) daß die Gewürze mit Sinn und Geschmack ausgewählt werden,

c) daß der Hungrige auch seinen geschmacklichen Wünschen in gewissem Sinne nachkommt,

d) daß alle Speisen gut gekaut und nur sehr langsam und in kleinen Bissen den Mund und den Schlund passieren sollen. Denn die Verdauung beginnt nicht erst im Magen, sondern schon im Mund, wo die Speisen nicht nur gut eingespeichelt, sondern auch richtig vorverdaut werden müssen. Eine chronische Verstopfung hat oft ihre Ursache im „Schlingen" und zu hastigem Essen!

e) Auch das „heiße" oder zu „kalte" Essen und Trinken hat schon viele chronische Leiden nach sich gezogen.

Als Grundregel für die Anwendung einer wirklich einwandfreien, allen biologischen Erfordernissen entsprechenden Kost soll die „Faustregel" gelten, die der große Physiologe und Ernährungswissenschaftler Dr. Ragnar Berg wie folgt formuliert hat:

a) „Man esse fünf- bis siebenmal so viel Kartoffeln, Wurzeln, Gemüse und Früchte, wie alle anderen Nahrungsmittel zusammen.

b) „Man esse einen Teil der Vegetabilien täglich roh und verzehre nicht mehr als höchstens einen halben Liter Milch täglich." *)

Besonders wichtig ist es, darauf hinzuweisen, daß alle vegetarische Kost, jede Umstellung der Ernährung, nur dann ihren Zweck erfüllt, wenn ein großer Teil der Nahrung, worauf in der vorstehenden Faustregel bereits aufmerksam gemacht worden ist, in Form der Rohkost genossen wird.

Wir möchten in diesem Zusammenhang auch auf die Arbeiten von Dr. J. G. Schnitzer hinweisen, der sich in hervorragender Weise mit dem Problem der Gesund- und Vitalkost beschäftigt hat. Auch Dr. med. O. Bruker darf nicht unerwähnt bleiben.

Zum Thema einer gesunden Ernährung gehört in den letzten Jahren verstärkt das Eingehen auf die künstliche Düngung und das Problem der Bodenverseuchung sowie die Verschmutzung des Wassers durch die Industrie und auch durch den Haushalt!

Hier bietet z. B. Prof. Seifert eine echte Alternative an.

---

*) Zu dieser Faustregel möchte ich persönlich zwei Bemerkungen anbringen:

1. Siebenmal soviel Kartoffeln, Wurzeln, Gemüse, Früchte, wie alle anderen Nahrungsmittel zusammen, ist wohl etwas sehr viel gesagt, namentlich wenn wir bedenken, daß in vielen Teilen Deutschlands der Brotkonsum ziemlich stark ist.

2. Die Forderung: „Man verzehre nicht mehr als höchstens einen halben Liter Milch täglich" hat nicht etwa die Bedeutung, als wenn die Milch nachteilig wäre, sondern die Forderung hat vielmehr die Bedeutung, daß nicht durch zuviel Milchaufnahme ein Zuwenig an den übrigen basenreichen Nahrungsmitteln eintritt. Denn die Milch ist, wie bekannt, verhältnismäßig reich an Wasser, so daß eigentlich u. a. bei der gewichtsmäßigen Bestimmung des Verhältnisses die Milch einen Unsicherheitsfaktor bzw. einen Faktor falscher Berechnung in die Ermittlung der Gesamtnahrungsaufnahme hineinbringt.

Im übrigen noch einen Gedanken: „Man sei nicht allzu ängstlich! Wir haben solange und so viele Generationen hindurch „gesündigt", daß die Natur erfahrungsgemäß schon auf eine mäßige Umstellung der Ernährung im Sinne der obigen Faustregel mit gesteigertem Wohlbefinden und dem Gefühl innerer Befreiung antwortet.

Dr. F. Vester sagt: So ist es in der Tat die Verletzung des . . . biologischen Gleichgewichts der Biosphäre, eine Verletzung, die uns Menschen plötzlich vor fast unüberwindliche finanzielle und organisatorische Schwierigkeiten gestellt hat und die uns dessen Existenz nunmehr auf recht schmerzliche Weise bewußt macht.

Im Rahmen dieses Buches kann auf dieses ungeheure wichtige Gebiet nicht näher eingegangen werden, aber unsere Leser sollten sich täglich mit den Fragen der Umweltvernichtung befassen.

TEIL II

Die Anwendung

Gebrauchsanweisung in Stichworten

1. Niemals mehrere Mittel mischen, stets im Wechsel einnehmen.
2. Langsam im Munde zergehen lassen.
3. ½ Stunde vor dem Essen einnehmen.
4. Säugling und Kleinkind:

   Brustkinder: Die Mutter nimmt dic biochemischen Mittel ein;

   Flaschenkinder: Pastillen zerquetschen und in der Flaschennahrung auflösen.

   Bei Verweigerung der Nahrungsaufnahme: Die zerquetschten Pastillen auf die Innenseite der Wangen streichen.
5. Bei akuten Krankheiten häufiges Einnehmen (etwa im Abstand von 10 Minuten 2 Pastillen).

   Bei chronischen Krankheiten 1 x stündlich bis 3 x täglich.

Der Begriff „Hauptmittel" im Krankheitsverzeichnis:

Dieser Begriff hat doppelte Bedeutung,

a) er besagt, daß das als Hauptmittel bezeichnete Mittel in jedem Fall gegeben werden muß.

b) Es besagt ferner, daß das Hauptmittel in den Fällen, wo mehrere Mittel angegeben sind, nach Möglichkeit häufiger als die anderen eingenommen wird.

Krankheitsverzeichnis

mit biochemischen Rezepten, biochemischen Vorschriften und sonstigen Hinweisen

Vorbemerkungen:

Wenn im nachstehenden Krankheitsverzeichnis wiederholt der Hinweis

„Ärztliche Beratung erforderlich"

oder eine ähnliche Bemerkung gemacht ist, so hat dies n i c h t die Bedeutung, daß etwa der Arzt dem Patienten ein biochemisches Rezept ausstellen soll. Dieser Hinweis hat nur folgende Bedeutungen:

1. Es ist dem Laien unmöglich, eine zutreffende Diagnose zu stellen; dies ist Aufgabe des Arztes oder Heilpraktikers.
2. In weiteren Fällen ist es unerläßlich, daß der Behandler den Heilungsverlauf, bzw. die „Reaktion" des Patienten auf die angeordneten Maßnahmen, bzw. auf die verordneten Mittel beobachtet.

---

aa = ana = zu gleichen Teilen, geschrieben: aa, in ärztlichen Rezepten.

Abasie (Dysbasie): Unfähigkeit zu gehen bei an sich ungestörter Muskelkraft. Oftmals trippelnde, tänzelnde Bewegungen. Tritt häufig im Zusammenhang mit allgemeiner Hysterie auf. Die biochemische Behandlung muß sich nach der Ursache (bei hysterischer Grundlage: Psychotherapeutische Behandlung!) richten. Siehe Stichworte „Hysterie", „Wadenschmerzen" und „Konstitution".

Abbau-Erscheinungen (am Nervensystem, an Knochen, Gelenken, an inneren Organen) können weitgehend zurückgedrängt werden durch eine naturgemäße Lebensführung, insbesondere durch eine nach biologischen Gesichtspunkten ausgewählte Nahrung. Viel frische Luft, Atemgymnastik, ausreichender Schlaf!

Abdomen: Bauch, Unterleib.

Abdominaltyphus, Unterleibstyphus: Siehe „Typhus".

Abendliche Verschlimmerung: Stets kal. sulf. zu den sonst in Betracht kommenden Mitteln dazu nehmen.

Abführmittel im eigentlichen Sinn kennt die Biochemie nicht. Die medizinische Wissenschaft unterscheidet nach der Stärke der Wirkung: Milde Abführmittel (Aperitiva), mittelstarke (Laxantia) und starke (Drastika). Das biologisch-biochemische Problem geht dahin, nicht eine gewaltsame Entleerung des Darmes herbeizuführen, sondern seine Funktionstüchtigkeit zu stärken. Näheres siehe beim Stichwort „Stuhlverstopfung".

Ablagerungen, die sich hart anfühlen und schmerzhaft, insbesondere auch druckempfindlich sind, sind meistens gichtischer Natur, stellen also Ablagerungen von harnsauren Kristallen dar. Es kommen die beiden Mittel silicea und natr. phos. in Frage: Silicea löst die Harnsäure auf und natr. phos. hält sie im Körper in Lösung. Gegen die Schmerzen hilft ausgezeichnet das Nervenöl *). Im übrigen siehe Stichworte „Gelenkgicht", „Harnsäure".

Ableitung: Der Ableitung, Ausscheidung von Fremdstoffen, Abfallstoffen, Giftstoffen (Arzneigiften!) durch die Ausscheidungsorgane Leber, Galle, Nieren, Darm, kommt für die Gesundung eine außerordentlich große Bedeutung zu. Das allgemeine „Ausscheidungsmittel" der Biochemie ist natr. sulf.

Abmagerung: Calc. phos. und natr. mur. Bei Abmagerung der Bindegewebe: Sil. und natr. phos. Bei Verdacht auf Tuberkulose oder Zuckerkrankheit unbedingt ärztliche Beratung.
Wenn Abmagerung auf nervöser Basis beruht, siehe Stichworte „Nervenleiden" und „Magenleiden".

Abschuppung der Haut: Wenn drittes (letztes) Stadium einer Infektionskrankheit: Kal. sulf. und zur äußerlichen Behandlung biochemische Coldcreme calc. fluor. Siehe im übrigen Stichwort „Absonderungen".

Absenzen: Kurzdauernde (Sekunden bis wenige Minuten) Zustände von Bewußtlosigkeit, bei denen die Kranken „wegbleiben". Bei Kindern und Jugendlichen ein Symptom der Pyknolepsie, siehe dieses Stichwort.
Beim gleichzeitigen Auftreten starker Krampfanfälle: Anzeichen von Epilepsie, siehe dieses Stichwort.

---

*) vgl. Vorwort zur V. Auflage

Absonderungen treten besonders auf als Zungenbelag (sehr wichtig!), Ausfluß aus Nase, Mund, Ohr usw., als Auswurf, Pickel, Hautunreinheiten usw. Bei allen krankhaften Absonderungen erforderlich: Blutreinigungstee *) und Ernährungsvorschriften I, evtl. II **).

Weiße, weißgraue Absonderungen: Kal. chlor.
Wässerig, glasig, scharfmachend, ätzend: Natr. mur.
Glasig, mild, wie rohes Eiweiß: Calc. phos. Gelbschleimig, mild: Kal. sulf. (Mittelohreiterung!).
Eitrig, dick, gelb, rahmartig: Sil. und natr. phos.
Grünlich-gelb, oft verbunden mit bitterem Mundgeschmack: Natr. sulf.
Schmierig-jauchig, stinkend: Kal. phos.

Abszeß: Am Anfang sofort alle 10 Minuten abwechselnd 1 Tabl. ferr. phos. und kal. phos. Bei Eintritt der Eiterbildung: Sil. und natr. phos. Bei grünlichem Eiter: Natr. sulf. Bei hohem Fieber, Blutvergiftung: Kal. phos. Biologisch: Täglich mindestens zweimal heiße Dauerbäder von 40 bis 45°, je 1 Stunde lang, unter Zusatz von Schmierseife. Stets das ganze Glied, nicht nur die erkrankte Stelle baden!

Bei Verschlimmerung selbstverständlich sofort ärztliche Beratung!
Nach Abheilung (zur Erzielung einer weichen Vernarbung) monatelang calc. fluor., innerlich und äußerlich (als biochemische Coldcreme).

Acholie: Mangelhafte Gallenbildung, unterbrochene Gallensekretion. Die Ursache liegt meistens in einer Lebererkrankung, daher ist bei diesen Stichworten nachzusehen. Hauptmittel sind in jedem Falle kal. sulf. und natr. sulf.

Achselschweiß: Siehe „Fußschweiß".

Achylie: Magensaftmangel, heute meist gebraucht für Salzsäuremangel: Natr. mur. In der Ernährung „Säurelocker" bevorzugen. Siehe Stichwort „Säure".

Acidosis: Siehe „Azidose".

Addison'sche Krankheit (Bronzekrankheit): Ursache: Insuffizienz der Nebennieren. Biochemisch: Calc. phos. und natr. sulf. Dazu die durch etwaige Begleiterscheinungen (Durchfälle, Verdauungsstörungen usw.) bedingten Mittel. Ernährungsvorschriften I **).

---

*) vgl. Vorwort zur V. Auflage
**) Ernährungsvorschriften siehe Seite 323 ff.

Adenitis: Siehe „Drüsenschwellungen, entzündliche".

Adenom: Gutartige Drüsengeschwulst, fachmännische Untersuchung erforderlich. Die biochemischen Mittel sind dieselben wie bei Drüsenschwellung.

Aderverengung: Behandlung wie bei Aderverkalkung.

Aderverkalkung (Arteriosklerose), Adererweiterung (Aneurysma):
Die Aderverkalkung ist ein Abbau-Prozeß des menschlichen Organismus. Die Ursachen sind im Zusammenwirken verschiedener ungünstiger Umstände zu erblicken: Unrichtige Ernährung, unrichtige Lebensweise, Überarbeitung, Mißbrauch von Genußgiften, nervliche Belastungen, Hast und Unruhe der beruflichen Tätigkeit, Zerstörung des naturgegebenen Dreiklanges „Arbeit, Erholung, Schlaf" usw.

Sind die Symptome der Aderverkalkung einmal einwandfrei durch den Arzt festgestellt, so kann eine Rückgängigmachung dieses Abbau-Prozesses nur in den leichtesten Fällen und im Anfangsstadium erwartet werden. Die biochemischen Verordnungen bezwecken vor allem, ein weiteres Fortschreiten dieser Zivilisationskrankheit zu verhindern.

Das nachstehende biochemische Rezept gründet sich auf eine tausendfache Erfahrung; insbesondere wird hierdurch eine Herabminderung des Bluthochdrucks erzielt:

Montag:	Calc. fluor.	Freitag:	Magn. phos.
Dienstag:	Calc. phos.	Sonnabend:	Calc. fluor.
Mittwoch:	Sil.	Sonntag:	Calc. phos.
Donnerstag:	Ferr. phos.		

Im vorstehenden Rezept sind calc. fluor. und calc. phos. die beiden wichtigsten Mittel: Calc. fluor. soll die Elastisierung der (verhärteten) Gefäßwandungen bewirken, calc. phos. stärkt den allgemeinen Blutzustand. Die in der Wochenmitte stehenden drei Mittel können je nach Lage des Falles variiert werden, z. B.:

Bei Empfindlichkeit gegen Witterungsumschlag, bei gleichzeitigen Leber- oder Nierenbeschwerden: Natr. sulf. und magn. phos. und natr. sulf.; oder:

Bei hochgradiger Nervosität:
Magn. phos. und ferr. phos. und magn. phos.
Bei Verschlimmerung der Beschwerden gegen Abend:
Kal. sulf. und magn. phos. und kal. sulf.
Bei bestehender Übersäuerung: Natr. phos.

Bei Neigung zu Schleimhautaffektionen (Katarrhen):
Kal. chlor. und kal. sulf.
Bei chronischer Stuhlverstopfung: Natr. phos. und natr. sulf.
Bei asthmatischen Beschwerden: Kal. sulf. (am Mittwoch).

Achtung: Kal. phos. soll, wenn der Blutdruck stark erhöht ist, wegbleiben, da es blutdrucksteigend wirkt.
Einnehmevorschriften: Täglich 5 x 3 Tabletten (alle drei Stunden), nüchtern oder ½ Stunde vor dem Essen langsam im Munde zergehen lassen.

Sehr wichtig: Vermeidung von Aufregungen und Überanstrengungen geistiger, seelischer und körperlicher Art; regelmäßiger leichter Stuhlgang! Unbedingt und streng: Ernährungsvorschriften I *).

Adipositas: Fettsucht, siehe Stichwort „Fettleibigkeit".

Adoleszentenkyphose: Sogenannte Scheuermann'sche Krankheit.
Meist im heranwachsenden Alter (12.–16. Lebensjahr) auftretend, der sogenannte Rundrücken der Jugendlichen. Ursache sind oftmals Bandscheibenveränderungen. Biochemisch: Calc. fluor., calc. phos. und natr. mur.
Biologisch: leichte Gymnastik nach fachmännischer Anordnung.

Ägyptische Augenentzündung: Siehe „Trachom".

Ätiologie: Lehre von den Krankheitsursachen.

Afterentzündung: Nach der Ursache zu behandeln. Siehe Stichworte „Hämorrhoiden", „Stuhlverstopfung". Wenn Ursache mechanische Reizung (Scheuern der Wäsche): Ferr. phos. innerlich und zur Einreibung die biochemische Coldcreme ferr. phos. Wenn Juckreiz und Kratzen die Ursache: Siehe Stichwort „Afterjucken".

Wenn Aftervorfall die Ursache: Siehe Stichwort „Mastdarmvorfall".
In allen Fällen Kochsalz absetzen und gesalzene und geräucherte Speisen vermeiden. Zum Würzen nur „R"-Salz **) verwenden.

Afterfisteln: Sil., natr. phos. und calc. fluor. (Ergänzungsmittel: Calc. sulf.) Stets Blutreinigungstee **) und Ernährungsvorschriften II *).

---

*) Ernährungsvorschriften siehe Seite 323 ff.
**) vgl. Vorwort zur V. Auflage

Afterjucken: Je nach der Ursache zu behandeln:

Wenn nervös: Kal. phos., dazu biochemische Coldcreme kal. phos. oder sil. zur Einreibung, und Nerventee *). Ernährungsvorschriften II **).

Wenn Würmer die Ursache: Kal. chlor., natr. mur. und natr. phos. Biochemische Coldcreme natr. mur. In hartnäckigen Fällen siehe Rezept beim Stichwort „Wurmleiden". Ernährungsvorschriften II **).

Wenn Hämorrhoiden die Ursache: Calc. fluor., sil. und ferr. phos., alle auch äußerlich als biochemische Coldcreme. Dazu Spezialmittel Hämosan *). Ernährungsvorschriften II **).

Afterrisse (Afterfissuren):

Falls in Verbindung mit Hämorrhoiden: Calc. fluor. und Spezialmittel Hämosan *).

Bei hartem, krümeligem Stuhl: Natr. mur.

Äußerlich stets biochemische Coldcreme calc. fluor. und ferr. phos.

Ernährungsvorschriften II **). (Viel Obst und Vollkornbrot!)

Aftervorfall: Siehe „Mastdarmvorfall".

Agoraphobie: Siehe „Platzangst" und „Nervenleiden", Ziff. 4 (Nervenschwäche).

Akne: Siehe „Mitesser".

Albuminurie: Siehe Stichwort „Eiweißharnen".

Allergie: Veränderte Reaktionsfähigkeit, Überempfindlichkeit gegen gewisse Stoffe. Wird dieselbe krankhaft, so bezeichnet man sie als Idiosynkrasie (z. B. Heuschnupfen, Primelkrankheit): Auftreten von Kribbeln oder Hautausschlägen nach dem Genuß von Erdbeeren, Tomaten, Gurken, Krebsen, auch bei bestimmten Arzneimitteln. Ursache abstellen bzw. vermeiden. Die biochemische Behandlung richtet sich nach der „Konstitution" (siehe dieses Stichwort). In jedem Falle empfiehlt es sich, natr. sulf. zur Ausscheidung der unverträglichen Stoffe einzuschalten.

Alopecia: Siehe Stichwort „Haarausfall".

Allopathie: „Heilmethode der Schulmediziner".

---

*) vgl. Vorwort zur V. Auflage
**) Ernährungsvorschriften siehe Seite 323 ff.

Alpdrücken: Kal. phos. und magn. phos., sowie Nerventee *).

Falls Verstopfung die Ursache: Zusätzlich ferr. phos. und natr. phos. Siehe auch Stichwort „Stuhlverstopfung".

Altersstar: Grauer Star, Katarakt, siehe „Augenkrankheiten" Ziff. 13.

Amblyopie: Sehschwäche, siehe „Augenkrankheiten" Ziff. 7.

Ameisenkriechen (Kribbelkrankheit):

Bei Blutarmen: Calc. phos. und natr. mur.

Bei Nervosität: Kal. phos. und sil., sowie Nerventee *).

Bei Kreislaufstörungen: Kal. phos und kal. sulf., sowie Herztee *) und Herztropfen *).

In allen Fällen: Ernährungsvorschriften II **).

Amenorrhoe: Fehlen bzw. Ausbleiben der Menstruation. Normal: Vor der Geschlechtsreife, während der Schwangerschaft und im Klimakterium. Wenn krankhaft, nach der Ursache zu behandeln, z. B. Blutarmut, Tuberkulose, Infektionskrankheiten, Unterleibskrankheiten, seelische Erschütterungen.

Amöbenruhr: Siehe Stichwort „Ruhr".

Anämie: Siehe „Blutarmut".

Anatomie: Die Lehre von dem Bau der Körperteile.

Anazidität: Fehlen bzw. Mangel an freier Salzsäure im Magensaft: Natr. mur. In der Ernährung „Säurelocker" bevorzugen. Siehe Stichwort „Säure".

Aneurysma (Adererweiterung): Behandlung wie bei „Aderverkalkung" angegeben.

Angina: Siehe „Halsentzündung".

Angina pectoris (Herzbräune): Siehe „Herzleiden", Ziff. 4.

Angina tonsillaris: Siehe „Mandelabszeß".

Angstgefühle (Platzangst): Kal. phos., magn. phos., ferr. phos., letzteres insbesondere bei Blutandrang zum Kopf. Dazu Nerventee *). Ernährungsvorschriften II **).

---

*) vgl. Vorwort zur V. Auflage
**) Ernährungsvorschriften siehe Seite 323 ff.

Anschwellung der Gelenke:

Wenn Gicht die Ursache: Sil. und natr. phos., bei Schmerzen dazu: Ferr. phos. Ferner biochemisches Nervenöl *) zur Einreibung und Rheumatee *).

Bei wassersüchtigen Schwellungen: Calc. phos., natr. mur., natr. phos., natr. sulf. (Letzteres als „Hauptmittel"!). Dazu Blasen- und Nierentee *).

Biologisch: In allen Fällen: Wenig Flüssigkeit! Ernährungsvorschriften II **).

Anschwellung der Schilddrüse: Siehe „Kropf".

Antibiotika (vom Griechischen „anti" = „gegen" und „bios" = „das Leben") sind Mittel, die das Leben (von Bakterien) vernichten. Der bekannte Forscher Czetsch-Lindenwald sagt: „Ein Antibiotikum ist eine von lebenden Zellen gebildete, einheitlich chemische Substanz oder deren synthetisches Nachahmungsprodukt (oder Derivat), das in kleinsten Dosen in der Lage ist, bestimmte pflanzliche oder tierische Kleinlebewesen in ihrer Entwicklung zu hemmen oder zu vernichten." Am bekanntesten: Penicillin und Streptomycin. In der Literatur wird vor der kritiklosen Anwendung wegen der auftretenden Schadigungen, besonders auch bei Streptomycin, gewarnt. Auch ist nachgewiesen, daß die meisten Bakterienstämme bei häufiger Anwendung eines bestimmten Antibiotikums gegen dieses „resistent" (widerstandsfähig) werden.

Anurie (fehlende Harnabsonderung): Nach dem Grundleiden zu behandeln, z. B. Versagen der Herzkraft, Nierenentzündung, Nierensteine usw. In allen Fällen das „Nierenmittel" natr. sulf. und Blasen- und Nierentee *).

Biologisch: Ernährungsvorschriften II **).

Aorta: Hauptschlagader.

Aorteninsuffizienz: Schlußunfähigkeit der Klappen zwischen Herz und Hauptschlagader. Fachmännische Beratung erforderlich. Hauptmittel: Ferr. phos. und kal. phos. zur Stärkung des Muskels. Dazu die beim Stichwort „Herzleiden", Ziff. 7 (Herzerweiterung) angegebenen Mittel.

Biologisch: Sehr wenig Flüssigkeit, salzarme bzw. salzfreie Kost; „R"-Salz *) in geringer Menge ist erlaubt. Im übrigen Ernährungsvorschriften II **).

---

*) vgl. Vorwort zur V. Auflage
**) Ernährungsvorschriften siehe Seite 323 ff.

Aortensklerose: Arteriosklerose der Hauptschlagader. Behandlung wie bei „Aderverkalkung" angegeben.

Aortenstenose: Verengung der Hauptschlagader. Behandlung wie bei Aderverkalkung.

Aortitis: Entzündung der Körperschlagader. Zu behandeln wie beim Stichwort „Herzleiden", Ziff. 6 (Herzentzündung) angegeben.

Apathie (Teilnahmslosigkeit, Gleichgültigkeit): Kal. phos. und natr. mur.

Aphthen: Siehe „Mundentzündung, aphthöse".

Apoplexie (Gehirnschlag, Schlaganfall): Behandlung wie bei „Aderverkalkung" angegeben.

Appendicitis: Siehe „Blinddarmentzündung".

Appetitlosigkeit: Stets nach der Ursache und nach der „Konstitution" (siehe dieses Stichwort) zu behandeln.

Bei Nervosität: Kal. phos. und magn. phos, dazu Magentee *).

Bei Blutarmut und sonstiger Schwäche: Calc. phos. und natr. mur.

Bei Druckempfindlichkeit auf die Magengegend: Ferr. phos.

Bei Speichelfluß oder Trockenheit der Zunge, Durstgefühl: Natr. mur.

Bei Schleimerbrechen: Wenn zäh, fadenziehend: Kal. chlor.,
wenn glasig, evtl. salzig schmeckend: Natr. mur.,
wenn gallig bitter: Natr. sulf., dazu Leber- und Gallentee *), sowie Leber- und Galletropfen *),
bei krampfhaftem Auswürgen: Magn. phos.

Bei Windestauungen, Blähungen, krampfartigen Schmerzen mit Erleichterung beim Zusammenkrümmen: Magn. phos.

Bei Säureüberschuß, saurem Aufstoßen: Natr. phos., dazu Magenpulver Stomac *), Magentropfen *).

In allen Fällen empfiehlt es sich, den Magentee *) kurmäßig anzuwenden.

Arndt, Rudolf (gest. 1900) hat zusammen mit Hugo Schulz das nach ihnen benannte „Biologische Grundgesetz" (siehe dieses!) formuliert.

---

*) vgl. Vorwort zur V. Auflage

Aryhthmie: (zeitlich unregelmäßige Herztätigkeit): Unter allen Umständen genaue ärztliche Feststellung erforderlich! Zur Beruhigung dient calc. phos.
Falls Kreislaufstörungen vorliegen, siehe diese Stichwort!
Unter allen Umständen Ernährungsvorschriften II, in schweren Fällen I *).

Arteriitis: Entzündung der Körperschlagadern. Ärztliche Behandlung ist unbedingt erforderlich. Biochemisch: Ferr. phos. und cal. fluor. abwechselnd in sehr häufigen Gaben. Ernährungsvorschriften I *).

Arteriosklerose, Arterienverkalkung: Siehe „Aderverkalkung".

Arthritis: Siehe „Gelenkentzündung" und „Gelenkgicht".

Arthrosis deformans: Gelenkleiden mit Entartungserscheinungen an Knorpel und Knochen, mit Schwund- und zum Teil Wucherungserscheinungen. Typische Abnutzungserscheinungen unseres heutigen Zeitalters.

Biochemisch: Calc. fluor., calc. phos., natr. mur., Rheumatee **) (Zur Ausscheidung von Harnsäure und sonstigen Abfallstoffen).

Biologisch: Ernährungsvorschriften II *). Leichte Gymnastik nur nach Befragen eines Fachmannes.
Ausführliche Angaben mit Rezepten stehen beim Stichwort „Bandscheibenerkrankungen".

Ascariden (Spulwürmer): Siehe „Wurmleiden".

Ascites: Siehe „Bauchwassersucht".

Asthma (Brustkrampf): Hauptmittel: Kal. phos., kal. sulf. und magn. phos., dazu Brusttee ** und Asthmatropfen **, diese insbesondere bei drohendem Anfall.

Dazu:

Bei zähem, schwerlöslichem Schleimauswurf: Kal. chlor.
Bei Auswurf kleiner gelblicher Schleimklümpchen, auch bei Zusammenschnürungsgefühl im Kehlkopf: Calc. fluor.
Bei durchsichtigem, blasigem Schleim: Natr. mur.
Bei Skrofulose, Rachitis, unruhigem Herzschlag: Calc. phos. und natr. mur.
Bei nächtlichen Anfällen besonders kal. arsen. (Ergänzungsmittel).

---

*) Ernährungsvorschriften siehe Seite 323 ff.
**) vgl. Vorwort zur V. Auflage

Als Zwischenmittel sil. und kal. jod. (Ergänzungsmittel).

Unter allen Umständen Ernährungsvorschriften II, besser I *).

Bei der Behandlung des Asthmas ist viel Geduld erforderlich!

Tägliche Atemübungen mit Bevorzugung der Ausatmung. Siehe nachstehendes Stichwort.

Atemgymnastik: Die Atemgymnastik ist ein ganz ausgezeichnetes Gesundungsmittel, insbesondere bei allen Affektionen der Luftwege (bei Lungentuberkulose nur nach Befragen des Arztes), bei Herz- und Nervenleiden.

Die Atemgymnastik wird in der Weise durchgeführt, daß man tief durch die Nase einatmet unter Vorwölbung des Unterleibs, die eingeatmete Luft dann 2–3 Sekunden festhält und hierauf ganz langsam durch den Mund ausatmet, wobei deutlich der Buchstabe „H" vernehmbar sein muß. Beim Ausatmen kann man den Oberkörper leicht nach vorn neigen und den Unterleib durch sanften Druck etwas einpressen. Nach vollständigem Ausatmen ebenfalls wieder 2–3 Sekunden stillhalten und dann wieder ganz langsam durch die Nase einatmen. Sowohl beim Einatmen als auch beim Ausatmen macht man am besten während der Prozedur 2–3 Pausen von etwa 2 Sekunden. Besonders wichtig ist ein vollständiges Ausatmen.

Selbstverständlich muß die Atemgymnastik durchgeführt werden unter vollständiger Entspannung (Gürtel, beengende Kleidungsstücke lösen) und unbedingt in frischer, staubfreier Luft. Am besten wird sie morgens und abends durchgeführt.

Nähere Angaben finden sich in Spezialwerken, über die jede gute Buchhandlung Auskunft gibt.

Atemnot: Siehe „Asthma".

Atherom (Grützbeutel): Siehe „Balggeschwulst".

Atrophie: Organschwund durch Degeneration. Die Ursachen können verschieden sein (angeboren, Entzündungen, innersekretorische Störungen usw.). Die biochemische Behandlung bestimmt sich je nach der Ursache.

Aufblähung des Magens: Siehe „Blähungen", „Appetitlosigkeit", „Magenleiden".

---

*) Ernährungsvorschriften siehe Seite 323 ff.

Aufstoßen: Wenn sauer: Natr. phos., Magentee *) und Stomac *), sowie Magentropfen *).

Wenn bitter: Natr. sulf. und Leber- und Gallentee *), sowie Leber- und Galletropfen*).

Wenn Blähungen die Ursache: Magn. phos., Magentee *) und Magenpulver Stomac *).

Bei Aufstoßen mit Wasserzusammenlaufen im Munde: Natr. mur.
Bei Aufstoßen unverdauter Speiseteile: Ferr. phos.

Biologisch: Ernährungsvorschriften II **).

Augenleiden: Alle schweren Augenleiden gehören unbedingt in die Hand des Fachmannes. Biologisch ist zu sagen, daß alle Genußgifte streng zu meiden sind und die Herbeiführung eines leichten regelmäßigen Stuhlganges besonders wichtig ist. Bei allen Augenleiden, auch bei leichteren, Ernährungsvorschriften II, evtl. zwischendurch I **).

1. **Augenbindehautentzündung (Conjunktivitis catarrhalis, Bindehautkatarrh):** Im ersten Stadium: Ferr. phos.
Im übrigen nach den Absonderungen zu behandeln (siehe dieses Stichwort).

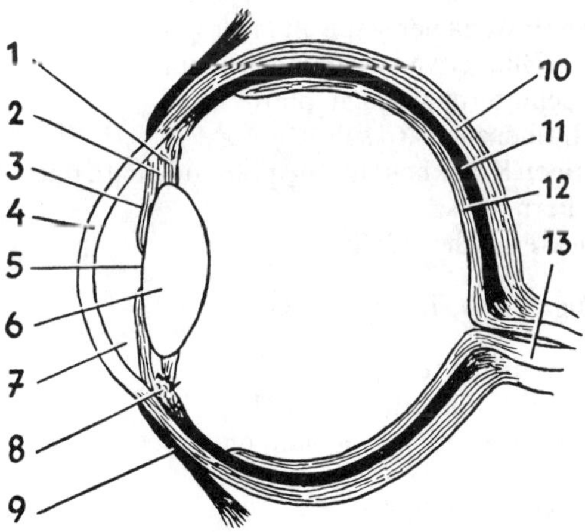

Augendurchschnitt

1 Aufhängeband der Linse
2 Hintere Augenkammer
3 Regenbogenhaut
4 Hornhaut
5 Pupille
6 Linse
7 Vordere Augenkammer
8 Ciliarkörper
9 Augenmuskel
10 Lederhaut
11 Aderhaut
12 Netzhaut
13 Sehnerv

Die innere weiße Fläche im obigen Bild enthält den Glaskörper

---

*) vgl. Vorwort zur V. Auflage
**) Ernährungsvorschriften siehe Seite 323 ff.

2. **Augenjucken:** Magn. phos.

3. **Augenlidentzündung (Blepharitis ciliaris, Haarzwiebelentzündung):** Bei weißen Schuppen: Kal. chlor.
   Bei gelben eitrigen Krusten: Sil. und natr. phos.
   Bei hitziger Entzündung (meist akut): Ferr. phos. sehr häufig.

4. **Augenlidgeschwulst:** Calc. fluor., innerlich und äußerlich, letzteres in Form der biochemischen Coldcreme calc. fluor.

5. **Augenschmerzen:** Wenn nervös, stechend: Magn. phos.
   Wenn gichtisch oder rheumatisch: Sil. und natr. phos.
   Bei Blutandrang zum Kopf (wenn akut): Sehr häufig ferr. phos.
   Bei Lichtscheu (überreizte Nerven): Sil., natr. phos. und kal. phos.
   Zucken der Augenlider: Natr. phos. und sil., evtl. nur kal. phos.
   „Augenschmerzen" haben häufig eine bestimmte anderweitige Ursache, diese muß natürlich ebenso wie die „Konstitution" (siehe dieses Stichwort) in erster Linie berücksichtigt werden.
   Abnehmende Sehschärfe: Augenarzt aufsuchen!

6. **Schwäche und Lähmung der Augenlidmuskeln** (die oberen Lider fallen herab): Kal. phos., magn. phos. und ferr. phos.

7. **Augenschwäche (Sehschwäche):** Wenn nervös: Kal. phos.
   Wenn hydrämisch (infolge von Blutverwässerung): Natr. mur.
   Bei Auftreten nach Gehirnerschütterung: Magn. phos.
   Bei Auftreten nach Grippe, Influenza: Natr. sulf.
   Bei Auftreten nach hochfiebrigen Krankheiten: Kal. phos. und natr. mur.
   Bei Augenmuskelschwäche: Ferr. phos.
   Bei Auftreten nach unterdrücktem Schweiß: Sil.

8. **Ägyptische Augenentzündung:** Siehe „Trachom".

9. **Gerstenkorn:** Am Anfang: Sehr häufig ferr. phos.,
   später in zweistündlichem Wechsel: Calc. fluor. und sil.
   Auf skrofulöser Grundlage: Sil., calc. phos. und natr. phos.

10. **Hagelkorn:** Behandlung wie bei Gerstenkorn.

11. **Hornhautentzündung (Keratitis):** Ärztliche Beratung erforderlich! Am Anfang sehr häufig ferr. phos. Später nach den Absonderungen zu behandeln (siehe dieses Stichwort). Besonders wichtig: Wenn Lichtscheu besteht: Kal. phos. Bei zurückbleibenden Narben: Calc. fluor.

Biologisch: Ernährungsvorschriften II, besser I *). Graue Schutzbrille!
Augendampfbäder mit Kamillen- und Fencheltee.

12. **Regenbogenhautentzündung (Iritis):** Sil., kal. chlor., natr. mur. Weitere Mittel bestimmen sich nach den „Absonderungen" (siehe dieses Stichwort). Auch hier ist ärztliche Beratung unerläßlich!

13. **Grauer Star (Katarakt):** Fachmännische Behandlung! Morgens: Calc. fluor., abends sil., am Tage in zweistündlichem Wechsel kal. chlor. und natr. mur. Staroperationen werden heute äußerst erfolgreich durchgeführt. In der Vor- und Nachbehandlung vorstehende biochemische Mittel.

14. **Grüner Star (Glaukom):** Fachmännische Beratung erforderlich!
Morgens: Calc. fluor., abends: Sil., am Tage: Calc. phos. und natr. mur. in zweistündlichem Wechsel.
Bei grünem Star wird in jedem Fall zur Operation geraten.

15. **Aderhauterkrankungen:** Fachmann! Sil. und kal. phos.

16. **Netzhautentzündung (Retinitis):** Gegen die Entzündung: Ferr. phos.
Im übrigen nach den Absonderungen behandeln, siehe dieses Stichwort. (Wenn Folge von unterdrücktem Fußschweiß: Sil.)

17. **Tränenfluß:** Anfangs ferr. phos. und kal. chlor., später natr. mur.
Wenn chronisch: Ernährungsvorschriften II *) (Kochsalzverbot, „R"-Salz **) ist erlaubt!).

18. **Lidlähmung und Lidkrampf:** Kal. phos. und magn. phos.

19. **Funkensehen, Doppeltsehen:** Calc. fluor., magn. phos., natr. phos. (bei heißen Schmerzen oder Blutandrang im Kopf: Ferr. phos.).

20. **Schielen:** Nach der Ursache behandeln:
Falls Würmer die Ursache: Natr. mur. und natr. phos. Siehe auch Stichwort „Wurmleiden".
Krampfhaftes Schielen: Magn. phos.
Falls Folge von Diphtherie: Kal. phos.
Falls Folge von Muskelverkürzung: Evtl. Operation.

21. **Augenzittern (Nystagmus):** Es können die verschiedensten Ursachen vorliegen: Das Augenzittern kann auch angeboren sein. Nach der jeweiligen Ursache, die durch spezialärztliche Untersuchung festgestellt werden muß, richtet sich die Behandlung.

---

*) Ernährungsvorschriften siehe Seite 323 ff.
**) vgl. Vorwort zur V. Auflage

22. **Augenzucken:** Nach der Ursache zu behandeln. Meist liegt eine nervöse Disposition vor. In diesem Falle kal. phos. und magn. phos., evtl. auch calc. phos. und sil.
Bei Zuckungen der Augenlider (unwillkürliches „Zwinkern"): Behandlung wie vorstehend.

Ausfluß: Siehe Stichwort „Absonderungen". In chronischen Fällen auch die Konstitution berücksichtigen. Siehe dieses Stichwort.

Aussatz: Siehe „Pellagra".

Ausscheidungen und Ausschläge:

a) Das biochemische Mittel zur Herbeiführung einer Ausscheidung ist natr. sulf.
   aa) Von Abfallstoffen, insbesondere von Stoffwechselschlacken, also bei Säureüberschuß, Stuhlverstopfung, Trägheit der Leber- und Gallenfunktion (siehe diese Stichworte).
   bb) Von Giftstoffen aller Art, also von pathogenen (krankmachenden) Keimen und Bakterien (Infektionskrankheiten!), aber auch von Arzneigiften. Letzteres ist in der heutigen Zeit der Massenvergiftung mit wahllos angewendeten allopathischen „Tabletten" besonders wichtig!
   cc) Von Fremdkörpern im Organismus.

b) Ausscheidung = Ausschläge, Absonderungen: Siehe Stichwort „Absonderungen".

Biologisch stets mindestens Ernährungsvorschriften II, besser (wenigstens eine Zeitlang) I *).

Auswurf: Siehe Stichwort „Absonderungen".

Auto-Intoxikation (Toxikon, griech., Pfeilgift):
Selbstvergiftung des Organismus durch Stoffwechselerzeugnisse, insbesondere durch Eiweißfäulnisstoffe. Häufig bei schweren Leber- und Nierenleiden, wenn die Entgiftung dieser Fäulnisstoffe infolge Erkrankung der Entgiftungs- und Ausscheidungsorgane (Leber und Nieren!) gestört ist. Eine leichtere Form der Auto-Intoxikation zeigt sich oftmals schon bei chronischer Stuhlverstopfung: Die häufigen Klagen solcher Patienten über Kopfschmerzen, Unlust, Benommenheit, ja selbst Schwindelgefühle, Atem- und Herzbeschwerden sind darauf zurückzuführen, daß die Abfallstoffe zu lange im Darm liegen bleiben und die Darmwandungen die Giftstoffe aufsaugen und ins Blut überführen.

---

*) Ernährungsvorschriften siehe Seite 323 ff.

Avitaminosen: Sie entstehen durch das Fehlen von Vitaminen in der Nahrung. Behandlung nur unter ärztlicher Aufsicht! Heilung nur durch Zufuhr der fehlenden Vitamine möglich. Zusätzlich biochemisch die nach der Konstitution (siehe dieses Stichwort) in Betracht kommenden Mittel.

Azidose: Säurevergiftung, Zustand abnormer Vermehrung saurer Stoffe im Blut.
Die Ursachen können verschieden sein, wichtigste Ursache:
Falsche Ernährung. Hauptmittel in jedem Falle natr. phos.

Dazu: Bei Leber- und Gallenleiden: Kal. sulf. und natr. sulf.; Leber- und Gallentee*), sowie Leber- und Galletropfen*).

Bei Blutarmut: Calc. phos., natr. mur.

Bei Magenkrämpfen: Magn. phos. und Magentee*) und Stomac*), sowie Magentropfen*).

Bei Gicht und Rheuma: Sil., natr. phos. und Rheumatee*). Bei bestehenden Gliederschmerzen, rheumatischen Beschwerden: Zur Einreibung das Nervenöl*).

Bei Verstopfung: Siehe „Stuhlverstopfung".

Im übrigen siehe Stichwort „Konstitution".
Biologisch: In jedem Falle Ernährungsvorschriften II **) streng beachten.

Backen- und Zahnfleischgeschwulst: Wenn heiß: Ferr. phos. Wenn ohne Hitze: Sil. und kal. chlor. (Bei Verhärtungen: Calc. fluor.).

Bakterien: Stäbchenförmige, nicht sporenbildende Erreger. Zahlreiche Gruppen und Formen.

Balggeschwulst (Grützbeutel): Sil. und calc. fluor., beide auch äußerlich in Form der biochemischen Coldcreme. Erforderlichenfalls bleibt nur die Operation übrig.

Bandscheibenerkrankungen: Die Schädigungen am Bandscheibenapparat sind zu einer Volkskrankheit geworden. Da mehr und mehr auch die jüngeren Altersklassen von dieser Erkrankung (und anderen) befallen werden, ist eine der Hauptursachen die Verschlechterung der allgemeinen Lebensbedingungen: Entwertung der Acker- und Kulturböden, Verseuchung des Trinkwassers und der Atmungsluft, Denaturierung der natürlichen Nahrungsstoffe durch Konservieren, Färben, Bleichen usw.

---

*) vgl. Vorwort zur V. Auflage
**) Ernährungsvorschriften siehe Seite 323 ff.

Alle Versuche der Schulmedizin, solche Skelettschäden und Bandscheibenerkrankungen zu heilen, sind bisher gescheitert und müssen scheitern. Die Chiropraktik (s. d.) kann nur dann bei Bandscheibenschaden helfen, wenn es sich um Verlagerungen handelt, nicht aber wenn eine Destruktion (Zerstörung) oder ein sonstiger Substanzverlust vorliegt.

Dagegen ist die biochemische Behandlung im Sinne einer vollständigen Dauerheilung besonders aussichtsreich.

1. **Das Grundrezept:**

Montag:	Calc. fluor.	Freitag:	Calc. phos.
Dienstag:	Calc. phos.	Sonnabend:	Natr. mur.
Mittwoch:	Natr. mur.	Sonntag:	Calc. fluor.
Donnerstag:	Calc. fluor.		

Einnehmevorschriften: Täglich von dem betreffenden Mittel fünfmal 2–3 Tabletten, also etwa alle 3 Stunden, langsam im Munde zergehen lassen. Das Einnehmen erfolgt nüchtern oder eine halbe Stunde vor der Mahlzeit.

2. Der Naturheiler beschränkt sich bei seinen Verordnungen bekanntlich nicht auf die Berücksichtigung der eigentlichen Erkrankung. Wir halten es vielmehr – unter dem Gesichtspunkt der „Ganzheitsschau" – für unerläßlich, daß auch die sogenannte „Konstitution" des Patienten in Betracht gezogen und dadurch für die Aufstellung eines Rezeptes mitbestimmend wird. Denn jede „konstitutionelle Schwäche" (z. B. Blutarmut, Übersäuerung usw.) beeinträchtigt die eigene Abwehrleistung des Körpers.

a) **Bei starker Blutarmut,** Frösteln, allgemeiner Schwäche:

Montag:	Calc. fluor.	Freitag:	Calc. phos.
Dienstag:	Calc. phos.	Sonnabend:	Natr. mur.
Mittwoch:	Natr. mur.	Sonntag:	Natr. mur.
Donnerstag:	Calc. fluor.		

Dieses Rezept unterscheidet sich von dem Grundrezept lediglich durch die Sonntags-Verordnung: Dort calc. fluor., hier natr. mur. Der Biochemiker weiß, daß calc. phos. und natr. mur. die Mittel gegen Blutarmut sind; deshalb erscheint es aus konstitutionellen Gründen beim Vorliegen starker Blutarmut zweckmäßig, das Blutarmutsmittel natr. mur. noch einmal öfters in dem Wochenrezept anzusetzen.

Einnehmevorschriften der biochemischen Mittel wie beim Grundrezept.

b) **Bei gichtisch-rheumatischer Veranlagung** (Harnsäure-Naturen!):

Montag:	Calc. fluor.	Freitag:	Natr. mur.
Dienstag:	Calc. phos.	Sonnabend:	Calc. fluor.
Mittwoch:	Natr. phos. (Das Entsäuerungsmittel!)	Sonntag:	Calc. phos.
Donnerstag:	Silicea (um etwaige Ablagerungen von Harnsäure aufzulösen!)		

Hier sollte zusätzlich eine Kur mit dem Rheumatee*) durchgeführt werden.

Einnehmevorschriften der biochemischen Mittel wie oben.

c) **Bei hochgradiger Nervosität:**

Montag:	Calc. fluor.	Donnerstag:	Calc. fluor.
Dienstag:	Calc. phos.	Freitag:	Calc. phos.
Mittwoch:	Kal. phos. (das Nervenmittel; falls Patientin in den Wechseljahren steht, statt kal. phos. besser magn. phos.)	Sonnabend:	Natr. mur.
		Sonntag:	Kal. phos., evtl. magn. phos.

Einnahmevorschriften wie oben.

Zur Unterstützung der Heilung kurmäßige Anwendung des Nerventees*).

Für alle vorstehend angegebenen Rezepte gilt:

I. In jedem Fall ist eine länger dauernde Kur erforderlich. Oftmals beobachtet man die ersten Anzeichen der beginnenden Heilung erst nach 3–4 Monaten.

II. Das Einnehmen der biochemischen Mittel muß mit absoluter Regelmäßigkeit und Genauigkeit durchgeführt werden.

III. Zur äußerlichen Anwendung gegen die oft unerträglichen Schmerzen wird eine Einreibung mit dem Nervenöl*) empfohlen.

Bandwürmer: Siehe „Wurmleiden".

Barlow'sche Krankheit (Skorbut der Kinder): C-Avitaminose, also biologisch: Rohe Milch (Buttermilch), Frucht- und Obstsäfte, Spinat, Kopfsalat, Mangold, Tomaten usw., alles fein zerkleinert, möglichst roh (wenigstens teilweise).

---

*) vgl. Vorwort zur V. Auflage

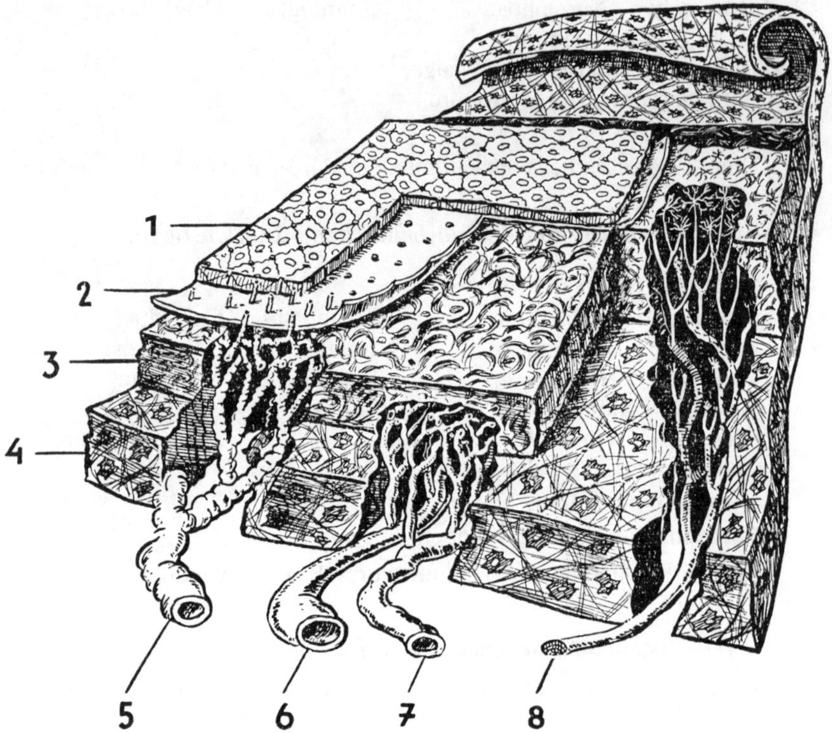

Ein Stück Bauchfell unter dem Mikroskop

1 Deckzellen
2 Glashaut
3 Straffes Bindegewebe
4 Lockeres Bindegewebe
5 Lymphgefäß
6 Ableitende Vene
7 Zuleitende Arterie
8 Nerv

In natürlicher Größe ist obiges Stück etwa 6 mm lang und im Vordergrund etwa 4 mm breit

Biochemisch: Am 1. Tag: Calc. phos. und kal. phos.
Am 2. Tag: Kal. phos. und natr. phos., jeweilig alle 2 Stunden abwechselnd eine Tablette.
Bei Skrofulose: Sil. einschalten.

Bartflechte: Siehe „Flechten".

Basedow'sche Krankheit (Glotzaugenkrankheit, Schilddrüsenerkrankung):
Hauptmittel: Kal. phos., magn. phos. und natr. phos.
Dazu: Bei verhärteter Schilddrüse: Calc. fluor. (steinhart!).
Bei Blutarmut: Calc. phos. und natr. mur.
Bei Hitzewallungen, Blutandrang zum Kopf: Ferr. phos.
Bei übermäßiger Schweißbildung: Sil. (evtl. natr. sulf. dazu).
Bei Herzbeschwerden: Kal. sulf. und magn. phos. und Herztropfen*).
Ergänzungsmittel: Kal. brom. und (bei Überfunktion der Schildrüse) kal. jod.
Biologisch: Ernährungsvorschriften I, nach mehreren Monaten vorsichtig II **). Vermeidung von Aufregungen!

Bauchfellentzündung (Peritonitis): Fachmännische Beratung erforderlich!
Am Anfang sehr häufig abwechselnd ferr. phos. und kal. chlor.
Bei steigendem Fieber: Kal. phos., evtl. mit natr. mur., alle 20 Minuten abwechselnd 1 Tablette.
Bei anfallsweisen Schmerzen: Magn. phos., 10 Tabletten in einem Likörglas sehr heißen Wassers auflösen, teelöffelweise langsam einnehmen!
Bei Blähungen und Säureüberschuß: Natr. phos.
Bei Windestauung und Verstopfung: Natr. sulf.
Bei Eiterung: Sil., sehr häufig!
Bei schweren Komplikationen, Kräfteverfall, hohem Fieber, Delirien: Kal. phos. und natr. mur., abwechselnd alle 10 Minuten 1 Tablette.
Im Genesungsstadium: Monatelang calc. phos.
Biologisch: Gleich am Anfang kleine warme Darmeinläufe, keine Abführmittel! Gegen Durst ganz kleine Schlucke kalter Milch.

Bauchschmerzen: Wenn Verlangen nach Zusammenkrümmen besteht: Magn. phos. (10 Tabletten in einem Likörglas sehr heißen Wassers auflösen, teelöffelweise einnehmen).
Bei Windestauung: Natr. sulf.
Bei Milzschmerzen (Seitenstiche): Natr. mur. und magn. phos.

---

*) vgl. Vorwort zur V. Auflage
**) Ernährungsvorschriften siehe Seite 323 ff.

Bauchspeicheldrüse: Siehe „Pankreas".

Bauchspeicheldrüsenentzündung: Siehe „Pankreatitis".

Bauchwassersucht (Ascites): Behandlung wie bei Wassersucht.

Beingeschwüre: Siehe Stichworte „Krampfadern" und „Salzfluß".

Beri-Beri: Ursache: Ausschließlicher oder fast ausschließlicher Genuß von poliertem, geschältem Reis. Heilung nur durch Zufuhr der fehlenden Vitamine. Vollreis, viel rohe Wurzeln, grüne Blattgemüse.
Biochemisch: Calc. fluor. und kal. phos.

Bettnässen (Enuresis nocturna):
Hauptmittel: Kal. phos. und natr. sulf.
Falls Würmer die Ursache: Natr. phos., natr. mur. und natr. sulf.
Bei Nervenschwäche: Die Hauptmittel kal. phos. und natr. sulf.
Falls Erkältung die Ursache: Ferr. phos. und natr. sulf.
Bei alten Leuten: Außer den nach Vorstehendem in Betracht kommenden Mitteln noch calc. fluor. und calc. phos.
Biologisch: Nicht schelten oder schlagen! Geistig-seelische Beeinflussung! Die Kinder vor dem Zubettgehen nochmals zum Urinlassen bewegen (Füße in eine Schüssel mit lauwarmem Wasser stellen!) und dann nach ein paar Stunden nochmals zum Urinlassen wecken.

Beulen (durch Stoß, Schlag usw.): Sofort ferr. phos. sehr häufig, später kal. chlor. In schwereren Fällen selbstverständlich ärztliche Hilfe erforderlich!

Bewegung: Wenn Bewegung die Schmerzen verschlimmert: Ferr. phos.
Bei gleichzeitigem Verlangen zum Hinlegen: Natr. mur.
Wenn Bewegung (z. B. Zusammenkrümmen) Erleichterung verschafft, kommt magn. phos. (statt ferr. phos.) zur Anwendung.

Bindehautentzündung: Siehe „Augenleiden", Ziff. 1.

Biologische Grundgesetz, das – –: Es ist begründet und formuliert von den beiden Professoren an der Universität Greifswald, Rudolf Arndt und Hugo Schulz. Näheres siehe Teil I.

Blähungen: Magn. phos., natr. phos. und natr. sulf., dazu Magenpulver Stomac*) und Magentropfen*).
Bei Blähungskolik: 10 Tabl. magn. phos. in einem Likörglas sehr heißen Wassers auflösen, teelöffelweise einnehmen.

---

*) vgl. Vorwort zur V. Auflage

Wenn mit saurem Aufstoßen verbunden: Natr. phos.

Bei Blähungen der Säuglinge und Kleinkinder ausgezeichnet bewährt: Frischer Apfelsinensaft.

Bläschen: Siehe Stichwort „Absonderungen".

Bläschenflechte (Gürtelrose): Siehe Stichwort „Nervenleiden", Ziff. 3.

Blasenleiden:

1. **Blasenausschlag (Pemphigus):** Sehr infektiös! Behandlung je nach dem Inhalt der Blasen:
   Wenn wasserhell: Natr. mur.
   Wenn gelblich: Natr. sulf.
   Wenn wässerig-blutig: Kal. phos.
   Wenn eitrig: Sil.
   Nach Aufbrechen der Blasen: Kal. sulf.
   Biologisch: Mindestens Ernährungsvorschriften II *).

2. **Blasenfisteln:** Siehe „Fisteln".

3. **Blasenentzündung, Blasenkatarrh (Cystitis):** Am Anfang in häufigen Gaben: Ferr. phos. und natr. phos.

   Im zweiten Stadium, insbesondere wenn weißer Schleim mit dem Urin abgeht: Kal. chlor.

   Dazu:
   Bei Harnverhaltung: Natr. sulf.
   Bei Eiter: Sil. und natr. phos.
   Bei flockigem Niederschlag: Calc. phos.
   Bei ständigem Harndrang: Magn. phos.
   Bei Brennen beim Wasserlassen: Natr. mur.

   In chronischen Fällen: Sil. und natr. phos., mit gelegentlicher Zwischenschaltung von natr. sulf.

   In allen Fällen vom Beginn der Erscheinungen an: Blasen- und Nierentee**).
   Biologisch: Unbedingt Ernährungsvorschriften I *), nur in sehr leichten chronischen Fällen gelegentlich Ernährungsvorschriften II *).

4. **Blasenkrampf, Blasenkolik:** Bei plötzlichem Auftreten: 10 Tabl. magn. phos. zerquetschen, in einem Likörglas heißen Wassers auflösen, teelöffelweise einnehmen.

---

*) Ernährungsvorschriften siehe Seite 323 ff.
**) vgl. Vorwort zur V. Auflage

Bei Blasenkrampf nach Erkältung: Ferr. phos. und magn. phos. abwechselnd jede Stunde 1 Tablette.

5. **Blasenlähmung:** Fachärztliche Beratung: Ist entweder Lähmung der treibenden Muskulatur oder Lähmung des Schließmuskels.
Hauptmittel: Natr. sulf. und natr. phos.

Dazu:
Bei Nervosität: Kal. phos.
Bei Brennen beim Wasserlassen: Natr. mur.
Bei allgemeiner Schwäche: Calc. phos. und natr. mur.
Bei alten Leuten: Calc. fluor.
In allen Fällen: Blasen- und Nierentee*). Ernährungsvorschriften II, besser I **).

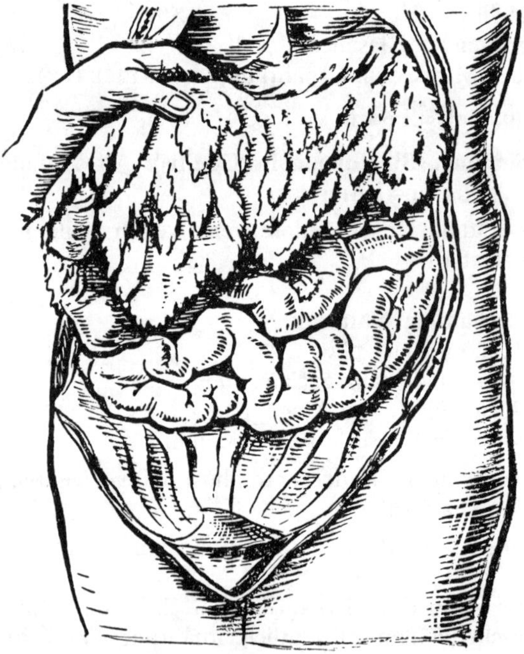

Die Bauchfellschürze

aufgeklappt – sie wird auch Großes Netz genannt – mit den von ihr bedeckten Darmschlingen

*) vgl. Vorwort zur V. Auflage
**) Ernährungsvorschriften siehe Seite 323 ff.

6. **Blasenpapillom:** Papillome sind gutartige, aus verzweigtem Bindegewebe bestehende Geschwülste. Das Blasenpapillom ist eine sehr seltene Erkrankung. Biochemisch kommen calc. fluor., kal. chlor. und natr. sulf. in Betracht. Selbstverständlich Ernährungsvorschriften II *).

7. **Blasensteine:** Hauptmittel: Sil., natr. phos. und natr. sulf., unter Umständen monatelang! Bei auftretenden Krämpfen oder Koliken: 10 Tabl. magn. phos. zerquetschen, in einem Likörglas sehr heißen Wassers auflösen, teelöffelweise einnehmen.
   Nähere Angaben sind beim Stichwort „Nierenleiden", Ziff. 6 (Nierengrieß) nachzulesen. Die Behandlung ist die gleiche wie bei Nierengrieß angegeben.
   Die Blasensteine sind in ihrer chemischen Struktur ebenfalls wechselhaft wie die Nierensteine.
   Unter allen Umständen Ernährungsvorschriften II, besser I *). Viel körperliche Bewegung!
   Als Getränk regelmäßig Blasen- und Nierentee **), daneben Obstsäfte.

Bleichsucht (Chlorosis): Hauptmittel: Calc. phos. und natr. mur. (monatelang!)

Dazu:

Bei gleichzeitigem Kopfschmerz, Durchfall, Erbrechen: Ferr. phos.
Bei gedrückter Stimmung, Weinerlichkeit: Kal. phos.
Bei gleichzeitigem Drüsenleiden: Sil.
Bei Blutverwässerung (gedunsenes Gesicht): Natr. sulf.
Bei Gesichtsausschlägen: Kal. sulf. und Blutreinigungstee **).

Biologisch: Ernährungsvorschriften II *), besonders zu bevorzugen alle grünen Gemüse (möglichst roh, als Salate!), viel Obst! Keine Überanstrengungen, keine Abhärtungskuren! Licht- und Luftbäder (Vorsicht!), Liegekuren. Vor jedem Essen ½ Stunde hinlegen!

Bleikolik: Vorsichtige Behandlung! Magn. phos., natr. phos., natr. sulf. (Evtl. natr. mur. und kal. chlor.).

Blepharitis ciliaris: Siehe „Augenleiden", Ziff. 3 (Augenlidentzündung).

---

*) Ernährungsvorschriften siehe Seite 323 ff.
**) vgl. Vorwort zur V. Auflage

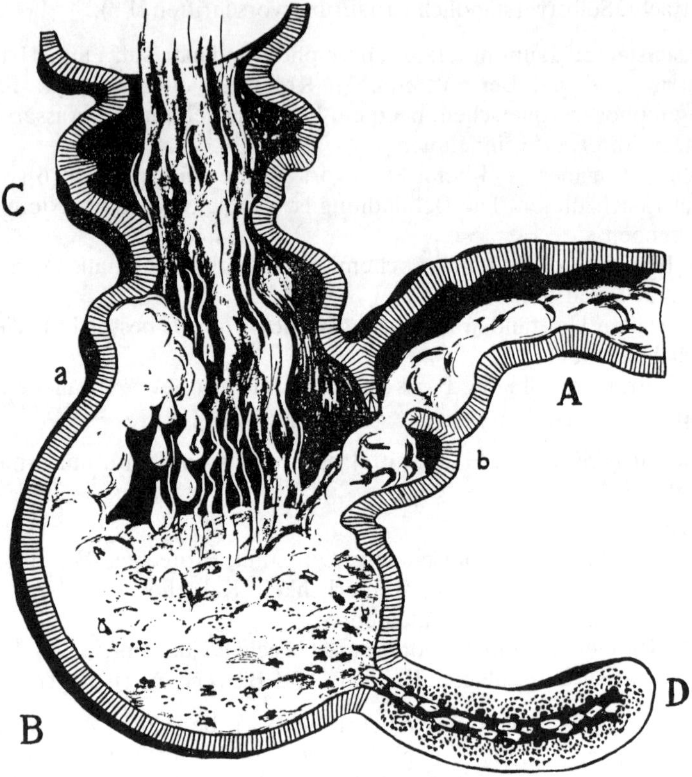

Der Blinddarm

Aus dem Dünndarm A ergießt sich der Nahrungsbrei in den Blinddarm B. Zwischen beiden die Bauhin'sche Klappe (b), die den Rückfluß des Nahrungsbreies verhindert. Der Dickdarm C hält durch rückläufige Bewegungen (a) den Speisebrei im Blinddarm zurück, bis er eingedickt ist. Der Wurmfortsatz D sendet Wanderzellen in den Speisebrei.

Bei der Blinddarmentzündung handelt es sich zumeist nicht um den Blinddarm, sondern um eine Entzündung bzw. Eiterung des Wurmfortsatzes.

Im Blinddarm finden die meisten Gasstauungen statt, die sich durch Blähungen erkennbar machen und die durch Gärungsvorgänge hervorgerufen werden; man hat den Blinddarm auch als den „Gärungstopf" des menschlichen Körpers bezeichnet.

Blinddarmentzündung (Typhlitis) und Entzündung des Wurmfortsatzes (Appendicitis): Unbedingt ärztliche Beratung! Vorsichtige Behandlung, um Bauchfellentzündungen zu vermeiden!

Ärztliche Beratung! Sofort ferr. phos. in sehr häufigen Gaben (alle 10 Minuten 1 Tablette).

Wenn Fieber über 39° steigt oder sich Schlummersucht, schwere Delirien, Apathie usw. zeigen: Kal. phos., sehr häufig.

Bei Windkolik: Magn. phos., häufige Gaben in einer geringeren Menge heißen Wassers.

Bei Leibschneiden: Natr. sulf.

Nach Abklingen der ersten Erscheinungen, beim Nachlassen des Fiebers: Sil. und kal. chlor.

Biologisch: Sofortige Rückenlage im Bett. Darm durch Einläufe entleeren (keine Abführmittel!); als Getränk in den ersten Tagen Pfefferminztee, später Haferschleim, Buttermilch, Obstmus, Kartoffelbrei.

Blut: Kräftigung des Blutzustandes (allgemein und insbesondere nach schwächenden Krankheiten, starken Blutverlusten, nach Operationen usw.): Calc. phos., monatelang.

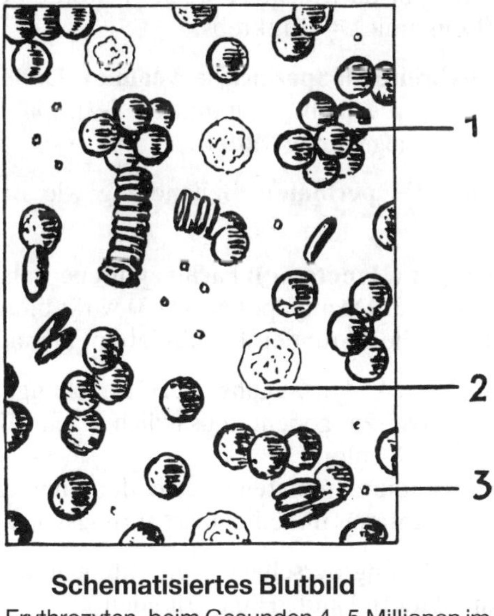

Schematisiertes Blutbild

1 Rote Blutkörperchen, Erythrozyten, beim Gesunden 4–5 Millionen im Kubikmillimeter
2 Weiße Blutkörperchen, Leukozyten, 6000–8000 im Kubikmillimeter
3 Blutplättchen, Thrombozyten, 200 000–350 000 im Kubikmillimeter

Blutandrang zum Kopf: Ferr. phos. Siehe auch Stichworte „Schmerzen", „Kopfschmerzen", „Schlaflosigkeit", „Nervenleiden", Ziff. 4 (Nervenschwäche), „Wechseljahre".
Biologisch: Ernährungsvorschriften II *), Knie- und Beingüsse nach Kneipp.

Blutarmut (Anämie): Die Blutarmut ist nicht nur kenntlich an blassen Lippen, blasser, fahler Gesichtsfarbe, „weißlicher Innenfläche" der Augenlider, sondern vor allem an dauernden Fröstelgefühlen, an oft unerträglicher Kälte der äußeren Extremitäten (Unterarme, Hände, Füße, Unterschenkel). Die Behandlung ist dieselbe wie bei „Bleichsucht" angegeben, besonders muß auf die unbedingte Notwendigkeit einer oft monatelangen regelmäßigen Kurdurchführung hingewiesen werden. Bei Empfindlichkeit gegen Witterungswechsel natr. sulf. dazunehmen.
Biologisch: Ernährungsvorschriften II *).

Wenn Blutarmut eine Folge anderer Krankheiten, wie Tuberkulose, Zuckerkrankheit, Bandwurm, Herzbeschwerden (fachmännische Feststellung erforderlich!), richtet sich die Behandlung selbstverständlich nach der Grundkrankheit.

Mit der Blutarmut darf nicht verwechselt werden die sogenannte Weißblütigkeit (Leukämie) = Blutkrebs.

Blutarmut, fortschreitende (perniciöse Anämie): Unbedingt fachmännische Behandlung erforderlich! Hauptmittel: Kal. phos., daneben die bei „Bleichsucht" angegebenen Mittel.

Blutdruck, hoher (Hypertonie): Behandlung wie bei „Aderverkalkung" angegeben.

Blutdruck, niedriger (Hypotonie): Fachmännische Behandlung erforderlich. Kal. phos. in der 3. Dezimalpotenz (D 3) wirkt blutdrucksteigernd. Sehr häufige Gaben, alle 2 Stunden 1–2 Tabletten, monatelang!

Blutergüsse: Sil. bewirkt Aufsaugung. Bei Quetschungen, Prellungen usw. ist zuerst ferr. phos. zu geben. Zusätzlich nach Abklingen der ersten Beschwerden: Kal. chlor.
Im Genesungsstadium monatelang calc. fluor. und calc. phos.
Biologisch: Anfangs unbedingt Ernährungsvorschriften I, später II *).

Blutgefäße: Erweiterung derselben: Calc. fluor. und sil. Siehe auch Stichworte „Krampfadern" und „Hämorrhoiden".

---

*) Ernährungsvorschriften siehe Seite 323 ff.

Blutgerinsel: Siehe „Thrombose".

Blutgerinnung: Siehe Stichwort „Gerinnungsfähigkeit des Blutes".

Blutharnen (Hämaturie): Siehe „Nierenleiden", Ziff. 3 (Nierenblutung).

Bluthusten (Lungenblutung): Ärztliche Beratung erforderlich! Siehe Stichworte „Blutungen" und „Tuberkulose".

Blutreinigungsmittel: Sil., natr. mur. und natr. phos. Dazu Blutreinigungstee*); in hartnäckigen Fällen, namentlich bei Pickeln, bei Verstopfung, bei Hautunreinheiten: Spezialmittel Hämosan*).
Bei Absonderungen siehe auch dieses Stichwort.
Biologisch: Ernährungsvorschriften II, besser, wenigstens für eine gewisse Zeit, I **).

Blutschwär, faulige, jauchige Absonderungen: Sil., kal. phos. und natr. phos.

Blutschwamm: Siehe „Muttermal".

Blutsturz: Siehe „Bluthusten" und „Blutungen".

Blutungen: Bei allen stärkeren Blutungen vollständige Ruhe! Fachmann! Bei Schlagaderblutungen (das Blut „spritzt", man merkt jeden Herzschlag!): Den Aderstamm zum Herzen unterbinden. Bei Venenblutungen (Blut fließt träge und ist dunkel) umgekehrt, also vom Herzen weg abbinden! Beim „Abbinden" Vorsicht vor „Brand" (Blauwerden des abgeschnürten Gliedes), in solchen Fällen Verband sofort gänzlich lösen, das Glied durchbluten lassen und dann neu abschnüren.
Biochemische Mittel: Bei schwerer Gerinnbarkeit: Calc. phos.
Bei hellrotem, leicht gerinnendem Blut: Ferr. phos. (Nasenbluten, Magenblutungen, Hämorrhoiden, Schnittwunden, Quetschungen usw.).
Bei fauligen Blutungen: Kal. phos.
Bei schwarzem dickem Blut: Kal. chlor.
Bei hellrotem, nicht gerinnendem Blut: Cal. phos. (oft Menstruationsblut blutarmer Mädchen!).
Bei wässerigem Blut (hellrot oder schwärzlich-rot): Natr. mur.
Bei schwerflüssigem, dicken Blut: Natr. phos.

Blutvergiftung (Sepsis), Eitervergiftung (Pyämie): Unbedingt fachmännische Beratung! Kal. phos. in sehr häufigen Gaben. Zur Nachbehandlung: Calc. phos.

---

*) vgl. Vorwort zur V. Auflage
**) Ernährungsvorschriften siehe Seite 323 ff.

Blutverwässerung (Hydrämie): Der normale Wassergehalt des Blutes (ca. 90 %) ist infolge verminderter Wasserausscheidung erhöht. Hauptmittel sind natr. mur. und natr. sulf.

Dazu die nach den besonderen Ursachen in Betracht kommenden Mittel, z. B. infolge Nierenentzündung: Ferr. phos., infolge Herzleidens: Siehe die einzelnen „Herzleiden", infolge Blutverlustes durch Operationen: Calc. phos. und Spezialmittel Florin*).

Biologisch: Ernährungsvorschriften II, in schweren Fällen I **). Streng verboten Kochsalz und alle gesalzenen (Fleischbrühe!), gebratenen, geräucherten und gepökelten Speisen, überhaupt alles Scharfe! „R"-Salz*) ist zum Würzen erlaubt („R"-Salz*) wirkt wegen seines hohen Gehalts an Kaliumverbindungen direkt ausscheidend!).

Blutwallungen: Siehe „Blutandrang zum Kopf".

Bräune: Siehe „Halsentzündung", „Krupp" und „Diphtherie".

Brandblasen: Sofort natr. mur. (auch äußerlich: Einige Tabletten zerquetschen und auf die Blasen streuen). Bei Eintritt der Entzündung: Ferr. phos. und zur äußeren Behandlung biochemische Coldcreme ferr. phos.

Brandwunden: Siehe „Brandblasen". Bei Verjauchung: Kal. phos. und natr. mur. Bei Eiterung: Sil. und natr. phos.

Brechdurchfall (Kindercholera): Lebensgefährliche Kinderkrankheit, daher ärztliche Betreuung! Hauptmittel: Natr. sulf.

Dazu:

Bei aashaftem Gestank des Stuhlgangs: Kal. phos.

Bei Skrofulose oder Säurekrankheit (stark sauer riechender Stuhlgang): Natr. phos.

Bei Erbrechen von Milch: Ferr. phos.

Bei Herzschwäche: Kal. phos.

Wenn das Kind sich krümmt oder die Beinchen anzieht: Magn. phos. (10 Tabletten zerquetschen, in einem Likörglas sehr warmen Wassers auflösen, dem Kinde teelöffelweise möglichst warm eingeben).

Biologisch: Peinlichste Sauberkeit! Beim Eintritt des Brechdurchfalls keine Milch mehr geben.

---

*) vgl. Vorwort zur V. Auflage

**) Ernährungsvorschriften siehe Seite 323 ff.

Brennen (der Zunge, der Lippen usw., auch Brennen beim Wasserlassen): Kal. chlor. und natr. mur.

Biologisch: Alle scharfen Gewürze und Kochsalz vermeiden. „R"-Salz*) ist zum Würzen erlaubt.

Bright'sche Krankheit: Siehe „Nierenleiden", Ziff. 5 (Nierenentzündung).

Bronchialasthma: Siehe „Asthma".

Bronchialkatarrh (Bronchitis): Am Anfang, namentlich auch bei trockenem Husten, Kitzelgefühl, bei steigender Temperatur: Ferr. phos.

Wenn Husten mehr krampfartig: Magn. phos., sehr häufig, 10 Tabletten in einem Likörglas heißen Wassers.

Bei bellendem Husten mit Auswurf kleiner Schleimklümpchen: Calc. fluor. Bei gleichzeitigem Asthma: Ergänzungsmittel Kal. jod.

Dazu in allen Fällen Brusttee*), bei Asthma Asthmatropfen*).

Biologisch: Ernährungsvorschriften II, besser, wenigstens eine Zeitlang, I **).

Bronzekrankheit: Siehe „Addison'sche Krankheit".

Brüche (Unterleibsbruch, Nabelbruch, Leistenbruch usw.): Erforderlich ist gutes Bruchband, bzw. Bandage. Bei Einklemmung sofort Operation.

Biochemisch: Calc. fluor., ferr. phos. und sil.

Brüche (Knochenbrüche): Anfangs ferr. phos. Nach Durchführung der chirurgischen Behandlung: Calc. fluor., sil., natr. mur. und calc. phos. zur Förderung des Zusammenwachsens.

Rheumatische Schmerzen an alten Bruchstellen: Natr. phos., sil. und natr. mur. Sind die Schmerzen schießend, bohrend, Pausen machend, dann magn. phos. in heißem Wasser.

Biologisch: Am Anfang unbedingt Ernährungsvorschriften I, nach Besserung bis zur Heilung: Ernährungsvorschriften II **).

Brustbräune (Angina pectoris): Siehe „Herzleiden", Ziff. 4 (Herzbräune).

Brustentzündung der Mütter (Mastitis): Bei mäßigem Fieber: Ferr. phos. und natr. phos., bei höherem Fieber: Kal. phos. und natr. phos.

Bei eintretender Eiterung: Sil. (Ist der Eiter mißfarbig, stinkend, dann kal. phos.).

---

*) vgl. Vorwort zur V. Auflage
**) Ernährungsvorschriften siehe Seite 323 ff.

Bei Verhärtung: Calc. fluor.

Biologisch: Vor allem Ernährungsvorschriften I *)! Förderung des Eiterdurchbruchs durch warme Breiauflagen (Zwieback in heißer Milch, Leinsamen, Cataplasma), täglich zweimal erneuern. Bettruhe! Guter Stuhlgang! Zweimal täglich von der kranken Brust die Milch mit Milchpumpe abziehen.

Brustdrüsenentzündung der Neugeborenen: Ferr. phos.
Bei Anschwellung: Kal. chlor.
Bei Verhärtung: Calc. fluor.
Bei Befürchtung einer Eiterung: Natr. phos.
Bei Eintritt einer Eiterung: Sil.
Jede Stunde eine Tablette. Einzugeben als Pulver (Tabletten zerquetschen), trocken unter oder auf die Zunge oder auf die Innenfläche der Wangen streichen.

Biologisch: Wärzchen nicht drücken oder quetschen, sondern nur in Öl getauchte Wattebäuschchen auflegen.

Brustfellentzündung, Rippenfellentzündung (Pleuritis): Fachmann!
Am Anfang: Ferr. phos., nach Schweißausbruch dazu kal. chlor.
Weitere Mittel je nach den „Absonderungen". Feststellung derselben durch den Arzt mittels Einstichs mit der Hohlnadel. Siehe hier Näheres beim Stichwort „Absonderungen".

Biologisch: Bettruhe und Ernährungsvorschriften I *).
Zur Nachbehandlung monatelang calc. phos. (als Kräftigungsmittel).

Brustkrampf: Siehe „Asthma".

Brustwarzen, wunde: Bei einfachem Wundsein: Ferr. phos.
Bei Rissen und Schrunden: Calc. fluor.
Bei Eiterungen: Sil. und natr. phos.
Sämtliche Mittel auch äußerlich in Form der biochemischen Coldcreme.

Brustwassersucht: Ist stets eine Folge anderer Erkrankungen. Die biochemischen Mittel richten sich infolgedessen nach der Grundkrankheit. Siehe auch „Wassersucht".

---

*) Ernährungsvorschriften siehe Seite 323 ff.

Bubonen (Leistendrüsenschwellung und Leistendrüsenentzündung): Selbstverständlich ärztliche Beratung.
Bei nichtentzündlicher Schwellung: Calc. fluor., sil., magn. phos. und natr. phos.
Bei entzündlicher Schwellung: Die vorstehenden Mittel und dazu kal. chlor. (kein ferr. phos.!).
Bei Eiterung: Sil. und natr. phos.

Bursitis: Siehe „Schleimbeutelentzündung".

Cachexia: Siehe „Kachexie".

Calcaneus: Siehe „Fersensporn".

Callusbildung (Knochenschwiele zur beschleunigten Heilung von Knochenbrüchen): Calc. fluor., calc. phos. und natr. mur.

Carzinom: Siehe „Krebs".

Caries (Knochenfraß): a) auf tuberkulöser Basis: Siehe „Tuberkulose" Buchst. b. b) Zahnkaries: Siehe „Zahnkrankheiten". Siehe auch Stichwort „Knochenentzündung".

Catarrhus (Katarrh): Siehe „Bronchialkatarrh", „Erkältung", „Halsentzündung", „Heuschnupfen".

Cerebralsklerose: Behandlung wie bei „Aderverkalkung" angegeben.

Cheirospasmus: Siehe „Schreibkrampf".

Chiropraktik: Nach dem amerikanischen Heilpraktiker Palmer (1895) beruhen viele Erkrankungen auf einer „Verrenkung" von Wirbeln, wodurch ein Druck auf die Nervenwurzeln ausgelöst wird. Durch manuelle Eingriffe („Chiropraktik") soll die Heilung herbeigeführt werden.

Chloasma (Leberflecke): Siehe „Leberleiden", Ziff. 4.

Chlorosis: Siehe „Bleichsucht".

Cholangitis (Gallenblasenentzündung): Siehe „Gallenleiden", Ziff. 4.

Cholelithiasis (Gallensteinleiden): Siehe „Gallenleiden", Ziff. 7.

Cholecystitis (Gallenblasenentzündung): Siehe „Gallenleiden", Ziff. 4.

Cholera nostras: Siehe „Brechdurchfall".

Chondritis (Knorpelentzündung): Ferr. phos., calc. fluor. und das „Knorpelsalz" natr. mur.

Chondrom (gutartige Geschwulst aus Knorpelgewebe): Calc. fluor. und calc. phos.

Choréa: Siehe „Veitstanz".

Chronische Krankheiten sind solche, die schon längere Zeit bestehen. In allen Fällen einer chronischen Erkrankung ist unbedingt eine länger dauernde Kur erforderlich, die mit größter Sorgfalt und Konsequenz durchgeführt werden muß.

Cirrhosis hepatis (Leberschrumpfung): Siehe „Leberleiden", Ziff. 5.

Colitis (Darmentzündung): Siehe „Darmleiden", Ziff. 4

Coma (Betäubung): Siehe „Ohnmacht", „Epilepsie", „Zuckerkrankheit".

Comedo: Siehe „Mitesser".

Conjunktivitis (Augenbindehautentzündung): Siehe „Augenleiden", Ziff. 1.

Conjunktivitis granulosa: Siehe „Trachom".

Constipatio alvi: Siehe „Stuhlverstopfung".

Coronarsklerose (Verkalkung der Herzkranzarterien): Siehe „Aderverkalkung" und (evtl.) „Herzleiden", Ziff. 4 (Herzbräune).

Coxitis (Hüftgelenkentzündung): Siehe „Gelenkentzündung" und „Tuberkulose".

Croup (Bräune): Siehe „Krupp".

Cystitis (Blasenentzündung): Siehe „Blasenleiden", Ziff. 3.

Dämmerzustand: Kal. phos. und natr. mur., beide längere Zeit, auch nach scheinbarer Besserung. Fernhalten des Kranken von allen Geräuschen.

Darmleiden:

1. **Darmblähungen:** Siehe „Blähungen" und „Stuhlverstopfung".
2. **Darmblutungen:** Siehe „Blutungen" (ärztliche Beratung erforderlich!).
3. **Darmeinklemmung, Darmverschluß:** Siehe Stichwort „Ileus".
4. **Darmentzündung, Darmkatarrh (Enteritis, Colitis):**
   Beim sogenannten Erkältungskatarrh, auch bei dem im Spätsommer häu-

figen infektiösen Darmkatarrh, mit Leibschmerzen, leichterem Erbrechen, leichtem Fieber, heißem Kopf: Ferr. phos.

Bei wässerigen, faulig riechenden Stühlen: Kal. phos.

Bei schaumigem oder wässerig-glasigem, oft wundmachendem Stuhlgang, manchmal mit Abgang von Kotklumpen, die mit Schleim überzogen sind: Natr. mur.

Bei galligen Entleerungen, Verschlimmerung bei Witterungswechsel, oftmals mit bitterem Geschmack im Munde: Natr. sulf.

Bei sauren Stühlen: Natr. phos.

Wenn Eiter abgeht: Sil.

Bei gleichzeitigem weißem oder lehmfarbigem Zungenbelag: Kal. chlor.

Wenn Zungenbelag gelbschleimig, ebenso der Stuhlgang: Kal. sulf.

Bei grasgrünen Durchfällen kleiner Kinder: Natr. sulf.

Bei gelblich-grünen („gehackten") Durchfällen der Kleinkinder: Natr. phos.

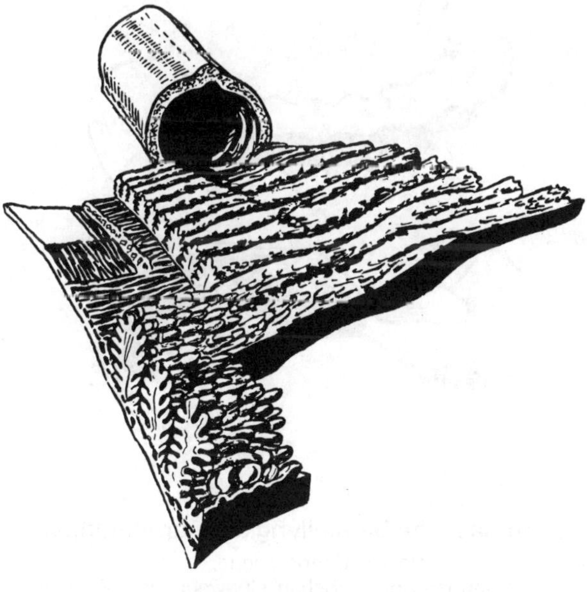

Ausgebreitete Darmschleimhaut

Besonders eindrucksvoll im Vordergrund die fingerförmigen Darmzotten, die die verflüssigten Nahrungsstoffe aufsaugen und ins Blut überzuführen haben.

Bei kolikartigen Leibschmerzen, die durch heiße Leibumschläge gebessert werden: Magn. phos., häufig in heißem Wasser (10 Tabletten zerquetschen, in einem Likörglas sehr heißen Wassers auflösen, langsam möglichst warm einnehmen).

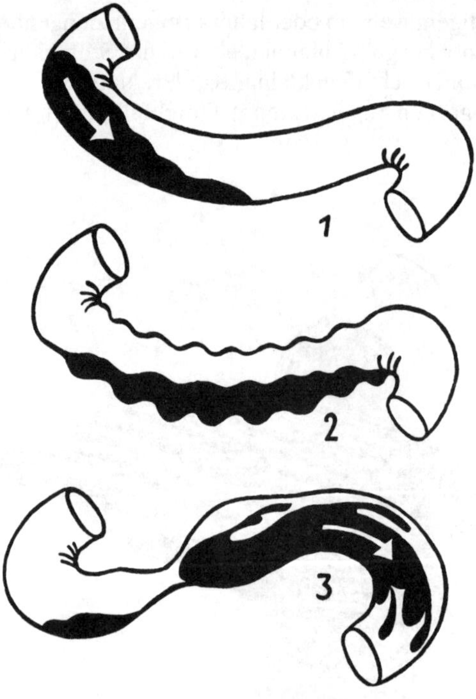

Schematische Darstellung der Darmfunktion

1 Ein Schub Speisebrei kommt in eine Darmschlinge,
2 hier wird er 30 Minuten lang durch Schaukelbewegungen (Peristaltik!) bearbeitet, und wird dann
3 durch eine große Schwingung in die nächste Schlinge befördert.

(Nach Kahn)

Falls Skrofulose oder Rachitis vorliegt: Calc. phos. mit natr. mur.

Ergänzungsmittel: Kal. arsen. bei stinkenden Durchfällen; kal. brom. bei wässrigen Durchfällen, besonders der Kinder!

Biologisch: Zwei Fastentage einschalten, höchstens Schleimsuppen essen. Bettruhe! Gegen den Durst: Schwarzer Tee ohne Milch und Zucker. In chronischen Fällen Ernährungsvorschriften I, später (nach Besserung) Ernährungsvorschriten II *).

5. **Darmfisteln:** Siehe „Fisteln".

6. **Darmkolik:** Siehe „Blähungen".

7. **Darmkrebs:** Siehe „Krebs".

8. **Darmrisse:** Calc. fluor und sil.

9. **Darmträgheit:** Siehe „Stuhlverstopfung".

10. **Darmtuberkulose:** Siehe „Tuberkulose".

11. **Darmverschluß:** Siehe „Ileus".

Dekubitus: Siehe „Durchliegen".

Delirium: Siehe „Dämmerzustand". Stets sind die Mittel, die für die eigentliche Erkrankung in Frage kommen, zusätzlich anzuwenden.

Schwere Deliriumzustände: (z. B. Vergiftung durch Alkohol, Arzneigifte usw.): Selbstverständlich ausschließlich ärztliche Behandlung.

Depressionen: Siehe „Gemütsverstimmung".

Dermatitis (Hautentzündung): Siehe „Absonderungen" und „Flechten".

Dermatomykose: Pilzflechten, die durch Hautpilze hervorgerufen werden. Die Ursache ist nicht ganz geklärt. Man weiß jedoch folgendes: Solche Hautpilze gehören zur normalen physiologischen Besiedelung der menschlichen Haut. Wenn nun diese an sich „physiologischen" Pilze in einzelnen Fällen eine krankmachende Wirkung hervorrufen, dann liegt die Vermutung nahe, daß in solchem Fall eine konstitutionelle Schwäche des betreffenden Organismus vorliegt.

Danach muß die biochemische Behandlung eingerichtet werden. Siehe Stichwort „Konstitution". Sind, was sehr häufig der Falls ist, Fingernägel, Fußnägel und behaarte Teile der Kopfhaut befallen, dann soll unter allen

---

*) Ernährungsvorschriften siehe Seite 323 ff.

Umständen das biochemische Mittel sil. zusätzlich angewendet werden, auch als biochemische Coldcreme. Neben einwandfrei festgestellten Dauerheilungen sind auch zahlreiche Fälle beobachtet worden, in denen der Erfolg ausblieb. In jedem Fall: Viel Geduld und Ernährungsvorschriften II *).

Diabetes insipidus: Siehe „Harnruhr".

Diabetes mellitus: Siehe „Zuckerkrankheit".

Diarrhoe (Durchfall): Siehe „Darmleiden", Ziff. 4.

Diätsalze: Unter Diätsalzen versteht man Würzmittel, bei denen der Kochsalzanteil (Natriumchlorid) mehr oder weniger weit herabgesetzt und durch andere Salze ersetzt ist. Durch die Zugabe dieser anderen Salze (vor allem Kalium-, Calzium- und Magnesiumsalze), die man als „Gegensätzler" bezeichnet, wird die schädliche Wirkung des Kochsalzes, für die der Natrium-Anteil verantwortlich ist, herabgemindert oder aufgehoben. Siehe auch Stichwort „Meersalz".

Die Verwendung von Würzsalzen, die weder Natrium noch Chlor enthalten, wird heute abgelehnt, weil beim Fehlen von Chloriden eine bedenkliche Verarmung des Blutes und der Körpersäfte an diesem lebenswichtigen Stoff eintreten würde.

Das biologische „R"-Salz**) weist einen gegenüber anderen Diätsalzen bedeutend niedrigeren Kochsalzgehalt auf.

Diastole: Die rhythmische Erweiterung des Herzens, die mit der Zusammenziehung (Systole) abwechselt.

Diathese: Darunter versteht man eine gewisse „Krankheitsbereitschaft", auch eine krankhafte Beschaffenheit der Gewebe und der Körpersäfte, z. B.: Exsudative Diathese: Neigung zu Haut- und Schleimhauterkrankungen, zu Exzemen, zu Katarrhen.

Harnsaure Diathese: Überladung der Gewebe und der Körpersäfte mit überschüssiger Harnsäure.

Hämorrhagische Diathese: Gekennzeichnet durch Neigung zu Blutungen und Störung der Gerinnbarkeit.

Die Behandlung aller derartigen Zustände muß sich natürlich nach dem Grundleiden richten. Siehe hierzu insbesondere Stichwort „Konstitution".

---

*) Ernährungsvorschriften siehe Seite 323 ff.
**) vgl. Vorwort zur V. Auflage

Dilatatio cordis (Herzerweiterung): Siehe „Herzleiden", Ziff. 7.

Diphtherie (brandige Rachenbräune): Ärztliche Beratung erforderlich!

Bei dem geringsten Verdacht auf Diphtherie (fauliger oder nur stinkender Geruch aus Mund und Nase oder grauweißliche Stippchen bzw. Beläge): Sofort alle 3 bis 5 Minuten abwechselnd eine Tablette ferr. phos., kal. chlor., calc. phos. und kal. phos.

Bei Steigerung des Fiebers: Ferr. phos. weglassen und kal. phos. neben den vorstehenden Mitteln besonders häufig einnehmen!

Bei stärkerer Schwellung und weißlichem Belag: Calc. phos. und kal. sulf.

Bei gelblich-rahmartigem Belag, besonders auf der hinteren Zunge: Natr. phos.

Bei Schlafsucht, Trockenheit der Zunge, Speichelfluß, wässerigem Erbrechen: Natr. mur.

Biologisch: Isolierung des Kranken! Flüssige, schleimige, stets lauwarme (nie kalte) Kost. Heiße Halsumschläge mit Lehmbrei, alle 2 Stunden erneuern. Mit Lehm (Heilerde) ein Lehmwasser herstellen und dieses ganz langsam in kleinen Schlucken einnehmen. Dem Lehmwasser die entsprechenden biochemischen Mittel (Tabletten zerquetschen!) zusetzen, jedoch jedem Ansatz eines Lehmwassers jeweils nur ein biochemisches Mittel hinzufügen.

Nicht zu früh aufstehen! Ernährungsvorschriften I, später II *).

In der Nachbehandlung: Monatelang calc. phos.

Doppeltsehen: Siehe „Augenleiden", Ziff. 19.

Drüsenleiden: Siehe „Skrofulose".

Drüsenschwellungen: Falls verhärtet (steinhart): Calc. fluor. (oftmals monatelange Kur erforderlich!).

Bei Empfindlichkeit gegen Berührung: Sil.

Weiche Drüsengeschwulst (ohne Entzündung!): Kal. chlor. und natr. phos.

Bei entstehendem Kropf: Kal. sulf. und magn. phos.

Drüsenschwellungen, entzündliche: Die vorstehenden Mittel mit kal. chlor.

Wenn die Entzündung akut ist, die vorstehenden Mittel mit ferr. phos. (statt kal. chlor.) und sil.

Drüsenverhärtung: Calc. fluor., sil., magn. phos. und natr. phos.

---

*) Ernährungsvorschriften siehe Seite 323 ff.

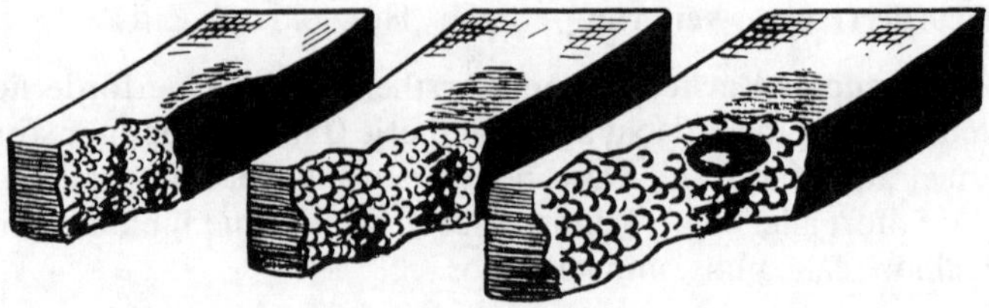

Drüsenzelle

erfüllt von Drüsenkörnern, die im Zustand der Ruhe (a) klein sind, während der Drüsentätigkeit (b) anschwellen und auf der Höhe der Saftausscheidung (c) die Größe von Bläschen erreichen, deren Inhalt sich nach außen als Drüsensaft ergießt.

An dieser Schwellung nimmt der dunkle Kern in der Mitte (der Zellkern) Anteil.

Duodenalgeschwür, Ulcus duodeni, Zwölffingerdarmgeschwür: Behandlung wie bei Magengeschwür.

Duodenitis, Entzündung des Zwölffingerdarms: Behandlung wie bei Magenkatarrh, Magenentzündung.

Durchblutungsstörung: Siehe Stichwort „Kreislaufstörungen".

Durchfall: Siehe „Darmleiden", Ziff. 4.

Durchliegen (Decubitus): Kal. chlor., ferr. phos., letzteres auch äußerlich in Form der biochemischen Coldcreme.

Durst: Natr. mur. vermindert das Durstgefühl. Besonders wichtig bei schweren Stoffwechselerkrankungen, bei denen einerseits Durst besteht, andererseits die Flüssigkeitszufuhr stark eingeschränkt werden muß, selbstverständlich auch nach Operationen.

Dysenterie: Siehe „Ruhr".

Dysmenorrhoe: Schmerzhafte Monatsblutung aus verschiedenen Ursachen. Behandlung stets nach der Ursache (aus diesem Grunde ist ärztliche Untersuchung erforderlich) und nach der Konstitution. Siehe dieses Stichwort.

Dyspepsie (Verdauungsschwäche): Siehe „Magenleiden", Ziff. 8.

Dyspnoe (Atemnot, Kurzatmigkeit): Behandlung wie bei Asthma.

Dystonie: Darunter versteht man ein anomales Verhalten besonders der Muskeln und Gefäße.

D y s t o n i e , v e g e t a t i v e : Eine Störung im Zusammenspiel des vegetativen Nervensystems. Hauptmittel: Kal. phos. und magn. phos., N e r v e n t e e*).

B i o l o g i s c h : Ernährungsvorschriften II **). Zielbewußtes Training zur körperlich-geistigseelischen Entspannung. Regelmäßiges Tiefatmen morgens und abends.
Siehe Stichwort „Atemgymnastik".

Eingeweidewürmer: Siehe „Wurmleiden".

Einschlafen der Hände und Füße: Die Ursache kann entweder in Blutarmut oder in einer Kreislaufstörung oder in beiden gleichzeitig zu suchen sein. Die Behandlung richtet sich nach dem Grundleiden.

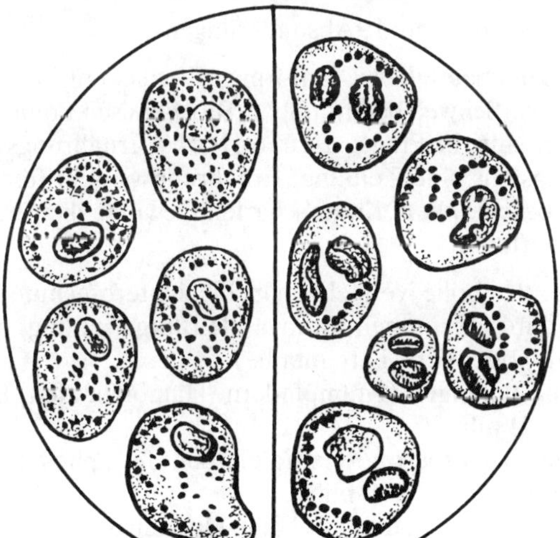

Wanderzellen mit „gefressenen" Bakterien

a) Staphylococcen
b) Streptococcen

(Zeichnung nach Venzmer, in „Blut ist ein besonderer Saft")

*) vgl. Vorwort zur V. Auflage
**) Ernährungsvorschriften siehe Seite 323 ff.

Eiterbeule, Eiterungen: Siehe „Abszeß".

Eitervergiftung, Eiterfieber: Siehe „Blutvergiftung".

Eiweißharnen: Zu behandeln unter Berücksichtigung der Ursache und der „Konstitution", siehe dieses Stichwort. Besonders kommen calc. phos. und kal. phos. in Betracht, bei Nierenerkrankung ferr. phos., natr. phos. und natr. sulf.

In chronischen Fällen: Kal. chlor., kal. sulf. und natr. sulf.

Nach Scharlach: Hauptmittel kal. sulf.

In allen Fällen dazu Blasen- und Nierentee *).

Biologisch: Während des akuten Stadiums Ernährungsvorschriften I, hernach II **).

Eklampsie: Krampfanfälle bei Schwangeren und Gebärenden: Magn. phos. und kal. phos. Bei drohendem Coma: Dazu natr. mur. Diese drei Mittel abwechselnd alle 5 bis 10 Minuten 1 Tablette.

Ekzem: Siehe „Flechten" und „Absonderungen".

Elephantiasis (Dickhäutigkeit): Unförmige Verdickung der Haut bzw. des Bindegewebes. Schwer beeinflußbar. Biochemisch kommen calc. fluor., sil. und natr. sulf. in Frage. Biologisch: Ernährungsvorschriften II, besser, wenigstens eine Zeitlang, Ernährungsvorschriften I **). Flüssigkeitszufuhr beschränken. Keine scharfen Gewürze, kein Kochsalz. „R"-Salz" *) ist erlaubt.

Embolie: Unter Embolie versteht man die Unterbrechung des normalen Blutflusses durch Thromben (intravasale Blutgerinnung) oder Gasblasen (Luftembolie) oder Fett (Fettembolie).

Bei venösen Stauungen (Krampfadern, Hämorrhoiden, Beteiligung der Leber!): Kal. sulf.

Bei Krampfadern insbesondere: Calc. fluor., ferr. phos. (mit kal. sulf.).

Bei Herzbeschwerden: Kal. phos.

Biologisch: Ruhe! Jedenfalls keine Überanstrengungen! Ernährungsvorschriften II **).

Emesis: Siehe „Erbrechen".

Empfindlichkeit:

Gegen Licht (überreizte Nerven): Sil., kal. phos., natr. phos.

Gegen Geräusche: Sil.

---

*) vgl. Vorwort zur V. Auflage

**) Ernährungsvorschriften siehe Seite 323 ff.

Gegen Witterungsumschlag: Natr. sulf.
Unter allen Umständen Berücksichtigung der „Konstitution", siehe dieses Stichwort.

Emphysem: Siehe „Lungenbläschenerweiterung".

Empyem (Eiteransammlung in Körperhöhlen): Behandlung wie bei „Abszeß" und „Blutvergiftung" angegeben.

Encephalitis (Gehirnentzündung): Siehe „Entzündungen" und „Gehirnhautentzündung". Ärztliche Behandlung erforderlich.

Endarteriitis (Entzündung der Endarterien): In akuten Fällen die beim Stichwort „Entzündungen" angegebenen Mittel. In chronischen Fällen die für Aderverkalkung in Betracht kommenden Mittel. In allen Fällen: Ernährungsvorschriften I *). Ärztliche Beratung!

Endokarditis (Herzinnenentzündung): Siehe „Herzleiden", Ziff. 9.

Englische Krankheit (Rachitis): Hauptmittel: Calc. fluor., calc. phos. und natr. mur.

Dazu:

Bei großer Schwäche, stinkendem Durchfall, starkem Kopfschweiß: Sil. und kal. phos.

Bei saurem Erbrechen, sauer riechenden Durchfällen: Natr. phos.
Besonderer Hinweis: Bei dickem Bauch sil., bei eingefallenem Bauch calc. phos.

Biologisch: Die Rachitis ist eine Vitaminmangelkrankheit, Heilung also nur bei gleichzeitiger Umstellung der Ernährung auf eine Kost, die besonders Vitamin D enthält, möglich. Vitamin-D-haltig sind besonders Lebertran (von Dorsch, Heilbutt), Eidotter, Milch und Butter. Im übrigen Ernährungsvorschriften II *).

Enteritis (Darmentzündung): Siehe „Darmleiden", Ziff. 4.

Enteroneuritis (Entzündung der eigenen Nerven des Darms): Zu behandeln wie die allgemeine Nervenentzündung.

Enteroneurose (Darmneurose, nervöse Darmstörung): Zu behandeln mit den bei „Nervenleiden", Ziff. 4 (Nervenschwäche) angegebenen Mitteln, evtl. unter Berücksichtigung eines auslösenden Grundleidens.

Enterorrhagia: Siehe „Blutungen" und „Darmleiden", Ziff. 2 (Darmbluten).

---

*) Ernährungsvorschriften siehe Seite 323 ff.

Entzündungen: Im ersten Stadium (Kennzeichen: Rötung, Hitze, Schwellung, Druckempfindlichkeit, Schmerzhaftigkeit, dabei schlechtes subjektives Befinden; bei stärkeren Entzündungen: Fieber, Mattigkeit, Unwohlsein, Schwäche): Ferr. phos., sehr häufig, etwa alle 10 Minuten bis alle ½ Stunden 1 Tablette. (Siehe auch Stichwort „Fieber").

Im zweiten Stadium, gekennzeichnet durch subjektive Erleichterung, Beginn der Ausschwitzungen, Auswurf, Zungenbelag. Hier bestimmen sich die Mittel nach der Natur der Absonderungen (siehe dieses Stichwort), meist kommt kal. chlor in Betracht.

Das dritte Stadium umfaßt:

a) alle chronischen Entzündungen,

b) bei schweren Infektionskrankheiten (Masern, Scharlach usw.) den Beginn des Abschuppungsprozesses.

Das Entzündungsmittel für dieses Stadium ist kal. sulf.

Biologisch: Am Anfang stets Ernährungsvorschriften I *). Die besonderen Erfordernisse richten sich nach der Art der Entzündung und nach den betroffenen Organen.

Enuresis: Siehe „Bettnässen".

Enzephalitis (Gehirnentzündung): Siehe Stichworte „Entzündungen" und „Gehirnhautentzündung".

Enzyme: Fermente, siehe dieses Stichwort.

Epilepsie (Fallsucht): Achtung: Vererbungsgefahr! Das Leiden ist schwer heilbar, hauptsächlich aus dem Grunde, weil die Ursache bis heute noch nicht erkannt worden ist.

Unbedingt notwendig ist: Ernährungsvorschriften I *). Auch sonst ist eine einfache und natürliche Lebensweise unerläßlich. Alle Überanstrengungen, besonders alle seelischen Aufregungen und Überreizungen sind streng zu vermeiden. Größtes Gewicht ist auf regelmäßigen, täglich mindestens einmaligen Stuhlgang zu legen.

Im Anfall gilt:

a) Die krampfhaft geschlossenen Finger nicht aufbrechen.

b) Beengende Kleidungsstücke lockern.

c) Körper flach hinlegen. Ist das Gesicht stark gerötet, lediglich den Kopf etwas höher legen.

---

*) Ernährungsvorschriften siehe Seite 323 ff.

d) Im Anfall den Kranken ruhig austoben lassen, ihn jedoch durch geeignete Maßnahmen vor Verletzungen schützen.

e) Wegen der Gefahr eines Zungenbisses empfiehlt es sich, dem Kranken ein zusammengefaltetes Taschentuch zwischen die Zähne zu legen.

Biochemisch: Hauptmittel: Sil., calc. phos., natr. phos.

Dazu:

Wenn Blutandrang zum Kopf besteht (besonders beim Anfall), kurmäßig ferr. phos. einschalten.

Als besondere Krampf- und Nervenmittel: Kal. phos. und magn. phos., diese beiden auch beim Verdacht auf geschlechtliche Unarten.

Bei weißem, weißgrauem Zungenbelag: Kal. chlor.

Bei Blutarmut, Skrofulose, Rachitis, ferner bei Kribbeln, Kälte und Taubheitsgefühl an Händen und Füßen, bei Verlangen nach Saurem, Salzigem: Calc. phos. und natr. mur.

Bei Säureüberschuß (Sodbrennen, Verstopfung, saures Aufstoßen): Natr. phos.

Wenn als Ursache die Unterdrückung von Fußschweiß zu vermuten ist: Sil.

Wenn das Leiden nach Unterdrückung eines Hautleidens durch äußere Mittel aufgetreten ist: Kal. chlor. und kal. sulf.

Erbrechen: Erbrechen ist keine selbständige Krankheit, sondern die Begleiterscheinung einer solchen. Daher Ursache erforschen und die biochemischen Mittel hiernach bestimmen!

Einige Hinweise:

Erbrechen von hellrotem Blut: Ferr. phos.

Speiseerbrechen, Erbrechen der stillenden Mütter: Ferr. phos.

Erbrechen wässeriger Flüssigkeiten, durchsichtigen Schleimes, schaumiges Bluterbrechen: Natr. mur.

Erbrechen von dunklem, zähem, klumpigem Blut: Kal. chlor.

Schwangerschaftserbrechen: Ferr. phos., calc. phos., natr. mur.

Auswürgen weißen Schleimes: Kal. chlor.

Saures Erbrechen, Erbrechen käsiger Massen, geronnener Milch bei Kindern: Natr. phos.

Bitteres Erbrechen, Galleerbrechen: Natr. sulf. und magn. phos.

Erbrechen der Kinder während des Zahnens: Calc. phos.

Bluterbrechen, wenn das Blut nicht gerinnt: Calc. phos.
Achtung auf Geschwüre in den Verdauungsorganen, Magen, Darm!

Bei Koterbrechen: Vorsicht! Darmverschluß! Arzt!

Bei regelmäßigem Erbrechen oder auch nur starkem Brechreiz: Unbedingt Ernährungsvorschriften II, zeitweise sogar Ernährungsvorschriften I *).

Erfrierungen: Siehe „Frostbeulen".

Ergüsse: Siehe „Blutergüsse" und „Wasseransammlung in den Geweben".

Erkältung: Bei besonderer Neigung zu Erkältungen:

a) Meist ein Vorliegen einer Harnsäurenatur, also sind die biochemischen Kurmittel: Natr. phos. und sil.

b) Wenn Kinder sehr anfällig sind, liegt meist eine skrofulöse oder rachitische oder blutarme Konstitution vor. Natürlich: Umstimmung der Konstitution (siehe dieses Stichwort) mit den hiernach in Betracht kommenden Konstitutionsmitteln. Kurmäßige, d. h. regelmäßige Anwendung der betreffenden Mittel mindestens während 4 bis 5 Monaten und Wiederholung dieser Kur nach Verlauf von etwa 3 Monaten.

Biologisch: Stets mindestens Ernährungsvorschriften II *), viel frische Luft, gesunde Schlafräume, aber keine Abhärtungskuren.

Beim plötzlichen Auftreten einer Erkältung: Ferr. phos. in sehr häufigen Gaben. Dies auch bei Fieber. Steigt das Fieber, stellen sich Benommenheit, Schlafsucht, Apathie usw. ein, dann kal. phos. einschalten, bzw. bei sehr schweren Zuständen kal. phos. ausschließlich geben (ebenfalls sehr häufig, evtl. sogar alle 10 Minuten 1 Tablette).

Biologisch: Schwitzen im Bett (ein ausgezeichneter „Schwitztee" ist der Brusttee**). Ernährungsvorschriften I *). Als Getränke nur Fruchtsäfte.

Ermüdbarkeit, krankhaft gesteigerte Ermüdung: Je nach dem Grundleiden (häufig z. B. Neurasthenie oder Bluthochdruck usw.) zu behandeln. Hauptmittel: Calc. phos. und kal. phos. Siehe auch Stichwort „Konstitution".

Erregbarkeit: Selbstverständlich müssen etwa zugrundeliegende Leiden oder sonstige Zusammenhänge (Nervenleiden, Pubertät, Wechseljahre, Hysterie, Herzleiden usw.) berücksichtigt werden. Als generelle Beruhigungsmittel der Biochemie kommen in Frage:
Calc. phos., besonders bei Blutarmen und schwächlichen Personen.

---

*) Ernährungsvorschriften siehe Seite 323 ff.
**) vgl. Vorwort zur V. Auflage

Magn. phos., kurmäßig anzuwenden. Beim plötzlichen Auftreten: 10 Tabletten zerquetschen, in einem Likörglas sehr warmen Wassers auflösen, langsam einnehmen.

Erregbarkeit der Kinder: Calc. phos. und sil. Wenn Erregbarkeit – was häufig vorkommt – von starkem Schwitzen begleitet ist: Sil., natr. mur. und natr. sulf.

Erschlaffung elastischer Fasern (Bauchdecken, Büste, Oberhaut – Folge: Falten und Runzeln! –, aber auch an Innenorganen, wie Aufhängebänder der Eingeweide, an Blutgefäßen: Krampfadern, Hämorrhoiden usw.): Calc. fluor. Bei Außenorganen (Haut, Büste usw.) auch äußerlich als biochemische Coldcreme anzuwenden: Ausgezeichnete, aber oftmals sehr langsam eintretende Wirkung, daher kurmäßiger Gebrauch, viele Monate hindurch!

Erschöpfungszustände: Calc. phos., natr. mur., kal. phos. (bei gleichzeitiger innerer Unruhe: Magn. phos.).

Erstverschlimmerung: Bei chronischen Leiden kommt es öfters vor, daß der Patient einige Tage nach Beginn der biochemischen (oder ähnlichen) Behandlung eine deutliche Verschlimmerung seiner subjektiven Beschwerden (Schmerzen, allgemeines Befinden, Schlafstörungen, Mißmutigkeit usw.) beobachtet. Diese Erscheinung wird als „Erstverschlimmerung" bezeichnet. Sie wird in der Weise erklärt, daß der Organismus, der sich durch die Anwendung von Naturheilmitteln in seinem eigenen Heilbestreben kräftig unterstützt sieht, seine Anstrengungen zur Überwindung der Krankheit geradezu verdoppelt. Diese erhöhte Kraftleistung des kranken Organismus macht sich dann dem Patienten als eine „Verschlimmerung" bemerkbar.

Die „Erstverschlimmerung" ist also nur zu bewerten als der Beginn der Heilung, sie ist gleichzeitig ein Beweis dafür, daß der Organismus auf die biochemischen Mittel positiv reagiert. Selbstverständlich soll beim Auftreten einer solchen „Erstverschlimmerung" die biochemische Kur fortgesetzt werden. Erfahrungsgemäß wandelt sich die Verschlimmerung in wenigen Tagen zu einem verstärkten Wohlbefinden des Patienten.

Erysipelas: Siehe „Rose".

Exsudate: Siehe „Absonderungen".

Extrasystole: Zusammenziehung des Herzmuskels außerhalb der gewöhnlichen Frequenz (Reihenfolge).

Fallsucht: Siehe „Epilepsie".

Falten, frühzeitige: Siehe „Gesichtsfalten" und „Erschlaffung elastischer Fasern".

Farbensehen: Siehe „Augenleiden", Ziff. 19 (Funkensehen)! Berücksichtigung der Konstitution (siehe dieses Stichwort) und des etwaigen Grundleidens. Von manchen Forschern und Praktikern werden sil. und natr. sulf. empfohlen.

Fasern, elastische: Siehe „Erschlaffung elastischer Fasern".

Faserstoff (Fibrin): Faserstoffhaltige Absonderungen, aussehend wie gekochtes Eiweiß (evtl. auch etwas ins Graue spielend), hauptsächlich als Zungenbelag auftretend, erfordern kal. chlor.

Fazialis-Lähmung (Lähmung des Nervus facialis, Gesichtslähmung): Die Ursache dieser Erscheinung ist nicht in jedem Falle zu klären (Mittelohrentzündung, Erkältungen, operativer Eingriff usw.). Hauptmittel: Kal. phos. und magn. phos. Dazu: Wenn Folge einer schweren Grippe: Natr. sulf. Wenn gleichzeitig Speichelfluß besteht: Natr. mur. Sehr viel Geduld! Biologisch: Ernährungsvorschriften II *).

Fermente (Enzyme) sind hochmolekulare Eiweißkörper, die – im Gegensatz zu den Vitaminen – vom lebenden pflanzlichen oder tierischen Organismus selbst gebildet werden. Ihr Charakteristikum besteht darin, daß sie katalysatorische Eigenschaften besitzen (siehe Stichwort „Katalysator").

Fersenbeinschaden: Knochenschaden infolge Überanstrengung:
Calc. fluor. und calc. phos. Ruhe!
Wenn starke Schmerzen bestehen: Dazu ferr. phos. (sehr häufig!) und Einreibung mit biochemischer Coldcreme ferr. phos.

Fersensporn (Calcaneus): Calc. fluor., calc. phos. und Einreibung mit biochemischer Coldcreme calc. fluor.

Wenn gleichzeitig Schmerzen bestehen, ferr. phos. zu obigen Mitteln. Äußerlich: Biochemische Coldcreme ferr. phos. morgens, biochemische Coldcreme calc. fluor. abends einreiben.

Fettembolie: Zu behandeln wie Embolie.

Fettgeschwulst (Lipom): Gutartige Geschwulst aus Fettgewebe: Sil., natr. phos., natr. sulf.

Fettherz: Siehe „Fettleibigkeit", Ziff. 2.

---

*) Ernährungsvorschriften siehe Seite 323 ff.

Fettleibigkeit (Fettsucht, Adipositas): Die Ursachen können verschiedenartig sein: Mangelhafte Fettverbrennung, Trägheit der Lebertätigkeit, Störung der Darmfunktion, innersekretorische Drüsenstörungen (häufig in den Wechseljahren!), Störung des Wasserhaushalts im Körper. Je nach diesen Ursachen muß die biochemische Behandlung eingerichtet werden. Noch ein wichtiger Hinweis: Alle an Fettleibigkeit leidenden Patienten müssen größere und häufigere Dosierungen der biochemischen Mittel anwenden, weil sie erfahrungsgemäß nur viel schwerer als andere Personen „reagieren". Außerdem ist hier zu beachten, daß übermäßige Ernährung und mangelnde Bewegung auch bei gesunder Stoffwechsellage zu einer „Mästung" führt, die eine übermäßige Zunahme des Fettgewebes bedeutet. Mäßigung in der Nahrungszufuhr, Änderung der Nahrungs- und Bewegungseigenheiten und strenge Selbstdisziplin sind unumgänglich.

1. **Allgemeine Fettsucht:**
   a) Wenn sich die verfetteten Körperstellen „schwammig" anfühlen: Calc. phos., natr. mur. und natr. sulf.
   b) Bei Verdacht auf Leberleiden, bei bitterem Geschmack im Munde: Natr. sulf. und Leber- und Gallentee*).
   c) Bei Verdacht auf Nierenleiden: Natr. sulf. und Blasen- und Nierentee*).
   d) Bei Harnsäurenaturen, bei chronischer Verstopfung, saurem Aufstoßen: Natr. phos. und Abführtee*).
   e) Bei gleichzeitigen Hämorrhoiden: Calc. fluor., natr. phos. und natr. sulf., sowie das Spezialmittel Hämosan*).

2. **Fettherz, Herzverfettung, fettige Herzentartung:** Ursachen und Begleitumstände dieser Erkrankung sind so mannigfaltig, daß unbedingt ärztliche Beratung erforderlich ist (Herzklappenfehler, chronische Nierenentzündung, Herzmuskelschwäche usw.).

   Bei fettiger Entartung des Herzmuskels: Calc. fluor. und kal. phos. und Herztee*), sowie Herztropfen*).

   Bei mitspielender Blutverwässerung (gedunsenes Gesicht, schwammige Gliedmaßen): Natr. mur. und natr. sulf.

3. **Fettleber, Leberverfettung:** Fachmännische Beratung! Ursachen sind meistens: Chronischer Alkoholismus, Blutarmut und Tuberkulose.

---

*) vgl. Vorwort zur V. Auflage

Biochemisch: Hauptmittel: Kal. sulf. und natr. sulf., evtl. (nach San.-Rat. Feichtinger) kal. phos. Dazu:

Bei Säurenaturen: Natr. phos.

Streng verboten (siehe auch die nachstehenden biologischen Bemerkungen) ist jeder Alkohol.

Biologisch: Die vorstehend aufgeführten Tees haben verschiedenartige Wirkung: Der Leber- und Gallentee*) wirkt hauptsächlich auf diese Organe, hat aber auch eine leichte und milde Abführwirkung. Der Abführtee*) wirkt auf den Darm, er „schlägt nicht durch", wirkt vielmehr sehr milde, aber gleichzeitig sehr zuverlässig; er kann also von Personen mit empfindlichem Darmtraktus gut vertragen und angewendet werden.

a) Im übrigen Ernährungsvorschriften II, für einige Zeit Ernährungsvorschriften I **).

b) Bei Herzverfettung und bei Leberverfettung sind sämtliche Genußgifte streng verboten.

Fibrom (gutartige Geschwulst aus Bindegewebe): Calc. fluor. und sil. (monatelang).

Fieber: Das Fieber ist keine Erkrankung, sondern eine Schutzmaßnahme des Körpers, eine Heilmaßnahme. Es darf infolgedessen nicht unterdrückt werden. Fiebermittel der Biochemie – im Sinne einer Stärkung der natürlichen Abwehrkräfte des Organismus – sind:

Ferr. phos., beim Anfangsfieber, bis höchstens 39°,

Kal. phos. bei höherem Fieber, bei Benommenheit, Delirien, Schlummersucht, großer Hinfälligkeit und Schwäche.

Jeweils einzunehmen etwa alle 10 Minuten bis alle Stunden (je nach der Schwere der Affektion) 1 Tablette.

Fingerentzündung, Fingerwurm, Nagelwurm (Panaritium): Hauptmittel bis zum Fallen des Fiebers oder Stillstand der Entzündung: Kal. phos. Hernach Weiterbehandlung wie beim Stichwort „Abszeß" angegeben.

Achtung! Wenn Hand bedenklich anschwillt und Schmerzen unerträglich werden: Drohende Handverbreiterung, Lymphgefäßentzündung! In solchem Falle sofort chirurgischer Eingriff erforderlich.

Biologisch: Am Anfang der Erkrankung möglichst warme Bäder (die ganze Hand baden, nicht nur den Finger) in Kamillentee oder heißem Wasser mit aufgelöster Schmierseife.

*) vgl. Vorwort zur V. Auflage
**) Ernährungsvorschriften siehe Seite 323 ff.

Fingergelenke, aufgeriebene, mit rheumatischen Schmerzen oder mit gichtigen Knoten: Sil., natr. mur. und natr. phos., dazu Rheumatee*).

Bei Schwellung und Knoten ohne Schmerzen: Calc. fluor. und sil., monatelang!

Fingernägel, Brüchigkeit derselben: Calc. fluor. und sil., innerlich und äußerlich. Letzteres in Form der biochemischen Coldcreme (morgens calc. fluor., abends sil.) an der Nagelwurzel einreiben.

Fingernägelkauen der Kinder. Je nach den Ursachen zu behandeln:

a) Kalkmangel: Anzeichen sind allgemeine Knochenschwäche, Anfälligkeit gegen Erkältungen, vor allem: Das Kind kratzt den Kalk von den Wänden und leckt die Finger dann ab, oder es entwendet heimlich die Schulkreide und knabbert daran. In solchen Fällen calc. phos. anwenden.

b) Kieselsäuremangel: Anzeichen sind übelriechender Schweiß, schlechte Haarbildung (Die Haare sind dünn oder struppig oder fallen leicht aus), die Fingernägel, oft auch die Fußnägel, sind schon an der Nagelwurzel riffelig oder brüchig, allgemein lymphatische Konstitution usw. In solchen Fällen kommt silicea in Betracht. Oftmals sind die Symptome für Kalkmangel und Kieselsäuremangel gemeinsam vorhanden. Dann werden calc. phos. und silicea in täglichem Wechsel gegeben.

c) Allgemeine Nervosität: Anzeichen sind unruhiger Schlaf mit Schreckträumen, Weinerlichkeit, Reizbarkeit, Mangel an Konzentration, zappeliges Wesen usw. Hier wird magn. phos., evtl. im Wechsel mit kal. brom. (Ergänzungsmittel Nr. 14) angewendet. Kurdauer mindestens 3–4 Monate. Gebrauchsanweisung beachten!

Keinesfalls Schläge oder Drohungen oder sonstige „Strafen", wie etwa Spielverbot, Hausarrest, Mahlzeiten in der Küche einnehmen usw. Auch Ermahnungen haben im allgemeinen keinen Zweck.

Biologisch: Das Kind von allen aufregenden Dingen (Fernsehen, Menschenaufläufe, gruselige Märchen usw.) fernhalten. Sehr sorgfältige Ernährung, mindestens nach Ernährungsvorschriften II **).

---

*) vgl. Vorwort zur V. Auflage
**) Ernährungsvorschriften siehe Seite 323 ff.

Finnenausschlag (Akne): Siehe „Mitesser".

Fischschuppenkrankheit: Siehe „Ichthyosis".

Fissuren (Einrisse, z. B. am After): Siehe „Afterrisse".

Fisteln: Hauptmittel: Sil. und calc. phos.
Bei gelbschleimigem Ausfluß: Sil. und kal. sulf.
Bei wässerigem Eiter zu den obigen Hauptmitteln noch natr. sulf.
Bei Harnsäurenaturen: Sil. und natr. phos.
In ganz hartnäckigen Fällen hat sich das Ergänzungsmittel calc. sulf. ausgezeichnet bewährt (aber monatelang anzuwenden!).
Biologisch: Ernährungsvorschriften II, in veralteten Fällen mindestens 4 Wochen Ernährungsvorschriften I *).

Flatulenz: Aufblähung der Därme. Siehe Stichwort „Blähungen".

Flechten: Der Biochemiker faßt alle derartigen Hautanomalitäten auf als eine nach außen hin in Erscheinung tretende Störung der inneren Stoffwechselvorgänge. Bei dieser Auffassung wird verständlich, daß jede ausschließlich medikamentöse Behandlung derartiger Leiden, also jede Behandlung, die sich auf die Verabfolgung oder Anwendung von Medikamenten beschränkt, wirkungslos bleiben muß oder jedenfalls keine vollständige und dauernde Heilung bringen kann. Wenn also ein hartnäckiges Hautleiden, das als „Flechte" in irgendeiner Form auftritt, geheilt werden soll, ist dies nur möglich dadurch, daß der innere Stoffwechsel in normale Bahnen gelenkt wird, d. h. es muß in jedem Falle eine mehr oder weniger radikale Umstellung der Ernährung und der Lebensgewohnheiten Platz greifen! Diese Umstellung muß um so gründlicher sein und um so länger durchgeführt werden, je schwieriger und hartnäckiger der einzelne „Fall" liegt.

1. **Bartflechte:** Hauptmittel: Kal. phos., innerlich und äußerlich, letzteres als biochemische Coldcreme. Sind Drüsen mitergriffen, so kommt kal. chlor. als Beimittel in Betracht. Treten Abschuppungen auf, so muß kal. sulf. eingeschaltet werden. Ernährungsvorschriften II, besser I *), wenigstens bis zum Beginn des Heilungsprozesses.
2. **Fressende Flechte (Lupus vulgaris):** Ist eine Form der Hauttuberkulose und führt zu schweren Zerstörungen der betreffenden Körperstellen. Fachmännische Beratung unerläßlich.

---

*) Ernährungsvorschriften siehe Seite 323 ff.

Vor dem Auftreten von Absonderungen sehr häufige Gaben von magn. phos. in heißem Wasser (etwa alle 2 Stunden). Daneben zur Blutkräftigung: Ferr. phos., calc. phos. und natr. mur.

Nach dem Auftreten von Absonderungen bestimmen sich die biochemischen Mittel nach der Natur dieser Absonderungen (siehe dieses Stichwort). Vor allem kommen in Betracht sil., calc. phos. und natr. phos.

Alle angezeigten Mittel nach äußerlich in Form der biochemischen Coldcreme.

Biologisch: Sonnenbestrahlungsbehandlung, jedoch nur unter fachmännischer Aufsicht. Gesunde, naturgemäße Lebensweise, keine Genußgifte! Ernährungsvorschriften II *).

3. **Schuppenflechte (Psoriasis vulgaris):** Oftmals sehr hartnäckiges Leiden. Heilerfolg mit biochemischer Behandlung sehr aussichtsreich, wenn Patient mindestens 6 – 8 Wochen streng nach Ernährungsvorschriften I *) lebt! Andernfalls Heilung fast unmöglich!
Biochemisch:
a) Bei Harnsäurenaturen (kenntlich an Sodbrennen, saurem Aufstoßen, stark sauer riechendem Schweiß, sauer riechendem Stuhlgang, Neigung zu Rheuma, Gicht, Verstopfung, Hämorrhoiden): Calc. fluor., sil., magn. phos. und natr. phos.
b) In allen anderen Fällen: Calc. fluor., calc. phos., magn. phos. und kal. sulf.

4. **Milchschorf:** Diese bei Säuglingen häufig in den verschiedensten Formen auftretende Flechtenart muß selbstverständlich auch nach der Natur der Absonderungen (siehe dieses Stichwort) behandelt werden. Wissenschaftlich wird als Ursache des Milchschorfs entweder eine ernährungsmäßig bedingte Empfindlichkeit der Oberhaut oder aber eine exsudative Diathese (siehe Stichwort „Diathese") angesehen. Auch eine lymphatische Diathese sowie die skrofulöse Konstitution können vorliegen.

Je nach den Ursachen muß die Behandlung eingerichtet werden:
a) In allen Fällen empfiehlt sich ein Wechsel der Milch, insbesondere auch ein Wechsel in den Säuglingsmilch-Präparaten.

---

*) Ernährungsvorschriften siehe Seite 323 ff.

b) Bei der Erforschung der Konstitution gibt der Gesundheitszustand der Eltern und der Geschwister gewisse Fingerzeige (Veranlagung!).

Die Hauptmittel sind in jedem Fall sil., calc. phos. und natr. phos.

Wenn – wie meistens – die Absonderungen sich zu weißen „Schüppchen" verkrusten, dann muß auch noch kal. chlor. eingeschaltet werden.

Es empfiehlt sich vor allem auch zur äußerlichen Behandlung die Anwendung der entsprechenden biochemischen Coldcreme. Zinkpuder und Zinksalbe sind verboten!

Biologisch: Regelmäßiger Genuß eines Tees, der zu gleichen Teilen aus Zinnkraut (Schachtelhalm), Stiefmütterchen und Schafgarbe zubereitet wird. Leichter Aufguß! Ferner: Umstellung der Ernährung, insbesondere auch bezüglich der Milch! In hartnäckigen Fällen muß die Mutter vielerlei ausprobieren! Grundlage bilden die Ernährungsvorschriften I *). Keine Seife! Möglichst auch kein Wasser!

Fleckfieber, Flecktyphus: Siehe „Typhus".

Fließ-Schnupfen: Je nach den Absonderungen:
Wässerig-durchsichtig, salzig schmeckend, glasig: Natr. mur. (auch bei Verlust des Geruchs und Geschmacks),
gelbschleimig, mild: Kal. sulf. (besonders bei Schorf in der Nase),
dick, eitrig: Sil. und natr. phos.,
grünlich-schleimig, auch bei Verschlimmerung in feuchter Luft: Natr. sulf.,
rahmartig: Natr. phos.,
stinkend, jauchig: Kal. phos.,
bei heißem Kopf: Ferr. phos.

Fokalinfektion: Siehe „Herdinfektion".

Fontanellen (Hinterhauptlücken beim Neugeborenen): Wenn die Fontanellen zu lange offen bleiben, deutet das auf einen Kalkmangel hin, also die beiden Kalkmittel eingeben: Calc. fluor. und calc. phos. (Einnehmevorschrift: Täglich abwechseln, täglich 5mal 3 Tabletten, zerquetscht mit dem Stiel eines Hornlöffels auf die Zunge oder an die Innenfläche der Wangen streichen).

---

*) Ernährungsvorschriften siehe Seite 323 ff.

Fressende Flechte: Siehe „Flechten", Ziff. 2.

Frostbeulen:

1. **Frische Erfrierungszustände** mit drohendem Brand: Kal. phos., sehr häufig, innerlich und äußerlich, letzteres in der Form, daß man einige Tabletten zerquetscht und das Pulver zu körperwarmen Umschlägen auf den betreffenden Stellen verwendet.
2. **Frische, eiternde Frostschäden:** Kal. phos., sil., natr. sulf.
3. **Chronische Frostschäden** (Frostbeulen, schmerzende Schwellung der Finger- oder Fußglieder): Kal. chlor. und natr. sulf.
   Ausgezeichnet: Täglich ¼ Stunde in starkem Wermuttee (oder Eichenrinde, oder in einer Mischung beider Tees) baden. Nach jedem Bad biochemische Coldcreme natr. sulf. aufstreichen.
   Behandlungsdauer: 8 – 14 Tage.
   Zuverlässige Behandlung ist nur zu erzielen, wenn der Patient bereits im August mit der Anwendung der Bäder und biochemischen Mittel beginnt, die Bäder in diesem Falle wöchentlich zweimal.

Da von Frostschäden besonders leicht solche Personen befallen werden, bei denen die Blutzirkulation in den äußeren Körperpartien schlecht funktioniert, dies aber wiederum auf konstitutionelle Störungen (Blutarmut!) hinweist, ist es selbstverständlich notwendig, auch diesem Punkt besondere Aufmerksamkeit zu schenken, siehe Stichwort „Konstitution".

Biologisch: Keine engen Schuhe, keine engen Handschuhe tragen! Am besten leichtes, luftdurchlässiges Schuhwerk.

Frostgefühl, Fröstelgefühl: Kalte Hände, kalte Füße, kalte Nasenspitze, kaltes Kribbeln im Rücken: Calc. phos. und natr. mur.

Bei Schüttelfrost: Ferr. phos. und kal. phos. Bei Fieber über 39° nur kal. phos., sehr häufig (alle 5 – 10 Minuten 1 Tablette).

Frostigkeit mit dem Gefühl der Schwere und Mattigkeit, besonders in den unteren Extremitäten: Kal. sulf.

Funkensehen: Siehe „Farbensehen".

Furunkel: Kal. phos. innerlich in sehr häufigen Gaben und äußerlich, letzteres in Form der biochemischen Coldcreme.

Bei Eiterbildung: Sil. und natr. phos. (Zur besseren Ausscheidung des Eiters empfiehlt sich die Einschaltung von natr. sulf.).

Bei harten Wundrändern und zur Erweichung verhärteter Gewebe: Calc. fluor. (auch äußerlich als biochemische Coldcreme).

Biologisch: Am Anfang sehr warme und sehr lange Bäder mit Zusatz von grüner Seife oder Kamillentee. Durchführung der Ernährungsvorschriften I *), wenigstens für einige Tage, fördert die Heilung außerordentlich.

Furunkulose: Als Furunkulose bezeichnet man die immer wiederkehrende Furunkelbildung. Diese erfordert die biochemischen Konstitutionsmittel, siehe Stichwort. Da es sich bei der Furunkulose meist um Säurenaturen mit stark „vergiftetem" Blut handelt, kommen meist calc. phos., natr. phos. und sil. in Frage. Selbstverständlich kurmäßiger Gebrauch, d. h. mehrere Monate hindurch mit absoluter Regelmäßigkeit. Dazu monatelang Blutreinigungstee **) und Spezialmittel Hämosan **).

Biologisch: Unbedingt mindestens für 3 – 4 Wochen Ernährungsvorschriften I, hernach vorsichtiger Übergang zu Ernährungsvorschriften II *). Ohne diese „Umstellung" der Ernährung erscheint die Furunkulose nicht heilbar! Wenn wirklich – etwa infolge einer Behandlung mit Spritzen oder drastischen „Abführmitteln" o. ä. – beim Ausbleiben weiterer Furunkel eine scheinbare „Heilung" vermutet wird, besteht die besondere Gefahr, daß die Schlacken und Abfallstoffe, die sich bisher ihren Weg ins Freie durch die Furunkel gebahnt haben, im Körper bleiben und hier ihr Vergiftungswerk weiterführen, – Folgen sind alsdann: Herz-, Magen-, Darm-, Nieren-, Leber-, Gallenleiden usw.!

Füße, kalte: Wenn Verdacht auf Blutarmut (z. B. bei gleichzeitiger kalter Nasenspitze, kalten Händen, Fröstelgefühl am Rücken): Calc. phos., natr. mur.

Wenn Füße feuchtkalt: Sil.

Wenn Verdacht auf Blutverwässerung (geschwollene Gliedmaßen, gedunsenes Gesicht): Natr. mur. und natr. sulf. und Blasen- und Nierentee **).

Wenn kalt bei gleichzeitiger heißer Stirn: Ferr. phos.

Biologisch: Ernährungsvorschriften II *), mit viel grünem Gemüse und viel Obst. Bei Blutverwässerung insbesondere: Flüssigkeitsaufnahme beschränken (keine Suppen, kein Salz! „R-Salz" **) ist erlaubt).

Füße, Anschwellung: Wenn nach Druck eine Vertiefung zurückbleibt: Kal. chlor. und natr. mur.

Wenn gleichzeitig gedunsenes Gesicht, schwammig sich anfühlende Schenkel und Schultern bestehen (Blutverwässerung, Hydrämie): Natr. mur., natr. phos. und natr. sulf.

---

*) Ernährungsvorschriften siehe Seite 323 ff.
**) vgl. Vorwort zur V. Auflage

Wenn bei Druck keine Vertiefung zurückbleibt: Sil., natr. mur. und natr. phos.
Biologisch empfiehlt sich, in allen derartigen Fällen die Ernährungsvorschriften II *) durchzuführen.

Fußgeschwüre (infolge Venenentzündung): Behandlung wie bei Krampfadern.

Füße, offene: Siehe „Hämorrhoiden".

Fußgicht (Podagra): Sil., natr. phos., natr. mur. Bei heftigen Anfällen: Ferr. phos. in sehr häufigen Gaben. Dazu in allen Fällen calc. fluor., sehr lange Zeit hindurch.
Biologisch: Ernährungsvorschriften II, zwischendurch einmal für einige Zeit Ernährungsvorschriften I *). Sonnenbäder (Vorsicht vor Verbrennungen!), im Winter elektrische Lichtbäder.

Fußpilz: Eine besondere Form der Dermatomykose. Siehe dieses Stichwort.

Fußschweiß (Hand- und Achselschweiß): Unterdrückte Schweißabsonderung führt oftmals zu schweren inneren Erkrankungen, weil die Schweißdrüsen ein wichtiges Ausscheidungsorgan für Abfallstoffe darstellen. Unterdrückte Schweißabsonderung wird durch sil. in milder Form wieder hervorgerufen. Da aber Fußschweiß eine, wenn auch gesunde, doch immerhin aus ästhetischen Gründen als unangenehm empfundene Angelegenheit ist, sollen einige Winke zu einer unschädlichen Behandlung gegeben werden: Als „Regulator" der Schweißabsonderung wirkt stets sil. Die zu starke Schweißabsonderung kann durch regelmäßiges Einnehmen von natr. mur. und natr. sulf. eingedämmt werden. Vor der Anwendung äußerlicher Mittel ist zu warnen.
Biologisch: Öfteres, mindestens täglich zweimaliges Wechseln der Strümpfe, tägliches lauwarmes Fußbad, dem etwas sil. (10 Tabletten zerquetschen!) beigegeben wird. Leichtes Schuhwerk tragen, am besten geflochtene Schuhe! Viel barfuß laufen, besonders morgens und abends im frischen tauigen Gras treten (nach Pfarrer Kneipp!).

Fußsohlen: Siehe „Jucken auf den Fußsohlen".

Fußverrenkung, Fußverstauchung: Ferr. phos. Wenn die Behandlung etwas spät einsetzt, ferr. phos. im Wechsel mit kal. chlor.

Gähnen: Kal. phos. und natr. mur.

---

*) Ernährungsvorschriften siehe Seite 323 ff.

Gähnkrampf: Magn. phos. und kal. phos. (Vorsicht bei Epilepsie und organischen Hirnkrankheiten!)

Galenus, Claudius, geb. 131 n. Chr. in Pergamon, gest. etwa 201 n. Chr. in Rom. Mit Hippokrates der bedeutendste Arzt des Altertums.

Galenische Mittel: Arzneimittel, die durch mechanische Verfahren (Mischen, Zerkleinern, Kochen usw.) hergestellt werden, Gegensatz zu den Rohdrogen und den durch chemische Prozesse erzeugten Präparaten.

Gallenleiden:

1. **Gallenabsonderung:** Wird reguliert durch natr. sulf.
2. **Gallenausführungsgänge:** Verstopfung derselben wird beseitigt durch natr. sulf. und Leber- und Gallentee *).
   Biologisch: Bis zur Heilung Ernährungsvorschriften II **), an Fetten nur gute Butter (möglichst ungesalzen), echte Pflanzenmargarine und reines Olivenöl.

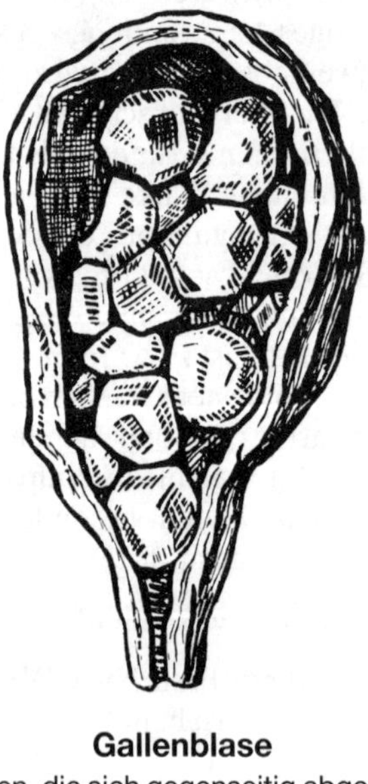

Gallenblase
gefüllt mit Steinen, die sich gegenseitig abgeschliffen haben.

---

*) vgl. Vorwort zur V. Auflage
**) Ernährungsvorschriften siehe Seite 323 ff.

3. **Gallenbeschwerden** (wenn akut, infolge Genusses fetter Speisen): Natr. phos. und natr. sulf., abwechselnd alle 10 Minuten 1 Tablette.

4. **Gallenblasenentzündung (Cholecystitis):**
   Im ersten Stadium: Ferr. phos und natr. sulf. Sollte trotzdem das Fieber steigen oder Schüttelfrost eintreten, sofort Arzt rufen (Gefahr der Gallenblasenvereiterung und des Platzens!). Desgleichen, wenn sich Urin braun färbt oder das Weiße im Auge einen gelblichen Schein (nur bei Tageslicht sichtbar) erhält.
   Bei steigendem Fieber: Kal. phos.
   Im zweiten Stadium, wenn Fieber abklingt: Kal. chlor. und natr. sulf.
   Im chronischen Stadium: Kal. chlor. und natr. sulf., dazu noch die nach der Konstitution (siehe dieses Stichwort) angezeigten Mittel. Auf etwaige „Absonderungen" (Zungenbelag!) und sonstige Erscheinungen, wie Ausschwitzungen, Krämpfe usw. achten.
   Falls Stauungen im venösen Blutkreislauf vorliegen (z. B. Krampfadern, Hämorrhoiden, auch Leberschwellungen), in allen Fällen kal. sulf. einschalten.
   Ausgezeichnet wirksam der Leber- und Gallentee *) (kurmäßig, mindestens 2 Packungen!) und die Leber- und Galletropfen *).
   Biologisch: Beim akuten Auftreten der Entzündung sofort Bettruhe. Feuchtwarme Umschläge auf Oberbauch, Wadenwickel, Darmeinläufe, Fasten.
   Nach Abheilung: Ernährungsvorschriften II **), streng verboten sind Alkohol und Bohnenkaffee. An Fetten nur gute Butter (ungesalzen!) und Pflanzenmargarine! Mäßigkeit! Vermeidung beengender Kleidungsstücke! Viel körperliche Bewegung!

5. **Galle-Erbrechen:** Siehe „Erbrechen". Natr. sulf. und magn. phos.

6. **Gallenfieber:** Siehe „Gelbsucht".

7. **Gallensteine (Cholelithiasis):** Neubildung derselben wird verhindert durch kurmäßige (d. h. jährlich zweimalige Kur von jedesmal 3 Monaten) Anwendung von sil., natr. phos. und natr. sulf., dazu Leber- und Gallentee *), Leber- und Galletropfen *) und biologisch: Ernährungsvorschriften II **).
   Ein biochemisches Mittel zur Beseitigung von Gallensteinen gibt es nicht. Es wird die sogenannte „Ölkur" empfohlen: In 20 Gramm Kognak werden 0,1 Gramm Menthol (in jeder Drogerie und Apotheke käuflich) aufgelöst und diese Lösung in 200 Gramm bestes, reines Olivenöl gege-

*) vgl. Vorwort zur V. Auflage
**) Ernährungsvorschriften siehe Seite 323 ff.

ben und kräftig geschüttelt. Anwendung: Mittags soll die letzte Mahlzeit eingenommen werden. Abends eine Tasse Abführtee *) trinken, 2 Stunden später die ganze Ölmischung (evtl. in zwei Portionen) einnehmen, 2 Stunden hinlegen (auf die rechte Seite), mit heißen trockenen Umschlägen auf die rechte Leibseite. Am andern Morgen nüchtern eine Tasse Abführtee *) trinken. Nötigenfalls muß die Kur nach einigen Wochen wiederholt werden.

Die obige Ölverschüttelung kann geschmacklich noch dadurch verbessert und das Einnehmen erleichtert werden, wenn man zwei Eidotter verrührt und mit Öl vermischt.

Die vorstehende Kur bringt die Gallensteine zur Ausschwemmung, jedoch nur, wenn die Steine so klein sind, daß sie die Gallenausführungsgänge passieren können.

Für die Auflösung solcher Gallensteine, die wegen ihrer Größe nicht durch die Gallenausführungsgänge abgehen können, wird in der Literatur folgende Kräuterkur empfohlen:

a)	Rhiz. Rhei, Rhabarberwurzel	20 g
	Fol. Hederae, Gundermannskraut	30 g
	Hb. Ericae vulg., Heidekraut	10 g
	Fol. Eucalypti, Eukalyptusblätter	10 g
	Rad. Taraxaci, Löwenzahnwurzel	10 g
	Cort. Frangulae, Faulbaumrinde	10 g
	Cort. rad. Berberidis, Rinde d. Berberitzenwurzel	10 g

Von dieser Mischung 1 ½ Eßlöffel mit 2 Tassen Wasser aufkochen und auf zweimal trinken (½ Stunde vor dem Essen!)

Dies 14 Tage lang durchführen, dann folgende zweite Mischung nehmen:

b)	Cort. Frangulae, Faulbaumrinde	10 g
	Hb. Marrubii vulg., Andornkraut	20 g
	Hb. Agrimoniae eupat., Odermennig	30 g
	Fol. Menthae pip., Pfefferminze	40 g

1 ½ Eßlöffel Tee mit zwei Tassen kochendem Wasser überbrühen und 10 Minuten ziehen lassen; 1 Stunde nach dem Mittag- und Abendessen je 1 Tasse davon trinken, wieder vierzehn Tage lang.

*) vgl. Vorwort zur V. Auflage

c) Sowohl nach der ersten Kräuterkur (vorstehend Buchstabe a) als auch nach der zweiten (Buchstabe b) ist die obengenannte Ölkur anzuwenden.

Vorstehende Rezepte (a–c) sind, wie erwähnt, den Veröffentlichungen in Naturheilzeitschriften entnommen, wo gleichzeitig von Heilpraktikern die tatsächliche Auflösungswirkung bei größeren Gallensteinen bestätigt worden ist.

In allen Fällen während der Durchführung der vorstehenden Kuren: Alle 2 Stunden 2 Tabletten natr. sulf. einnehmen.

8. **Gallensteinkolik:** Während des Anfalls: 10 Tabletten magn. phos. zerquetschen, in einem Likörglas sehr heißen Wassers auflösen und langsam, teelöffelweise einnehmen.
Nach Beseitigung der Krampferscheinungen: Einige Tage lang ferr. phos. und natr. sulf. in zweistündigem Wechsel, jeweils mit 1 Tablette.
Verhütungsmittel: Siehe unter „Gallensteine".

Biologisch: Beim Auftreten der Kolik: Ein paar Handtücher mehrfach zusammengefaltet in heißes Wasser tauchen, auswringen, in ein Flanelltuch einschlagen und auf die rechte Leibseite legen. Darüber ein großes Wolltuch. Dies recht oft wiederholen!

Lebensweise: Mindestens Ernährungsvorschriften II, besser in Zwischenräumen Ernährungsvorschriften I *). Vermeidung aller fetten und blähenden Speisen! Bohnenkaffee und Alkohol sind Gift! Besonders wichtig: Buttermilch und Rettich! Prächtiges Galle-„Mittel": Zweimal wöchentlich morgens nüchtern einen geriebenen Rettich (natürlich ohne Salz und Pfeffer) mit etwas Milch genießen. Der Rettich wird nicht geschält, nur gründlich gewaschen. Der schwarze, scharfe Rettich ist am besten!

Ganglion: Siehe „Überbein".

Gangrän (feuchter Brand, Absterben unter Fäulnis): Kal. phos., sehr häufige Gaben. Selbstverständlich Arzt!

Gase: Siehe „Blähungen".

Gastralgie (Magenkrampf, Magenneuralgie): Siehe „Magenleiden", Ziff. 9.

Gastrisches Fieber: Siehe „Magenleiden", Ziff. 8 (Magenkatarrh).

Gastritis (Magenentzündung): Siehe „Magenleiden", Ziff. 8 (Magenkatarrh).

---

*) Ernährungsvorschriften siehe Seite 323 ff.

Gastroptose (Magensenkung): Behandlung wie bei Magenerweiterung.

Gastrorrhagia (Magenblutung): Siehe „Blutungen" und „Magenleiden", Ziff. 7 (Magengeschwür).

Gaumenentzündung, katarrhalische Entzündung der Schleimheit des Gaumens:

Bei Röte und heftigem Schmerz: Ferr. phos.
Bei weißer Absonderung (Zungenbelag!): Kal. chlor.
Bei goldgelber Absonderung: Natr. phos.
Bei durchsichtigem oder schaumigem Schleim: Natr. mur.
Entzündung der Gaumenmandeln: Siehe „Mandelabszeß".
Entzündung des Zäpfchens: Natr. mur.
Bei trockenem Gaumen (mit Hitzegefühl): Ferr. phos.
Bei Lähmung des weichen Gaumens (Gaumensegel): Kal. phos. und natr. mur.

Gebärmuttererkrankungen gehören nur in die Hand des Arztes. (Bei Senkung oder Verlagerung calc. fluor. zusätzlich zu den ärztlichen Verordnungen.)

Geburt: Erleichterung der Niederkunft und Vermeidung der Kalkschäden:

Calc. fluor. und calc. phos., einzunehmen während der ganzen Schwangerschaftsperiode, täglich abwechselnd, täglich 4 mal 3 Tabletten vor dem Essen.

Im letzten Schwangerschaftsmonat täglich: 2 – 3 mal, mit Eintritt der Wehen in kurzen Abständen: Magn. phos.

Nach der Niederkunft zur geregelten Rückbildung der Gebärmutter: Ferr. phos. (Beseitigung der Blutüberfüllung) und calc. fluor. (Kräftigung der elastischen Fasern).

Bei zu geringer Milchabsonderung: Calc. phos.

Bei zu starker Milchabsonderung: Natr. sulf.

Bei wässerig-bläulicher Milch: Natr. mur.

Bricht der Säugling käsige Massen aus: Natr. phos. (Beim Brustkind durch die Mutter einzunehmen, sonst einige Tabletten zerquetschen und das erhaltene Pulver trocken mit dem Stiel eines Hornlöffels dem Säugling auf die Zunge oder auf die Innenfläche der Wange streichen.)

Sind die Stühle des Säuglings grasgrün: Natr. sulf., einzunehmen wie vorstehend angegeben.

Bei Schreckhaftigkeit des Säuglings, bei zu leichtem Schlaf, übergroßer Lebhaftigkeit: Sil., einzunehmen wie vorstehend angegeben.

Gedächtnisschwäche: Kal. phos. und natr. mur. Dazu die nach einem etwaigen Grundleiden (z. B. Nervenleiden, Aderverkalkung usw.) in Betracht kommenden Mittel.

Nerventee *).

Biologisch: Genußmittel, die nur aufpeitschende Wirkung haben (Kaffee, Tee, Tabak, Alkohol), meiden.

Gefäßerweiterungen (z. B. Krampfadern, Aderverkalkung): Calc. fluor und sil., dazu die Angaben bei den betreffenden Krankheiten.

Gehirnblutung: Behandlung wie bei „Aderverkalkung" angegeben, selbstverständlich ärztliche Beratung erforderlich.

Gehirnentzündung (Encephalitis): Siehe „Entzündungen" und „Gehirnhautentzündung". (Fachmann!)

Gehirnerschütterung: Calc. phos. und kal. phos. Auch ferr. phos., namentlich am Anfang. Beim Zurückbleiben von Sehstörungen: Magn. phos.

Gehirnerweichung (Dementia paralytica): Unbedingt fachmännische Behandlung. Hauptmittel: Kal. phos. und natr. mur.

Gehirnhautentzündung (Meningitis simplex): Man unterscheidet bei dieser sehr schweren Erkrankung, die selbstverständlich nur vom Fachmann behandelt werden soll, ein Reizungsstadium und ein Lähmungsstadium.

Im Reizungsstadium: Schüttelfrost, hohes Fieber, Lichtempfindlichkeit, Berührungsempfindlichkeit, Nackensteifigkeit, Krämpfe, harter, rascher Puls, Erbrechen. Hauptmittel: Ferr. phos. und kal. phos., abwechselnd alle 5–10 Minuten eine Tablette.

Bei Krampferscheinungen: Magn. phos. in heißem Wasser.

Beim Nachlassen des Fiebers: Einschaltung von kal. chlor. zu den oben erwähnten Mitteln.

Im Lähmungsstadium, das schon beinahe keine Hoffnung auf Heilung mehr bietet: Erweiterung der Pupillen, Zungenlähmung, Lähmung einzelner Gliedmaßen, Schlummersucht, Bewußtlosigkeit: Hauptmittel: Kal. phos. und natr. mur., abwechselnd alle 5 Minuten 1 Tablette. Ist der Kranke zu schwach zum Einnehmen, soll man die Tabletten zerquetschen und das erhaltene Pulver (selbstverständlich beide Mittel jeweils getrennt!) seitlich auf die Innenfläche der Wange aufstreichen.

---

*) vgl. Vorwort zur V. Auflage

B i o l o g i s c h : Unbedingt Bettruhe, Vermeidung aller Geräusche, Zimmer abdunkeln, aber gut lüften. Kalte Kompressen auf Kopf und Stirn.

Täglich lauwarme Einläufe zur Förderung des Stuhlgangs. Als Nahrung nur Milch, Buttermilch, Milchsupppen, Fruchtsäfte.

Gehirnhöhlenwassersucht, hitzige, Wassersucht (Hydrocephalus): Infolge Flüssigkeitsansammlung im Gehirn ist der Kopf abnorm vergrößert. Krankheit kann angeboren sein oder später erst entstehen. Entsteht sie auf tuberkulöser Basis, ist Heilung kaum möglich. Selbstverständlich ärztliche Behandlung!

Hauptmittel:

a) Bei eingefallenem, schlaffem Leib, magerem Hals, rachitischer Veranlagung, blutarmem, skrofulösem Aussehen: Calc. phos.

b) Bei rundem, dickem Leib, leichter Erregbarkeit, Neigung zu Verstopfung: Sil.

c) Bei hitziger Erkrankung auch kal. chlor.

Vorstehende drei Mittel können auch im Wechsel gegeben werden.

Gehirnschlagfluß (Apoplexia cerebri):

a) Wenn die Ursache primär eine Gehirnblutung ist, selbstverständlich sofort ärztliche Behandlung! Ferr. phos. und magn. phos. (letzteres gegen die auftretenden Lähmungserscheinungen), abwechselnd alle ¼ Stunde 1 Tablette. Bei Bewußtseinsstörungen oder vollständiger Bewußtlosigkeit Tabletten zerquetschen, in einem Teelöffel Wasser auflösen und seitlich an den Mundwinkeln einträufeln.

Erläuterung zu Abbildung von Seite 173

1	Großhirn	16	Mittlere Nasenmuschel
2	Hirnbalken	17	Untere Nasenmuschel
3	Zirbeldrüse	18	Rachenmandel
4	Hirnanhang	19	Weicher Gaumen
5	Kleinhirn	20	Rachen
6	Brücke	21	Zunge
7	Verlängertes Mark	22	Gaumenmandel
8	Träger	23	Kehldeckel
9	Dreher	24	Zungenbein
10	Rückenmark	25	Kehlkopfeingang
11	7. Halswirbel	26	Stimmbänder
12	Stirnhöhle	27	Schilddrüse
13	Keilbeinhöhle	28	Luftröhre
14	Riechgegend	29	Speiseröhre
15	Obere Nasenmuschel	30	Brustbein

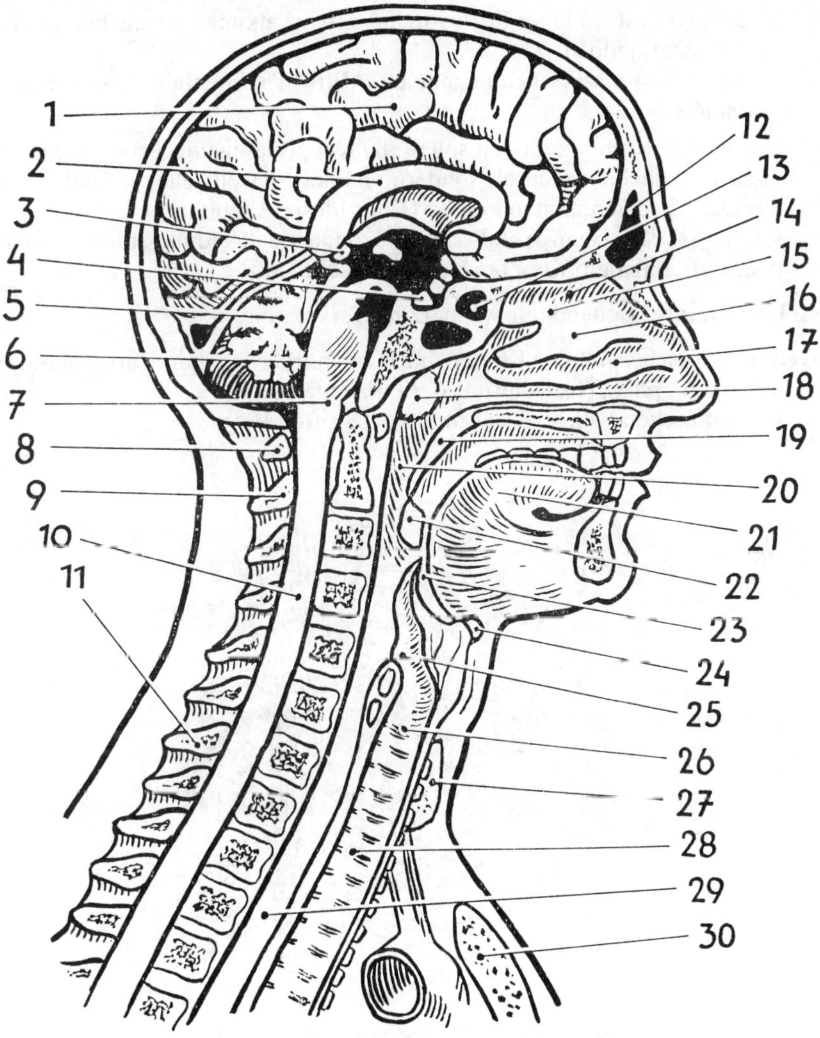

Längsschnitt durch Kopf und Hals

Erläuterung siehe Seite 172

b) Wenn die Erkrankung im Zusammenhang mit bestehender Arteriosklerose (Aderverkalkung) steht, wie meistens, dann kommt das Rezept, wie es beim Stichwort „Aderverkalkung" angegeben ist, in Betracht, jedoch
bei Lähmungserscheinungen am Mittwoch ebenfalls magn. phos. (statt silicea).

Bei akuten Komplikationen sollen die rezeptmäßig angegebenen Mittel nicht in täglichen Wechsel, sondern vielmehr jeweils alle 2 Stunden abwechselnd eingenommen werden (Einzeldosis: 2 Tabletten).
Biologisch: Beim Anfall sofort beengende Kleidungsstücke öffnen oder aufschneiden! Kopf hochlagern, frische Luft!

Gehirnsklerose: Behandlung wie bei Aderverkalkung.

Geifern (Speichelfluß der Kinder und Kranken): Natr. mur. (Speichelsalz) und magn. phos. (Regulierung der Drüsentätigkeit).
In chronischen Fällen: Ernährungsvorschriften II *).

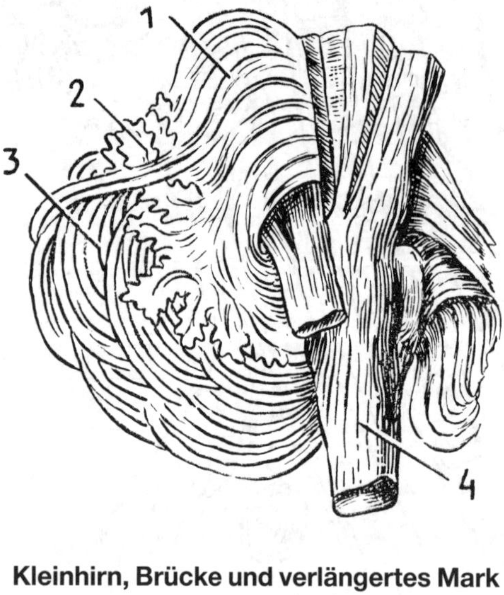

Kleinhirn, Brücke und verlängertes Mark

1 Varolsbrücke
2 Lebensbaum
3 Kleinhirnwindungen
4 verlängertes Mark

*) Ernährungsvorschriften siehe Seite 323 ff.

Berücksichtigung der Konstitution (siehe dieses Stichwort), sowie etwaiger ursächlicher Krankheiten.

Gelbfieber: Ist nur in den Tropen heimisch. Behandlung durch Arzt!

Gelbsucht (Ikterus): Ist gewöhnlich nur Begleiterscheinung einer anderen, meistens einer Lebererkrankung. Stets fachmännische Beratung. Hauptmittel: Kal. sulf., natr. sulf., magn. phos. Dazu weitere Mittel wie folgt:
Beim Vorliegen von Entzündungserscheinungen (Leberentzündung!): Ferr. phos. Bei höherem Fieber, Schlummersucht, Teilnahmslosigkeit: Kal. phos. und natr. mur., abwechselnd sehr häufig.
Bei weißem, weißgrauem Zungenbelag, bei hellem Stuhlgang: Kal. chlor.
Bei Wasserzusammenlaufen im Munde: Natr. mur.
Bei Magensäure, saurem Stuhl, saurem Erbrechen: Natr. phos.
Gegen das Hautjucken: Kal. sulf. und magn. phos., beide auch äußerlich in Form der biochemischen Coldcreme.
Nach Ausheilung: Monatelang sil., natr. sulf., natr. phos. und magn. phos.
Biologisch: Streng verboten alle Fette (ausgenommen reine, frische, ungesalzene Kuhbutter), Alkohol, Bohnenkaffee. Vegetarische Kost. Viel Gemüse (keine Konserven!), Obst, Milch, Buttermilch. Siehe auch Ernährungsvorschriften I *). Vorzüglich Schafgarbentee und rohe oder geschmorte Johannisbeeren.

Gelbsucht der Neugeborenen: Meist harmlose, alsbald wieder vorübergehende Erkrankung. Natr. sulf. in zweistündlichen Gaben. Einnahmevorschrift: Tabletten zerquetschen, trocken auf die Zunge oder auf die Innenfläche der Wangen streichen.

Gelenkanschwellung: Wenn wassersüchtig: Kal. chlor., natr. mur., natr. sulf. Blasen- und Nierentee **).
Wenn rheumatisch: Siehe „Gelenkgicht".

Gelenkentzündung: Am Anfang: Ferr. phos., später kal. chlor., dazu von Anfang an: Calc. fluor.
Bei schießenden, bohrenden, die Stelle wechselnden oder Pausen machenden Schmerzen: Magn. phos.
Wenn Schmerzen am Abend oder im warmen Raum schlimmer, dagegen in frischer Luft besser: Kal. sulf.

---

*) Ernährungsvorschriften siehe Seite 323 ff.
**) vgl. Vorwort zur V. Auflage

Mit Taubheitsgefühl oder nächtlichem Kribbeln: Calc. phos. und natr. mur.

In chronischen Fällen, bei denen an Skrofulose, Tuberkulose und Rachitis zu denken ist: Calc. phos., natr. mur., sil. und kal. sulf.

Bei eitrigen Gelenkentzündungen: Sil.

Bei akuten tuberkulösen oder skrofulösen Gelenkentzündungen: Sil., calc. phos., magn. phos. und natr. phos.

Bei heißen Schmerzen: Einreibung mit biochemischer Coldcreme ferr. phos.

Schwere Fälle gehören selbstverständlich in die Behandlung des Arztes.

Biologisch: Unbedingt Ernährungsvorschriften II, besser, wenigstens eine Zeitlang, I *).

Gelenkgicht, Gelenkrheumatismus: Der Naturheiler betrachtet diese Erkrankungen als Folgen einer Harnsäureüberladung des Blutes und der Gewebeflüssigkeiten. Andere Forscher erblicken die Ursache in einer Infektion.

Die biochemische Behandlung:

I. Die akute Form: Ferr. phos. und calc. fluor., abwechselnd alle 2 Stunden 2 Tabletten.

Sollte (trotz des Einnehmens von ferr. phos.) das Fieber steigen, so wird nur kal. phos., jede Stunde 1 – 2 Tabletten, unter Weglassung von calc. fluor. eingenommen.

Sobald das Fieber nachläßt und/oder sich weißer, weißgrauer Zungenbelag zeigt, tritt an die Stelle von ferr. phos. (bzw. kal. phos.) die No. 4, kal. chlor.

Besteht sehr starker Durst oder treten häufig Schweißausbrüche auf, so wird natr. mur. eingeschaltet.

Im akuten Stadium kommen also die Mittel

ferr. phos. (bzw. kal. phos. bzw. kal. chlor.)
und calc. fluor.
und (evtl.) natr. mur.
zur Anwendung.

Gegen die oft unerträglichen Schmerzen wird eine Einreibung mit dem Nervenöl **) empfohlen.

Desgleichen soll kurmäßig der Rheumatee **) getrunken werden.

---

*) Ernährungsvorschriften siehe Seite 323 ff.

**) vgl. Vorwort zur V. Auflage

Selbstverständlich Bettruhe und unbedingt Einhaltung der Ernährungsvorschriften I *).

II. Die chronische Form:

Die biochemische Behandlung des chronischen Gelenkrheumatismus und der chronischen Gicht erfordert auf Seiten des Patienten viel Geduld und Ausdauer, ist aber in jedem Fall außerordentlich aussichtsreich im Sinne einer vollständigen Dauerheilung.

Erste Voraussetzung ist auch hier die Durchführung einer biologischen Lebens- und Ernährungsweise. Mindestens sind die Ernährungsvorschriften II *) zu beachten.

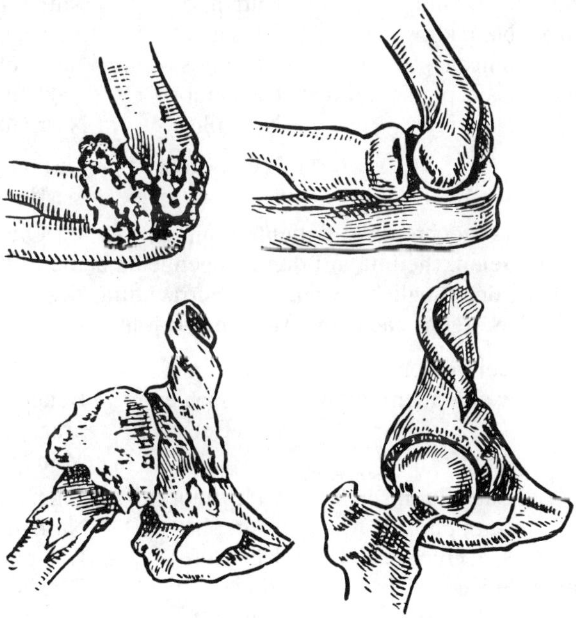

Ellenbogen- und Hüftgelenk

Links oben: Arthrosis deformans des Ellenbogengelenks

unten: Arthrosis deformans des Hüftgelenks. Entartung, Schwund und Wucherungserscheinungen an Knorpel und Knochen, Abschleifung der Gelenkflächen.

Rechts: Die gleichen Gelenke in gesundem Zustand.

---

*) Ernährungsvorschriften siehe Seite 323 ff.

Nach naturheilerischer Ansicht muß aber in allen solchen Fällen auch die Konstitution (siehe dieses Stichwort) berücksichtigt werden. Um den Lesern die immerhin komplizierte Zusammenstellung eines geeigneten Rezeptes zu ersparen, nachstehend für die wichtigsten Fälle einige Wochenrezepte:

	Bei gleichzeitiger Blutarmut	Bei nervöser Disposition	Bei Empfindlichkeit gegen Witterungsumschlag
Montag:	Calc. fluor.	Calc. fluor.	Calc. fluor.
Dienstag:	Calc. phos.	Kal. phos.	Natr. sulf.
Mittwoch:	Natr. mur.	Natr. phos.	Natr. phos.
Donnerstag:	Natr. phos.	Silicea	Silicea
Freitag:	Silicea	Kal. phos.	Natr. sulf.
Sonnabend:	Calc. phos.	Calc. fluor.	Calc. fluor.
Sonntag:	Natr. mur.	Natr. phos.	Natr. sulf.
		Nerventee*)	Leber- und Gallentee*)

Ganz besonders möchten alle Patienten mit chronischer Gicht oder mit chronischem Gelenkrheuma auf den Zungenbelag achten; die sicherste Erkennung wird ermöglicht, wenn die Betrachtung des Zungenhintergrundes gleich morgens nach dem Aufstehen erfolgt.

	Bei weißem, weißgrauem Belag	Bei gelbem, etwas schleimigem Belag	Bei bräunlichem Belag u. ausgeprägt üblem Mundgeruch
Montag:	Calc. fluor.	Calc. fluor.	Calc. fluor.
Dienstag:	Natr. phos.	Natr. phos.	Natr. phos.
Mittwoch:	Kal. chlor.	Kal. sulf.	Kal. phos.
Donnerstag:	Silicea	Silicea	Silicea
Freitag:	Kal. chlor.	Kal. sulf.	Kal. phos.
Sonnabend:	Calc. fluor.	Calc. fluor.	Calc. fluor.
Sonntag:	Kal. chlor.	Kal. sulf.	Kal. phos.

Eine besondere Betrachtung müssen wir jenen Formen von chronischem Gelenkrheuma widmen, bei denen nach Überstehen der akuten Erscheinungen noch „Herzklappenfehler" zurückgeblieben sind – eine leider bei

*) vgl. Vorwort zur V. Auflage

unrichtiger Behandlung der akuten Form recht häufige Spätfolge! Die biochemische Rezeptur ist verschieden, je nachdem, ob die „Systole" (die Zusammenziehung) des Herzmuskels oder die Diastole (Erweiterung) gefördert werden soll. Es ist selbstverständlich, daß die diagnostische Feststellung nur durch einen erfahrenen Fachmann erfolgen kann; in solchen Fällen unbedingt spezialärztliche Untersuchung!

	Zur Förderung der Systole	Zur Förderung der Diastole
Montag:	Calc. fluor.	Calc. fluor.
Dienstag:	Ferr. phos.	Ferr. phos.
Mittwoch:	Calc. phos.	Kal. phos.
Donnerstag:	Natr. phos.	Natr. phos.
Freitag:	Calc. fluor.	Calc. fluor.
Sonnabend:	Ferr. phos.	Ferr. phos.
Sonntag:	Calc. phos.	Kal. phos.

Dazu: In beiden Fällen den biochemischen Herztee *) kurmäßig anwenden; er fördert in jedem Falle die Normalisierung der Herzleistung. Auch die Herztropfen *) sollen zwischendurch eigenommen werden. Siehe auch Stichwort „Herzleiden", Ziff. 10 (Herzklappenfehler).

III. Besondere Fälle: Bei sog. „Springendem Rheumatismus" (die Schmerzen springen von Gelenk zu Gelenk und zwar in relativ kurzen Abständen), auch „Fliegende Gicht" genannt: Die beiden Mittel kal. sulf. und magn. phos. in geeigneter Weise in den Kurplan einschalten.

Beim Auftreten von Lähmungserscheinungen: Kal. phos. zusätzlich anwenden (nicht bei bestehendem Bluthochdruck!).

Bei Knacken in den Gelenken: Natr. mur. öfters hinzunehmen. Einreiben mit Nervenöl *).

Gelenkneuralgie, Gelenkneurose: Ist eigentlich keine Gelenkerkrankung, wird aber häufig dafür angesehen. Die Gelenkneurose befällt meistens Knie und Hüfte, seltener die Schulter. Die biochemischen Mittel bestimmen sich nach den Angaben beim Stichwort „Nervenleiden", Ziff. 3 (Nervenschmerzen).

Gemütsverstimmung, Neigung zum Weinen, auch bei Hypochondrie:
Kal. phos. und natr. mur.
Bei Gereiztheit, zu lebhaftem Wesen (insbesondere auch bei Kindern): Sil. und calc. phos.
Bei Schreckhaftigkeit: Sil.

*) vgl. Vorwort zur V. Auflage

Siehe auch Stichwort „Wechseljahre".
Biologisch: Ernährungsvorschriften II *).

Genickstarre (Meningitis cerebrospinalis epidemica): Unbedingt fachmännische Beratung erforderlich.
Behandlung wie bei „Gehirnhautentzündung" angegeben. Etwaige weitere Symptome (Bronchialkatarrh, Lungenentzündung usw.) erfordern die hierfür in Betracht kommenden Mittel.

Gerinnungsfähigkeit des Blutes wird gefördert durch calc. fluor., calc. phos., kal. phos. und natr. mur. Besonders wichtig: Vitamin K, enthalten in frischen Tomaten, Krauskohl usw.
Biologisch: Unbedingt Ernährungsvorschriften I *).

Gerstenkorn (Hordeólum), Hagelkorn: Siehe „Augenleiden", Ziff. 9.

Geruchs- oder Geschmacksverlust (bei Schnupfen oder nach Grippe): Natr. mur.

Geschmacksempfindungen, die ohne besonderes Motiv auftreten, sind charakteristisch für die Notwendigkeit vorbeugender, frühzeitiger Anwendung biochemischer Mittel:
Wenn bitterer Geschmack: Natr. sulf.
Wenn salziger Geschmack: Natr. mur.
Bei üblem Geschmack: Kal. phos.
Wenn sauer: Natr. phos.

Geschwüre (Ulcera): Siehe „Abszeß" und „Furunkel".

Geschwulst (Tumor): Stets nach dem Grundleiden zu behandeln.
Im einzelnen:
Wenn eitrig: Sil. und natr. phos.
Wenn jauchig, brandig: Kal. phos.
Überbein (Ganglion): Calc. fluor. und sil.
Anschwellung der Gelenke, wenn rheumatisch: Natr. phos. und sil., dazu natr. mur. (Schwellung ist schmerzempfindlich, jedoch bleibt nach Druck keine Vertiefung zurück).

Anschwellung der Gelenke, wenn keine Schmerzempfindung besteht, aber eine Vertiefung, oftmals weiß, blutleer, zurückbleibt: Kal. chlor., natr. mur., natr. sulf. Dazu Blasen- und Nierentee **).

Bei Drüsenschwellung: Siehe dieses Stichwort.

Bei Schwellung der Schilddrüse: Siehe „Kropf".

---

*) Ernährungsvorschriften siehe Seite 323 ff.
**) vgl. Vorwort zur V. Auflage

Bösartige Geschwülste (Carzinom, Sarkom) erfordern unter allen Umständen ärztliche Beratung.

Gesichtsfalten, frühzeitige:

Beim Fahl- und Schlaffwerden der Haut, beim Auftreten von Runzeln: Ferr. phos. und calc. fluor., in täglichem Wechsel monatelang.

Diese beiden Mittel auch äußerlich in Form der biochemischen Coldcreme.

Gesichtslähmung: Siehe „Fazialis-Lähmung".

Gesichtsrose: Siehe „Rose".

Gesichtsschmerz, Gesichtsneuralgie:

Bei Schmerzen nach Erkältung, bei stechenden Schmerzen: Ferr. phos.

Dieses Mittel auch, wenn Stirn heiß und wenn die Schmerzen durch Bewegen des Kopfes verschlimmert werden.

Bei blassen, empfindlichen, reizbaren Personen: Kal. phos.

Bei schießenden, bohrenden, oft Pausen machenden Schmerzen: Magn. phos. (beim akuten Anfall in heißem Wasser zu nehmen!), daneben auch sil.

Bei Verschlimmerung in der Wärme und gegen Abend: Kal. sulf.

Bei Kopfschmerzen des Nervus trigeminus (von den Ohren nach den Zähnen ausstrahlend): Natr. mur.

Bei Kopfschmerzen, die vom Nacken her kommen und über den Hinterkopf ausstrahlen: Natr. mur., in vielen Fällen auch sil. und kal. chlor.

Bei bitterem Geschmack im Munde, Verschlimmerung beim Witterungswechsel, beim Aufenthalt in feuchten Gegenden: Natr. sulf., dazu Leber- und Gallentee*) und Leber- und Galletropfen*).

Bei Kribbeln und Taubheitsgefühl: Calc. phos. und natr. mur.

Bei Tränenfluß, Speichelfluß, Wasserzusammenlaufen im Munde, Ausfluß aus der Nase: Natr. mur.

Selbstverständlich ist in allen Fällen eine länger dauernde Kur (in chronischen Fällen mindestens 3 Monate!) zur vollständigen Heilung erforderlich.

Beim plötzlichen Auftreten von Gesichtsschmerzen werden die nach vorstehenden Angaben in Betracht kommenden Mittel (eventuell abwechselnd) eingenommen, und zwar etwa alle 10 Minuten 1 Tablette.

Vor dem auch nur gelegentlichen Einnehmen von allopathischen Schmerzbetäubungsmitteln muß gewarnt werden, weil hierdurch auch der Erfolg der biochemischen Kur beeinträchtigt wird.

---

*) vgl. Vorwort zur V. Auflage

Biologisch: Ernährungsvorschriften II *). Hautpflege. Achtung auf guten Stuhlgang!

Gesichtszuckungen: Sil. Siehe auch Stichwort „Zuckungen".

Gicht (Arthritis urica): Siehe Stichwort „Gelenkgicht".

Gingivitis, Zahnfleischentzündung: Siehe „Zahnkrankheiten", Ziff. 17.

Glatze: Siehe „Haarausfall".

Glaukom (Grüner Star): Siehe „Augenleiden", Ziff. 14.

Gliederschmerzen: Siehe „Muskelrheumatismus".

Glomerulonephritis (Nierenentzündung): Siehe „Nierenleiden", Ziff. 5.

Glossitis: Siehe „Zungenentzündung".

Glotzaugenkrankheit: Siehe „Basedow'sche Krankheit".

Glykämie, vermehrter Gehalt an Zucker im Blut: Siehe „Zuckerkrankheit".

Glykosurie (diabetische), Ausscheidung von Zucker im Harn: Siehe „Zuckerkrankheit".

Gonarthritis, Gonitis (Kniegelenkentzündung): Siehe „Gelenkentzündung".

Graue Haare (zu frühes Ergrauen): Sil., evtl. auch kal. sulf. oder natr. mur., je nach den Erscheinungen und der Konstitution, siehe letzteres Stichwort. Dazu das Haarwasser Sternosan.

Grauer Star (Katarakt): Siehe „Augenleiden", Ziff. 13.

Grindausschlag: Siehe „Absonderungen" und „Flechten".

Grippe, Influenza: Hauptmittel am Anfang: Ferr. phos. und natr. sulf., sehr häufig (alle ¼ Stunde 1 Tablette) abwechselnd. Falls Patient sehr hinfällig, benommen, teilnahmslos ist, sofort kal. phos. einschalten und dasselbe mit natr. sulf. bevorzugt einnehmen, unter sukzessiver Ausschaltung von ferr. phos.

Bei eintretender Erleichterung (Rückgang des Fiebers, subjektive Besserung): Kal. chlor.

In allen Fällen sofort Grippetee **).

In schweren Fällen selbstverständlich ärztliche Beratung.

---

*) Ernährungsvorschriften siehe Seite 323 ff.
**) vgl. Vorwort zur V. Auflage

Biologisch: Bettruhe! Nicht zu früh aufstehen. Am Beginn unbedingt Ernährungsvorschriften I *), jedoch nur insoweit, als Patient Verlangen nach Nahrung zeigt. Zimmer gut lüften unter Vermeidung von Zugluft.

Wichtiger Hinweis: Da die biochemische Behandlung außerordentlich erfolgreich ist und da jede Erkrankung um so leichter und schneller zu überwinden ist, je früher die Behandlung beginnt, sollten die obigen Mittel (ferr. phos., kal. phos. und natr. sulf.) in jedem Haushalt stets griffbereit zur Verfügung stehen!

Grüner Star (Glaukom): Siehe „Augenleiden", Ziff. 14.

Grützbeutel: Siehe „Balggeschwulst".

Gürtelrose (Herpes zoster): Siehe „Nervenleiden", Ziff. 3.

Gymnastik: Die Durchführung einer täglichen Gymnastik ist gesundheitlich äußerst wichtig und wertvoll. Dabei gilt es begreiflicherweise, die eigene Trägheit zu überwinden. Es ist auch nicht so, daß eine regelmäßig ausgeübte körperliche Berufstätigkeit (etwa an der Werkbank oder als Monteur oder als Hausfrau!) die Gymnastik ersetzen könnte, denn jede solche Tätigkeit ist einseitig und gibt stets nur den gleichen Muskeln Betätigungsmöglichkeit.

Es gibt sehr viele und oft gut ausgestattete Bücher über Gymnastik im Handel. Die meisten derselben kranken an zwei Mängeln: Entweder sind die „Übungen" zu schwer, oder aber sie sind zu zeitraubend; manchmal bestehen beide Unzulänglichkeiten gleichzeitig.

Wenn man aber für die Durchführung einer regelmäßigen Gymnastik im volksgesundheitlichen Interesse weite Kreise der Bevölkerung gewinnen will, dann müssen folgende Voraussetzungen erfullt sein:

a) Die Übungen dürfen nicht zu schwer sein.

b) Die Übungen dürfen keine lange Zeit beanspruchen.

c) Die Übungen müssen dem jeweiligen körperlichen Zustand des betreffenden Menschen gemäß sein.

Alle diese Voraussetzungen werden wohl am besten erfüllt, wenn man sich die einzelnen Übungen von einem geprüften Gymnastiklehrer zeigen läßt; dieses kann in wenigen Stunden erfolgen.

---

*) Ernährungsvorschriften siehe Seite 323 ff.

Haarausfall (Alopecia), Glatze, Haarschinn, Haarschuppen:
Hauptmittel: Kal. phos., sil., natr. mur.
Bei Haarausfall an runden Stellen (Alopecia areata): Kal. phos. und natr. sulf.
Bei Harnsäurenaturen: Sil. und natr. phos. (In diesem Fall auch Ernährungsvorschriften II *) erforderlich!).
Haarausfall kann nur geheilt werden, wenn die Haarkeime noch nicht zerstört sind. Dies kann nur ein Fachmann feststellen.
Die vorstehenden Mittel auch bei Haarschinn und Schuppen.
In allen Fällen hat sich ausgezeichnet bewährt das Haarwasser Sternosan.
Selbstverständlich soll in jedem Falle auch die Konstitution berücksichtigt werden (siehe dieses Stichwort), und ebenso dürfte selbstverständlich sein, daß eine länger dauernde, regelmäßige Kur erforderlich ist.
Haarausfall hat oftmals auch alimentäre Ursachen. Infolgedessen empfiehlt sich in jedem Falle die Durchführung einer biologischen Ernährung etwa nach den Ernährungsvorschriften II *). Man achte inbesondere auf allzu große Vorliebe für bestimmte (nachteilige) Gewohnheiten, z. B. starkes Verlangen nach Saurem, scharf Gewürztem, nach Kochsalz oder auch nach Süßigkeiten. Derartige „unbiologische" Genüsse sollen unter allen Umständen eingeschränkt werden.

Hämaturie (Nierenblutung): Siehe „Nierenleiden", Ziff. 3.

Hämorrhoidalblutungen: Siehe „Hämorrhoiden" und „Blutungen".

Hämorrhoiden sind eine innere Erkrankung, sie können daher auch nur durch innerlich einzunehmende Mittel wirklich und dauerhaft geheilt werden. Ihre Ursache ist in falscher Lebens- und Ernährungsweise (zuviel Fleischkost, scharfe Gewürze, Kochsalzmißbrauch, zu wenig Bewegung, sitzende Berufsausübung usw.) zu erblicken. Aus diesen Feststellungen ergibt sich:

a) Durch den ausschließlichen Gebrauch äußerer Mittel (Salben, Zäpfchen) kann eine Heilung nicht herbeigeführt werden. Allerdings ist die Anwendung von lindernden Coldcremes (siehe nachstehend) gegen die oft unerträglichen subjektiven Beschwerden (Juckreiz, Schmerzen usw.) zu empfehlen.
b) Jede wirkliche Dauerheilung setzt – außer der biochemischen Behandlung – ein Mindestmaß an biologischer Lebensführung voraus.

---

*) Ernährungsvorschriften siehe Seite 323 ff.

Da Krampfadern, offene Beine und Beingeschwüre pathologisch genau so wie die Hämorrhoiden zu den Erkrankungen des venösen Blutkreislaufs gehören, sind im Nachstehenden auch Rezepte für die besonders bei Krampfadern häufigen Komplikationen (Venenentzündung, Thrombose usw.) angegeben. Näheres siehe Stichwort „Krampfadern".

Wichtig, geradezu unerläßlich in allen Fällen:

I. Spezialmittel Hämosan*) nach Vorschrift innerlich anwenden. Bewährt seit 40 Jahren, keine Reizerscheinungen, überraschend schnelle Wirkung, keine Berufsstörung.

II. Unbedingt Ernährungsvorschriften I **).

Biochemische Rezepte

Allgemein:

Montag:	Calc. fluor.	Freitag:	Silicea
Dienstag:	Silicea	Sonnabend:	Calc. fluor.
Mittwoch:	Natr. phos.	Sonntag:	Natr. phos.
Donnerstag:	Calc. fluor.		

Einnehmevorschriften: Etwa alle 3 Stunden 2–3 Tabletten langsam im Munde zergehen lassen. Das Einnehmen erfolgt nüchtern oder ½ Stunde vor dem Essen.

Dazu: Biochemische Coldcreme calc. fluor. morgens, silicea abends einreiben.

Bei starken Schmerzen und entzündeten Knoten:

Montag:	Ferr. phos.	Freitag:	Silicea
Dienstag:	Calc. fluor.	Sonnabend:	Ferr. phos.
Mittwoch:	Ferr. phos.	Sonntag:	Calc. fluor.
Donnerstag:	Calc. fluor.		

Sollte ein weißer oder weißgrauer Zungenbelag bestehen (häufiger Fall!), dann soll in vorstehendem Rezept statt ferr. phos. besser kal. chlor. angewendet werden. Am sichersten erfolgt die Betrachtung des Zungenhintergrundes morgens gleich nach dem Aufstehen.

Einnehmevorschriften wie oben.

Dazu: Biochemische Coldcreme ferr. phos. morgens und calc. fluor. abends einreiben.

Bei starkem Juckreiz:

Rezept wie bei „Allgemein" angegeben.

---

*) vgl. Vorwort zur V. Auflage

**) Ernährungsvorschriften siehe Seite 323 ff.

Biochemische Coldcreme silicea; erst nach Aufhören des Juckreizes Coldcreme calc. fluor. im Wechsel dazu nehmen.

Bei bröckeligem Stuhl, auch wenn Stuhl mit Schleim überzogen ist oder wenn scharfmachender, ätzender Ausfluß aus dem After besteht:

Montag:	Ferr. phos.	Donnerstag:	Natr. mur.
Dienstag:	Natr. mur.	Freitag:	Ferr. phos.
Mittwoch:	Ferr. phos.	Sonnabend:	Natr. mur.
		Sonntag:	Calc. fluor.

Einnehmevorschriften wie oben.

Biochemische Coldcreme: Nur ferr. phos., solange die vorbeschriebenen Beschwerden bestehen.

Bei auftretender Venenentzündung:

Montag:	Ferr. phos.	Freitag:	Kal. phos.
Dienstag:	Kal. phos.	Sonnabend:	Kal. sulf.
Mittwoch:	Kal. sulf.	Sonntag:	Calc. fluor.
Donnerstag:	Ferr. phos.		

Einnehmevorschriften wie oben.

Dazu: Biochemische Coldcreme ferr. phos.

Bei auftretender Thrombose (Blutgerinsel): (Fachmann!)

Montag:	Ferr. phos.	Freitag:	Ferr. phos.
Dienstag:	Kal. sulf.	Sonnabend:	Kal. sulf.
Mittwoch:	Calc. fluor.	Sonntag:	Calc. fluor.
Donnerstag:	Kal. chlor. (besonders bei weißem oder weißgrauem Zungenbelag)		

Einnehmevorschriften wie oben.

Biologisch: Äußerste Ruhe, keine Überanstrengungen! Unbedingt Ernährungsvorschriften I *).

Bei Krämpfen des Aftermuskels, wenn die Krämpfe regelmäßig auftreten:

Montag:	Magn. phos.	Freitag:	Calc. fluor.
Dienstag:	Ferr. phos.	Sonnabend:	Magn. phos.
Mittwoch:	Silicea	Sonntag:	Calc. fluor.
Donnerstag:	Magn. phos.		

Einnehmevorschriften: Wie vorstehend.

Biochemische Coldcreme: Nur calc. fluor.

---

*) Ernährungsvorschriften siehe Seite 323 ff.

Beim akuten Auftreten von Krämpfen: 10 Tabl. magn. phos. zerquetschen, in einem Likörglas sehr warmen Wassers auflösen und langsam, schluckweise, möglichst warm einnehmen. Überraschend schnelle Wirkung!

Hämorrhoiden sollten nicht leicht genommen werden, sie sind ernste Warnungszeichen der Natur! Die Verschlackung und Versäuerung des Blutes, die sich als „Hämorrhoiden" kundtun, haben bei Unterlassung rechtzeitiger und gründlicher Bekämpfung oft schwere innere Erkrankungen (Leber, Galle, Darm, Nieren, selbst Herzleiden!) zur Folge.

Aus diesen Gründen ist im Vorstehenden gerade diese Erkrankung so ausführlich behandelt.

Bei „Offenen Beinen" (sogen. Beingeschwüren):

A. **Wenn salzige Absonderungen vorliegen** (klebrig, scharfmachend, ätzend, auch juckend):

Montag:	Natr. mur.	Freitag:	Calc. fluor.
Dienstag:	Calc. fluor.	Sonnabend:	Natr. mur.
Mittwoch:	Natr. phos.	Sonntag:	Natr. phos.
Donnerstag:	Natr. mur.		

Einnehmevorschriften wie oben.

Dazu: Biochemische Coldcreme ferr. phos. morgens, calc. fluor. abends dünn auf die Binde streichen.

Strengstes Kochsalzverbot (keine Fleischbrühe, keine Wurst, keinen Schinken, keine Margarine, keine Räucherwaren!). Das biologische „R"-Salz*) ist erlaubt.

B. **Wenn eitrige Absonderungen vorliegen:**

Wie vorstehendes Rezept, jedoch am Montag, Donnerstag und Sonnabend statt natr. mur. besser silicea.
Dazu: Biochemische Coldcreme ferr. phos. morgens, silicea abends dünn auf die Binde streichen.

Ernährung: Wie vorstehend!

Hagelkorn: Behandlung wie bei Gerstenkorn, siehe „Augenleiden", Ziff. 9.

Hahnemann, Samuel Christian Friedrich, geb. am 10. 4. 1755 in Meissen, gest. 2. 7. 1843 in Paris. Begründer der Homöopathie. Näheres siehe Teil I.

Halbseitiger Kopfschmerz: Siehe „Kopfschmerzen".

---

*) vgl. Vorwort zur V. Auflage

Halsbräune, häutige Bräune: Siehe „Krupp".

Halsentzündung (Angina), Rachenkatharrh (Pharyngits):
Am Anfang ferr. phos. im Wechsel mit kal. chlor.

Sobald Auswurf eintritt oder sich Zungenbelag zeigt: Kal. chlor. Etwaige weitere Mittel siehe Stichwort „Absonderungen".

Bei Verdacht auf Diphtherie:
Calc. phos. und kal. phos.

Bei dem geringsten Gestank aus Mund und Nase:
Sofort sehr häufig kal. phos. (alle 10–15 Min. 1 Tabl.). Sofort Arzt rufen! Siehe auch „Mandelabszeß".

Biologisch: Feuchtkühler Halsumschlag. Gurgeln mit Salbeitee. Ernährungsvorschriften I, nach Besserung eine Zeitlang II *).

Halsgeschwür: Sil. Bei fauligen, übelriechenden Absonderungen: Kal. phos. Siehe auch „Mandelabszeß".

Halszellgewebsentzündung: Relativ seltene Erkrankung! Tritt meist im Anschluß an Scharlach oder Diphtherie auf. Beginnt mit geringer Geschwulst unterhalb des Kinns, hernach Anschwellung von Mundhöhle und Hals.
Bei weicher Geschwulst: Natr. phos., evtl. mit kal. chlor.
Bei harter Geschwulst: Calc. fluor. und sil., mit kal. chlor.
Weitere Behandlung wie bei „Mandelabszeß" angegeben. Ärztliche Beratung!

Handschweiß: Siehe „Fußschweiß".

Harngrieß: Siehe „Nierenleiden", Ziff. 6 (Nierengrieß).

Harnruhr (Diabetes insipidus): Starke Ausscheidung von Urin, jedoch ohne Zucker, Kennzeichen: Trockene Zunge, starker Durst, Abmagerung, Mattigkeit. Behandlung durch Fachmann!

Hauptmittel: Kal. phos. und natr. sulf., bei starkem Durst dazu natr. mur.

Biologisch: Ernährungsvorschriften I *), strengstes Kochsalzverbot (nur ein sogen. Diätsalz, das kochsalzfrei ist, ist erlaubt), größte Mäßigkeit im Trinken. Kleine Schlucke trinken und diese möglichst lange im Munde behalten.

---

*) Ernährungsvorschriften siehe Seite 323 ff.

Harnsäure: Beim Menschen das Abbauergebnis des Nukleinstoffwechsels (Eiweiß). Tägliche Ausscheidung im Harn bei Gesunden: 0,4–1,2 Gramm. Durch unzweckmäßige (stark eiweißhaltige) Ernährung tritt Erhöhung der Harnsäurewerte und damit eine allgemeine „Übersäuerung" des Körpers ein. Diese Übersäuerung ist nach biologischer Ansicht verantwortlich für die zahlreichen „Säurekrankheiten". Andererseits braucht der Körper den physiologisch erforderlichen Anteil an freier Harnsäure.

Aus diesen Zusammenhängen ergibt sich die grundlegende Wichtigkeit von „Ernährungsvorschriften" für die sogenannten Stoffwechselkrankheiten.

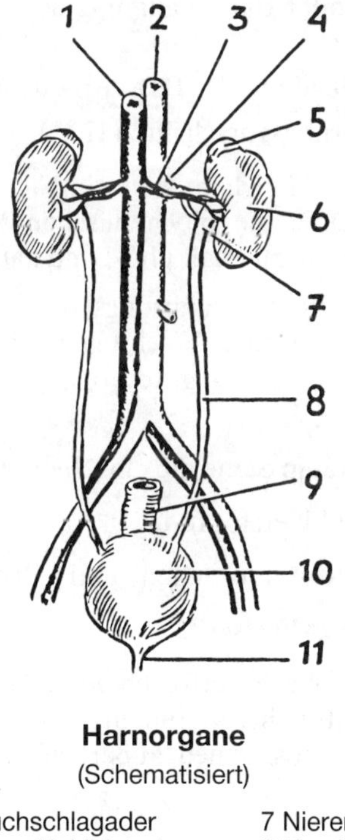

Harnorgane
(Schematisiert)

1 Bauchschlagader
2 Untere Hohlblutader
3 Nierenschlagader
4 Nierenblutader
5 Nebenniere
6 Niere
7 Nierenbecken
8 Harnleiter
9 Mastdarm
10 Harnblase
11 Harnröhre

Näheres siehe Stichwort „Säure".

Das Hauptmittel bei jedem Säureüberschuß ist natr. phos. Dieses Salz hält die Harnsäure im Körper in Lösung. Sind – infolge Zurückhaltung überschüssiger Harnsäure im Körper – harnsaure Kristallablagerungen, sogenannte Urate, entstanden (Nierensteine, gichtische Ablagerungen in den Gelenken usw.), dann muß sil. dazu genommen werden, weil sil. diese harnsauren Kristallablagerungen auflöst.

Bei Säure-Unterschuß im Blut und in den Gewebeflüssigkeiten (häufigster Fall: Säuremangel im Magensaft) muß das biochemische Mittel natr. mur. angewendet werden.

Harnträufeln: Je nach der Ursache zu behandeln:

Wenn Blasenkrampf die Ursache: Kal. phos. und magn. phos.

Wenn Blasenkatarrh oder Blasenlähmung oder Bettnässen die Ursache: Siehe diese Stichworte.

In allen Fällen (auch in akuten!): Blasen- und Nierentee *).

Biologisch: Ernährungsvorschriften II **).

Harnvergiftung (Urämie): Hier liegt stets ein Nierenleiden zugrunde, nach welchem in erster Linie die biochemischen Mittel bestimmt werden müssen. In allen Fällen dazu: Kal. phos. und natr. sulf.

Biologisch: Unbedingt Ernährungsvorschriften I **). Verboten: Fleisch in jeder Form, Fische, Fischrogen, Eier; keine Gewürze, keine Fleischbrühe und keine Genußgifte!

Ärztliche Betreuung!

Harnverhaltung, Harnzwang: Siehe die einzelnen Blasenleiden.

Hartleibigkeit: Siehe „Stuhlverstopfung".

Hautausschläge: Siehe „Absonderungen" und „Flechten".

Hautfinne (Akne): Siehe „Mitesser".

Hautjucken (Pruritus): Ursache erforschen! (Hämorrhoiden, Nesselsucht, Zuckerkrankheit, Gelbsucht, Nierenentzündung usw.).

Hauptmittel: Magn. phos., auch äußerlich in Form der biochemischen Coldcreme.

---

*) vgl. Vorwort zur V. Auflage
**) Ernährungsvorschriften siehe Seite 323 ff.

Dazu: Wenn Verdacht auf Übersäuerung: Sil. und natr. phos.

Bei Leber- und Gallenleiden: Natr. sulf. und Leber- und Gallentee*).

Bei Bläschen mit wasserhellem Inhalt: Natr. mur. und Blutreinigungstee*).

Bei Bläschen mit gelblichem Wasser: Natr. sulf. (Wenn gleichzeitig bitterer Geschmack im Munde oder bitteres Aufstoßen besteht: Leber- und Gallentee*).

Biologisch: Ernährungsvorschriften II, in hartnäckigen Fällen Ernährungsvorschriften I **).

Hautkrankheiten: Siehe die einzelnen Krankheitsbezeichnungen (z. B. „Flechte", „Ekzem", „Akne" usw.).

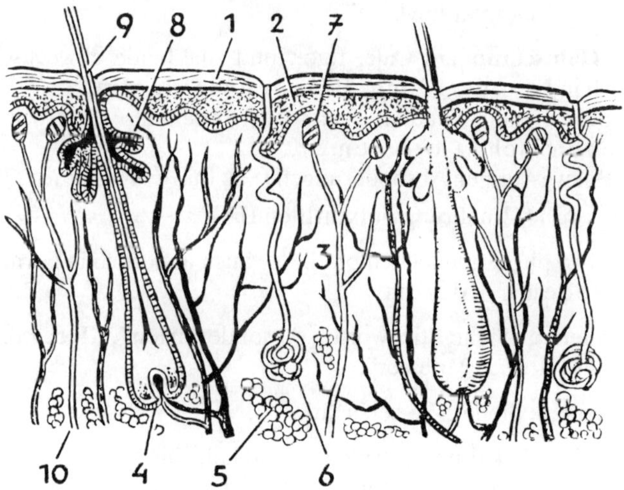

Unsere Haut in schematischer Darstellung

1 Oberhaut	6 Schweißdrüse
2 Keimschicht der Oberhaut	7 Tastkörperchen
3 Lederhaut	8 Talgdrüse
4 Haarpapille	9 Einzelnes Haar
5 Fetträubchen	10 Nerven

*) vgl. Vorwort zur V. Auflage

**) Ernährungsvorschriften siehe Seite 323 ff.

Hautpflege: Das beste allgemeine Hautpflegemittel ist calc. fluor., und zwar sowohl innerlich (in Form der Tabletten), da ja die Haut von innen ernährt wird, als auch äußerlich in Form der biochemischen Coldcreme calc. fluor.

Calc. fluor. strafft die elastischen Fasern der Oberhaut und bewirkt dadurch eine bessere Kapillardurchblutung und Ernährung des Zellgewebes. Besonders wichtig erscheint calc. fluor. als wirklich einwandfreies und wirksames Mittel zur Pflege der weiblichen Brust (Straffung und Elastisierung der Aufhängebänder!). Vor dem kritiklosen Gebrauch der manchmal angepriesenen Hormon-Cremes muß gewarnt werden. Der Grund für diese Warnung: In der medizinischen Fachliteratur wird darauf hingewiesen, daß die Reaktion jedes Individuums auf künstliche Hormonzufuhr verschieden ist und daß bei „Überdosis" schwere gesundheitliche Schäden eintreten können.

Hautpilz: Siehe „Dermatomykose".

Hautrisse, Hautschrunden: Calc. fluor. und sil., beide abwechselnd auch äußerlich in Form der biochemischen Coldcreme.

Dazu: Bei offenen Wunden: Ferr. phos. (ebenfalls zusätzlich als biochemische Coldcreme).

Bei wässerigen Absonderungen (Salzfluß): Natr. mur.

Biologisch: Ernährungsvorschriften II *).

Hautröte: Ferr. phos. und kal. chlor., beide auch äußerlich in Form der biochemischen Coldcreme.

Hautunreinheiten: Siehe Stichworte „Absonderungen", „Flechten", „Blutreinigungsmittel", „Mitesser".

Hautwassersucht: Siehe „Wassersucht".

Heiserkeit: Nach Erkältung: Ferr. phos. und kal. chlor.

Mit trockenem Hustenreiz ohne Auswurf: Ferr. phos. und natr. mur.

Bei chronischer Heiserkeit: Kal. chlor. und kal. sulf.

Heiserkeit infolge Überanstrengung der Stimme: Ferr. phos. Auch hervorragend geeignet als Vorbeugungsmittel: Alle Redner und Sänger sollten ferr. phos. regelmäßig einnehmen! (Besonders natürlich vor stärkerer Belastung der Stimmbänder).

---

*) Ernährungsvorschriften siehe Seite 323 ff.
**) vgl. Vorwort zur V. Auflage

Wenn Stimmbandlähmung oder krampfartige Erscheinungen vorliegen: Kal. phos. und magn. phos.

Auch etwaige Absonderungen, Zungenbelag beachten. Mittelwahl bestimmt sich nach den Angaben beim Stichwort „Absonderungen".

In allen Fällen, sowohl bei akuter Heiserkeit als auch bei chronischen Zuständen: Brusttee**).

Biologisch: Ernährungsvorschriften II *), Rauchen einstellen!

Hektisches Fieber bei Lungentuberkulose: Siehe „Tuberkulose".

Hepatitis (Leberentzündung): Siehe „Leberleiden", Ziff. 3.

Herdinfektion: Eine Infektion, die dauernd oder schubweise von einem Herd (Fokus) ausgeht. Als Herde kommen infrage: Eiterungen an Zähnen, vereiterte Mandeln und andere Körperstellen. Die Bedeutung dieser Herde für das Körpergeschehen ist erwiesen und in der Diagnostik nimmt die Herdtestung (Elektro-Herd-Diagnostik) einen breiten Raum ein.

Herpes, Bläschenausschlag: Nach den Absonderungen zu behandeln, siehe dieses Stichwort.

Herpes zoster, Gürtelrose: Siehe Stichwort „Nervenleiden", Ziff. 3.

Herzleiden:

1. **Herzasthma (Asthma cardiale):** Behandlung wie beim Stichwort „Asthma" angegeben unter Einschaltung etwaiger durch den Zustand des Herzens bedingter Mittel (ärztliche Feststellung!).
   Biologisch: Ernährungsvorschriften II *).

2. **Herzbeutelentzündung (Perikarditis):** Unbedingt fachmännische Beratung!
   Hauptmittel gleich zu Anfang: Ferr. phos. in sehr häufigen Gaben.
   Bei höherem Fieber, bei Herzschmerzen, Komplikationen, allgemeinem Verfall: Kal. phos. und natr. mur. einschalten, evtl. ferr. phos. gänzlich absetzen.
   Nach Abklingen der ersten Erscheinungen: Kal. chlor. und calc. fluor.
   In der Nachbehandlung: Monatelang calc. phos. und kal. phos.
   Biologisch: Selbstverständlich Bettruhe! Ärztliche Anordnungen streng befolgen! Hochlagerung des Oberkörpers! Größte Beschränkung der Flüssigkeitsaufnahme, im übrigen Ernährungsvorschriften I *).

---

*) Ernährungsvorschriften siehe Seite 323 ff.

3. **Herzbeutelwassersucht:** Siehe „Wassersucht".

4. **Herzbräune, Herzkrampf, Brustbräune, Herzenge (Angina pectoris, Stenokardie):**

Beim drohenden Anfall: Magn. phos. und kal. phos., ersteres in heißem Wasser gelöst, abwechselnd alle 5 Minuten eine Tablette.

Diese beiden Mittel auch in den ruhigeren Zwischenstadien (einzunehmen unter evtl. Einschaltung der folgenden Mittel) in täglichem Wechsel 5 mal 2–3 Tabletten. Zusatzmittel:

Bei Blutarmen: Calc. phos.

Bei Skrofulose, Rachitis, bei Neigung zu Drüsenleiden: Sil.

Bei Harnsäurenaturen: Sil. und natr. phos.

Bei gleichzeitiger Herzmuskelschwäche: Ferr. phos. und kal. sulf.

In allen Fällen: Herztee*), jedoch morgens und abends je höchstens eine Tasse.

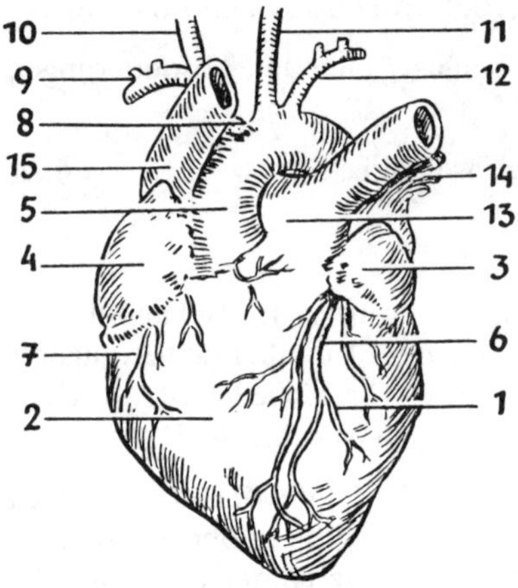

Unser Herz
von vorn gesehen

1 Linke Herzkammer
2 Rechte Herzkammer
3 Linker Vorhof
4 Rechter Vorhof
5 Hauptschlagader
6 Linke Kranzschlagader
7 Rechte Kranzschlagader
8 Rechte Schlüsselbeinschlagader
9 Rechte Kopfschlagader
10 Linke Kopfschlagader
11 Linke Schlüsselbeinschlagader
12 Lungenschlagader
13 Lungenblutader
14 Obere Hohlblutader

*) vgl. Vorwort zur V. Auflage

B i o l o g i s c h : Täglich warme Armbäder (Unterarme!) mit ansteigender Temperatur (ständig heißes Wasser zugießen). In gleicher Weise ansteigende Fußbäder. Seelische Entspannung! Ernährungsvorschriften I *). Größtmögliche Beschränkung der Flüssigkeitszufuhr. Streng verboten: Tabak, da Nikotin den Gefäßkrampf begünstigt.

5. **Herzentartung, fettige:** Siehe „Fettleibigkeit", Ziff. 2.

6. **Herzentzündung:** Ferr. phos., natr. phos., magn. phos., abwechselnd in sehr häufigen Gaben. In chronischen Fällen dazu kal. chlor. und sil.
B i o l o g i s c h : Am Anfang Ernährungsvorschriften I, (sehr wenig Flüssigkeit!), später vorsichtiger Übergang zu Ernährungsvorschriften II *).

7. **Herzerweiterung (Dilatatio cordis):** Hauptmittel: Calc. fluor., kal. phos. und natr. phos. (Evtl. kal. sulf. und natr. sulf., letzteres besonders, wenn Verschlimmerung bei feuchtem Wetter eintritt). Weitere Mittel nach den besonderen Erscheinungen, z. B. Bluthochdruck, Nierenleiden usw.
B i o l o g i s c h : Sehr wenig Flüssigkeit, im übrigen Ernährungsvorschriften I *).

8. **Herzinfarkt:** Siehe „Infarkt".

9. **Herzinnenhautentzündung (Endokarditis):** Behandlung wie bei „Herzbeutelentzündung" angegeben. Im Genesungsstadium auch hier monatelang calc. phos. und kal. phos.

10. **Herzklappenfehler:** Hauptmittel: Calc. fluor., ferr. phos. und kal. phos. Kal. phos. ist ein ausgezeichnetes Stärkungsmittel für den Herzmuskel, es fördert die Diastole (Erweiterung) des Herzens. Muß die Systole (Zusammenziehung) gefördert werden, so muß an die Stelle von kal. phos. dessen „Gegensätzler" calc. phos. treten. Calc. phos namentlich auch bei schwächlichen, blutarmen Personen. Aus Vorstehendem ersieht man, daß die Feststellung der in Betracht kommenden Mittel nur auf der Basis einer genauen Diagnose eines erfahrenen Fachmannes möglich ist.
B i o l o g i s c h : Ernährungsvorschriften I, in leichteren Fällen II *), stets aber Genußgifte meiden, keinerlei Überanstrengungen! Luft- und kurze Sonnenbäder. Hautpflege durch kühle (nicht kalte!) Ganzwaschungen. Trockenbürsten der Haut. Sehr viel Ruhe, körperlich, geistig und vor allem seelisch. Atemgymnastik (siehe dieses Stichwort) nach Befragen des Arztes.

---

*) Ernährungsvorschriften siehe Seite 323 ff.

11. **Herzklopfen, nervöses (regelmäßiges Auftreten, also in chronischen Fällen):** Calc. phos., kal. phos., magn. phos., täglich abwechselnd, von dem auf den betreffenden Tag fallenden Mittel alle 3 Stunden 2 Tabletten langsam im Munde zergehen lassen. (Zur Erläuterung: Calcium und Kalium sind „Gegensätzler", aus diesem Grund ist tägliches Abwechseln notwendig; hierbei wirkt sich dann die wechselnde Anwendung der beiden Salze calc. phos. und kal. phos. nicht als wirkungshemmend aus, sondern äußert sich vielmehr nach Art einer Pendelwirkung als förderlich).
Die vorstehenden Mittel insbesondere auch bei Erschöpfungszuständen, bei Beklemmung und bei Herzklopfen infolge laufender geistiger Überanstrengung (Manager-Krankheit!!).
Falls beim Auftreten des Herzklopfens heißer Kopf besteht, soll ferr. phos. in den obigen Kurplan eingeschaltet werden.
Zu den obigen Mitteln sind noch hinzuzunehmen:
Bei gleichzeitig bestehenden wassersüchtigen Schwellungen (Blutverwässerung, schwammig sich anfühlenden Gliedmaßen): Natr. sulf. und natr. mur.
Bei Blutarmut, Schwächegefühlen in den Waden, Bleichsucht, Skrofulose, Rachitis: Natr. mur. und silicea.
Bei Harnsäurenaturen: Natr. phos. und silicea.
Beim akuten Auftreten von Herzklopfen (ohne daß eine chronische Affektion vorliegt) kommen je nach Konstitution und nach dem Erscheinungsbild folgende Mittel in Frage:
Kal. phos. und ferr. phos. bei heißem Kopf.
Calc. phos. bei „Herzjagen".
Magn. phos. bei starken Beklemmungszuständen (10 Tabletten zerquetschen, in einem Likörglas sehr warmen Wassers auflösen, langsam schluckweise möglichst warm einnehmen).
Bei Platzangst: Kal. phos. und magn. phos.
Bei nächtlichem Herzklopfen:
a) Wenn Verschlimmerung bereits abends eintritt: Kal. sulf.
b) Beim plötzlichem Auftreten während der Nacht: Calc. phos.

In solchen akuten Fällen: Alle 10 Minuten 1–2 Tabletten (bei mehreren Mitteln abwechselnd!).
Selbstverständlich ist in jedem Falle die Ursache zu erforschen.

Biologisch: Wadenwickel, lauwarme Ganzwaschungen vor dem Schlafengehen, Entspannung vor dem Essen und vor dem Schlafengehen. Ernährungsvorschriften II *).

---

*) Ernährungsvorschriften siehe Seite 323 ff.

12. **Herzkrampf:** Siehe „Herzbräune".

13. **Herzkranzarterienverkalkung (Coronarsklerose):** Behandlung wie bei „Aderverkalkung" angegeben, unter zusätzlicher Berücksichtigung der Ausführungen beim Stichwort „Herzbräune".

14. **Herzkranzarterienerweiterung:** Calc. fluor. und calc. phos. Dazu:
Bei gleichzeitigen Beklemmungszuständen: Magn. phos.
Bei Angstzuständen, Mißmutigkeit: Kal. phos.

15. **Herzmuskelentzündung (Myokarditis):** Ferr. phos., calc. fluor., kal. phos., daneben sil. als Bindegewebsmittel.
Biologisch: Unbedingt Ernährungsvorschriften I *).

16. **Herzmuskelschwäche, Herzschwäche (Herzinsuffizienz, Myodegeneratio cordis):**
Ärztliche Beratung erforderlich.
Hauptmittel: Ferr. phos., sil. und kal. phos. Soll die Zusammenziehung des Herzmuskels gefördert werden (die „Systole"), so muß calc. phos. an die Stelle von kal. phos. treten.
(Kal. phos. regt an, calc. phos. beruhigt.)
Bei schweren Fällen, drohendem Kollaps, Bewußtseinsstörungen ist natr. mur. das Hauptmittel. Sehr häufige Gaben (alle 5 Minuten 1 Tablette).
Biologisch: Keine Überanstrengungen, keine Aufregungen! Ernährungsvorschriften II, in schweren Fällen I *)

17. **Herzneurose:** Siehe „Herzklopfen, nervöses".

18. **Herzverfettung:** Siehe unter „Fettleibigkeit", Ziff. 2.

19. **Herzvergrößerung:** Behandlung wie bei „Herzerweiterung" angegeben.

Heuschnupfen, Heufieber, Sommerkatarrh: Ist eine sogenannte „allergische" Erkrankung (siehe Stichwort „Allergie"). Er wird durch den Pollenstaub gewisser Blüten, vor allem bestimmter Gräser-Arten ausgelöst. Die Symptome sind in verschiedener Stärke: Abgeschlagenheit, Unbehagen, Conjunktivitis, Nies-Anfälle, Tränenfluß, Kopfschmerzen, Lichtscheu, Verstopfung, oft abwechselnd mit Durchfall, erhöhte Reizbarkeit usw. Bei der Rhinoskopie (Untersuchung des Naseninneren) zeigen sich Schwellungen aller Muscheln, die in reichlicher Menge ein wässeriges Sekret absondern. Mit dem Ende der für das betreffende Individuum cha-

---

*) Ernährungsvorschriften siehe Seite 323 ff.

rakteristischen Blütenperiode hören die Erscheinungen regelmäßig auf. In seltenen Fällen besteht die Gefahr von Nacherkrankungen, vor allem kann es zu einem sogenannten „Heu-Asthma" kommen, das durch die Behinderung der Nasenatmung und die regelmäßige Mundatmung entstehen kann.

Die allopathischen Behandlungsversuche müssen sich auf die Linderung der subjektiven Beschwerden durch Tabletten, Spritzen usw. beschränken; eine wirkliche Heilung des Heuschnupfens ist mit den Mitteln der Schulmedizin ausgeschlossen.

Maßnahmen zur Linderung der Beschwerden: Durchführung einer Seereise, Aufenthalt in hohen Gebirgslagen – eine Dauerheilung kann begreiflicherweise mit solchen Maßnahmen ebenfalls nicht erzielt werden. Die Dauerheilung setzt eine vollständige Umstimmung der inneren Reaktionslage des Organismus voraus.

Die biochemisch-biologische Behandlung bietet größte Aussicht auf dauernde Heilung, wenn der Patient die nachstehenden Vorschriften genau und streng durchführt!

Behandlungsvorschriften:
Im Vorstadium: Jeder Heufieberkranke kennt im allgemeinen die für ihn pathogenen (die Krankheit auslösenden) Blütenpollen und rechnet infolgedessen stets mit einem annähernd bestimmten, jährlich gleichbleibenden Termin, an dem die Erkrankung auftritt. Etwa 4–5 Wochen vor diesem Termin beginnt der Patient

a) mit dem Einnehmen der beiden biochemischen Mittel ferr. phos. und natr. mur. Täglich abwechseln, alle 3 Stunden 2–3 Tabletten langsam im Munde zergehen lassen. Gleichzeitig muß der Patient

b) die Umstellung der Ernährung gemäß Ernährungsvorschriften I *) durchführen. Vor allem: Strengstes Verbot aller Genußgifte, aller gesalzenen, gebratenen und geräucherten Speisen; kein Kochsalz! „R"-Salz **) ist in mäßiger Menge erlaubt!

Im akuten Stadium: Nunmehr wird mit den beiden Mitteln ferr. phos. und natr. mur. jeweils zur Zeit abgewechselt, und zwar etwa alle Stunde 2 Tabletten. Dazu unbedingt Ernährungsvorschriften I *).

---

*) Ernährungsvorschriften siehe Seite 323 ff.
**) vgl. Vorwort zur V. Auflage

Bei hydrämischer Konstitution (gedunsenes Gesicht, schwammig sich anfühlende Gliedmaßen), bei Verschlimmerung durch feuchtes, nebliges Wetter, bei kalten, feuchten Händen und Füßen: Ferr. phos., natr. mur., natr. sulf.

Beim Nachlassen der Beschwerden genügt ein zweistündliches abwechselndes Einnehmen.

Ausgezeichnet bewährt hat sich im akuten Stadium zur Linderung der Beschwerden die Einreibung der inneren Nasenwand mit der biochemischen Coldcreme ferr. phos.

In der Nachbehandlung, also nach vollständigem Aufhören aller Beschwerden, muß der Patient mindestens drei Monate lang das biochemische Mittel calc. phos. (alle drei Stunden 2 – 3 Tabletten) einnehmen, um durch Verbesserung der Blutbeschaffenheit die Abwehrkraft des Organismus zu stärken. Im darauffolgenden Jahr soll der Patient wieder mit der oben angegebenen „Vorstadiumsbehandlung" beginnen.

In der biochemischen Literatur werden wahlweise, wenn die beiden Mittel ferr. phos. und natr. mur. nicht die gewünschte Linderung bringen, noch drei andere Kombinationen erwähnt, nämlich

entweder: Ferr. phos. und kal. phos.
oder: Silicea und kal. sulf.
oder: Ferr. phos. und natr. phos. und silicea (diese Zusammenstellung wird besonders für Harnsäurenaturen empfohlen.)

Die vorstehenden Hinweise bringe ich der Vollständigkeit halber; ich selbst habe in jedem Fall, der mir zu Gesicht kam, mit den beiden Mitteln ferr. phos. und natr. mur. bereits im zweiten Jahr nach Beginn der Kur das Ausbleiben aller Beschwerden beobachten können.

Wichtiger Hinweis: Im nächsten Jahr mindestens vier Wochen vor Beginn der Heufieberperiode diejenigen Mittel (täglich abwechseln, täglich 5mal 2–3 Tabletten) einnehmen, die im vorigen Jahr die beste Linderung gebracht haben. Jedes Jahr wiederholen!

Biologisch: Während der Heufieberperiode Ernährungsvorschriften I *).

Hexenschuß: Siehe „Muskelrheumatismus".

Hinfälligkeit, große Schwäche, Schlaffheit: Kal. phos. und natr. mur., daneben noch calc. phos. Selbstverständlich Grundleiden erforschen.

---

*) Ernährungsvorschriften siehe Seite 323 ff.

Hinterhauptlücken: Siehe „Fontanellen".

Hippokrates (von Kos), der „Vater der Heilkunde", geboren um 460 v. Chr., gestorben um 359 oder 377 v. Chr. zu Larissa in Thessalien. Er unterscheidet als erster die Erscheinung eines Leidens von den Ursachen.

Hirn: Siehe die einzelnen Gehirnkrankheiten.

Hitze, aufsteigende, Hitzewallungen: Siehe „Blutandrang zum Kopf" und „Wechseljahre".

Hitzschlag: Besondere Vorsicht!

In leichteren Fällen: Ferr. phos., sil., kal. phos., abwechselnd in sehr häufigen Gaben.

Bei schwerem Zusammenbruch, großer Schwäche und Hinfälligkeit: Sofort natr. mur., alle 5 Minuten 1 Tablette zerquetschen und dem Patienten trocken auf die Zunge oder auf die Innenfläche der Wangen streichen.

Biologisch: Sofort Kleidung lösen, Kopf und Stirn mit Wasser anfeuchten, evtl. Körper mit Essig abreiben. Keine Riechstoffe (Salmiakgeist, Kölnisch Wasser usw.) einatmen lassen. Körper im Schatten lagern.

Zur Vorbeugung soll man bei längeren Märschen stets alle ½ Stunden abwechselnd 1 Tablette ferr. phos., kal. phos. und natr. mur. (letzteres wirkt durststillend!) einnehmen.

Homöopathie: Das von Samuel Hahnemann (s. d.) begründete Heilverfahren. Näheres siehe Teil I.

Hordéolum, Gerstenkorn: Siehe „Augenleiden", Ziff. 9.

Hormone sind körpereigene Wirkstoffe, die für gewisse Funktionen und Abläufe des Lebensprozesses (Fortpflanzung, Wachstum, Stoffwechsel usw.) unerläßlich sind. Sie werden von den innersekretorischen Drüsen gebildet und von diesen unmittelbar in das Blut oder in die Lymphe gegeben. Vor unkontrolliertem innerlichen Gebrauch oder äußerlicher Anwendung künstlicher Hormone muß gewarnt werden: Die „Reaktion" jedes Individuums auf solche künstliche Hormonzufuhr ist durchaus verschieden, und „Überdosierung" kann schwere Erkrankungen zur Folge haben.

Hornhautentzündung (Keratitis): Siehe „Augenleiden", Ziff. 11.

Hüftgelenkentzündung (Coxitis): „Siehe Gelenkentzündung".

Hüftweh: Siehe „Ischias".

Hundswut, Tollwut (Lyssa): Zur Vorbeugung gegen die Erkrankung bei den Hunden (in Zeiten einer Tollwut-Epidemie): Kal. phos. und natr. mur., abwechselnd alle 2 Stunden 3 Tabletten zerquetscht auf die Zunge streichen. Nach erlittenem Biß: Sofort ärztliche Hilfe notwendig! Sofort natr. mur. und kal. phos., alle 5 Minuten 1 Tablette abwechselnd einnehmen.

Hungerödem: Zu behandeln wie Wassersucht. Ärztliche Behandlung unbedingt erforderlich (wegen drohender Komplikationen).

Husten (Tussis): Wenn trocken, scharf, ohne Auswurf (eventuell bei Speiseerbrechen): Ferr. phos., dazu natr. mur., besonders bei Kitzelgefühl im Hals, bei hartnäckigem Hustenreiz.

Bei krampfartigem Hustenreiz: Ferr. phos. und magn. phos.

Nach Eintritt von Absonderungen (Auswurf, Zungenbelag, Ausfluß aus der Nase): Nach der Natur dieser Absonderungen – siehe dieses Stichwort – zu behandeln.

Dazu die folgenden biochemisch-biologischen Präparate (mit Auswahl):

Hustentropfen *),

Brusttee *), vor allem abends zu Herbeiführung eines ruhigen Schlafes zu empfehlen.

Biologisch: In hartnäckigen Fällen Ernährungsvorschriften II **).

Bei länger dauerndem Husten unbedingt ärztliche Befragung!

Husten, tuberkulöser: Siehe „Tuberkulose", Buchst. a (Lungentuberkulose).

Hydrämie, erhöhter Wassergehalt des Blutes: Siehe Stichworte „Blutwässerung", „Wassersucht" und „Konstitution".

Hydrocephalus, Wasserkopf: Siehe „Gehirnhöhlenwassersucht", eventuell auch zu behandeln wie Gehirnhautentzündung. Im Falle tuberkulöser Ätiologie, siehe „Tuberkulose".

Selbstverständlich ist ärztliche Beratung unerläßlich.

Hydrops: Siehe „Wassersucht".

Hydrops genu: Siehe „Kniegelenkentzündung".

---

*) vgl. Vorwort zur V. Auflage

**) Ernährungsvorschriften siehe Seite 323 ff.

Hygrom: Wassergeschwulst, Schleimgeschwulst, chronische Entzündung eines Schleimbeutels oder einer Sehnenscheide mit Wasseransammlung. Bei akutem Auftreten ohne Entzündungserscheinungen (ohne Schmerzen): Natr. sulf., sehr häufig! Kochsalzverbot!
In chronischen Fällen: Siehe „Schleimbeutelentzündung".

Hyperämie, Blutüberfüllung:
Wenn arteriell, d. h. durch vermehrte Blutzufuhr verursacht: Ferr. phos.
Falls venös, infolge erschwerten Blutabflusses: Calc. fluor., sil. und natr. phos. (Hinweise: Krampfadern, Hämorrhoiden, Venenentzündung!)
Hyperämie infolge von Blutvergiftung: Kal. phos. und natr. mur.
Biologisch: Flüssigkeitsaufnahme beschränken.

Hyperacidität (stark erhöhter Säuregehalt, insbesondere des Magensaftes): Siehe „Konstitution" und „Harnsäure".

Hyperémesis: Unstillbares Erbrechen: Siehe „Erbrechen".

Hypertonie: Vermehrte Spannung der Muskeln, auch Drucksteigerung, besonders des Blutdrucks. Häufig Begleiterscheinung ernsterer Erkrankungen (Nierenleiden, Nervenleiden, Verkalkung usw.). Ärztliche Beratung unerläßlich. Behandlung nach dem zugrundeliegenden Leiden.

Hypertrophie: Vergrößerung der spezifischen Zellen, dadurch Umfangvergrößerung eines Gewebes oder eines Organs. Es muß in jedem Falle die Ursache der Erscheinung erforscht werden.
Hauptmittel müssen sein: Calc. fluor., sil. (Straffung des Bindegewebes) und magn. phos., die nach Schüßler „die selbständige Bewegung der Zellen fördert", also auch die Rückbildung abnorm vergrößerter Zellen.

Hyperthyreose: Steigerung der innersekretorischen Tätigkeit der Schilddrüse. Siehe Stichwort „Basedow'sche Krankheit".

Hypochondrie: Eingebildete Krankheit, meist Teilerscheinung eines anderen Leidens, wie Neurasthenie, Melancholie, Hysterie usw. Die biochemischen Heilmittel sind insbesondere ferr. phos., kal. sulf., sil., natr. mur. Selbstverständlich muß die Grundkrankheit unter Berücksichtigung der Konstitution (siehe dieses Stichwort) in erster Linie behandelt werden. Siehe auch Stichwort „Gemütsverstimmung".
Wichtig ist die Durchführung einer psychischen Behandlung durch einen seelenvollen, willensstarken Berater.

Biologisch: Unbedingt, namentlich in schweren Fällen: Ernährungsvorschriften I *). Anregende Beschäftigung, Freude an der Natur, Licht- und Sonnenbäder. Keine Überanstrengungen.

Hypoglykämie: Starke Senkung des Blutzuckers. Hier steht die biologische Behandlung im Vordergrund: Sofortige Zufuhr reichlicher Zuckergaben. Biochemisch, besonders bei drohendem Koma: Kal. phos. und natr. mur. in sehr häufigen Gaben.

Hypotonie (Tonus = Spannung): Verminderte Spannung z. B. der Muskeln, auch der Aderwandungen. Häufige Folge innerer Erkrankungen. Diese müssen zunächst behandelt werden. Bei niedrigem Blutdruck: Kal. phos. in der dritten Dezimalpotenz (D3) wirkt blutdrucksteigernd. Sehr häufige Gaben, etwa alle 2 Stunden 1–2 Tabletten, monatelang! Selbstverständlich in jedem Fall: Ärztliche Betreuung!

Hypovitaminosen: Krankheitszustände, die durch Vitaminmangel hervorgerufen sind. Mit diesem Ausdruck bezeichnet man die leichteren Formen von Mangelerscheinungen, im Gegensatz zu den schwereren Erscheinungsbildern, die man Avitaminosen nennt. Siehe dieses Stichwort.

Hysterie: Psychoneurose beider Geschlechter, ohne nachweisbare organische Erkrankung. Hauptmittel: Kal. phos. und magn. phos. Dr. Kiesswetter (ein erfahrener biochemischer Arzt) gibt außerdem calc. fluor. sehr lange!

Er sagt: „Calc. fluor. wirkt bei der Vagotonie, beim Neurastheniker, dem Nervösen und Menschen mit asthenischer Konstitution nervenberuhigend und verhindert die erregende Kaliumbildung. Es hat Beziehungen zum sympathischen Nervengeflecht."

Bei besonderer Konstitution Einschaltung der entsprechenden Mittel, z. B.: Bei Blutarmut, schlechten Zähnen, Skrofulose, Rachitis, Kribbelgefühl: Calc. phos.

Bei großer Schwäche, Weinerlichkeit: Kal. phos. und natr. mur.

Bei Drüsenleiden: Sil.

Bei Säurenaturen (sehr häufig!): Natr. phos.

Bei Blutandrang zum Kopf: Ferr. phos.

Biologisch: Sukzessiver, also allmählicher Übergang zu den strengeren Ernährungsvorschriften II und schließlich I *). Zweckmäßige Hautpflege! In allem: Viel Geduld.

---

*) Ernährungsvorschriften siehe Seite 323 ff.

Ichthyosis, Fischschuppenkrankheit: Angeborene oder in den ersten Lebensjahren auftretende übermäßige Entwicklung der Hornschicht der Haut. Hauptmittel: Calc. fluor., auch äußerlich in Form der biochemischen Coldcreme. Dazu als Mittel zur Stärkung des Blutzustandes: Calc. phos. und kal. sulf.

Biologisch: Ernährungsvorschriften II *).

Idiosynkrasie: Siehe Stichwort „Allergie".

Ikterus: Siehe „Gelbsucht".

Ileus, Darmverschluß: Kann die mannigfachsten Ursachen haben (Fremdkörper im Darm, verhärtete Kotmassen, Verengung, Einklemmung oder Abschnürung von Darmschlingen). Fachmännische Beratung unerläßlich. Meist wird Operation nicht zu umgehen sein.

Impetigo, Hautausschlag mit Pustel- und Borkenbildung: Je nach der Natur der Absonderungen zu behandeln (siehe dieses Stichwort).

Falls auf Infektion beruhend, natr. sulf. (das „Ausscheidungsmittel") einschalten. In schweren Fällen (mit Fieber, Schüttelfrösten usw.) fachärztliche Beratung.

Impfung: Die Naturheiler lehnen jeden staatlichen Zwang zur Impfung ab, sie fordern vielmehr die sogenannte Gewissensklausel. Diese besagt, daß der Staat zwar die Impfung zuläßt und sie durch überwachte Impfstellen ausführen läßt, daß es aber jedem einzelnen Staatsbürger (bzw. dem Erziehungsberechtigten) überlassen bleiben soll, ob er von der gebotenen Impfmöglichkeit Gebrauch machen will.

Die Impfgegner begründen ihre Ablehnung mit folgenden Argumenten:

1. Die Impfung bietet keinen Schutz gegen den Ausbruch der Krankheit; Pockenfälle (Heidelberg, Ansbach, Rheinland) haben dies erneut erwiesen: Die meisten der befallenen Personen waren nicht nur einmal, sondern z. T. öfters, und zwar relativ kurz vor der Erkrankung geimpft worden.
2. Die Impfung bedeutet im Gegenteil für den Geimpften eine erhöhte Gefahr, weil der Impfstoff seine Virulenz (Giftigkeit) wiederum gewinnen kann. Auch hierfür gibt es statistische Unterlagen.
3. Die gesundheitlichen Schädigungen und Spätfolgen der Impfung sind oftmals sehr schwer; sie werden von den amtlichen Stellen bagatellisiert oder verheimlicht.

---

*) Ernährungsvorschriften siehe Seite 323 ff.

4. Der notwendige Schutz der Bevölkerung kann im Falle des Ausbruchs einer Seuche nur durch strengste Isolierung (auch der Kontaktpersonen) gewährleistet werden.
5. Den besten Schutz gegen die Ansteckung bieten gründliche Sauberkeit, möglichste Vermeidung jeden Kontaktes mit Geimpften (!), sofortige Umstellung auf eine wirklich naturgemäße Lebensführung und Ernährung (viel Rohkost, Milchprodukte, rohes Gemüse) *).

Biochemisch gilt folgendes:
1. Als grundsätzliche Vorbeugungsmittel kommen ferr. phos. und natr. sulf. in Betracht. Diese beiden Mittel sollen bei Gefahr in zweistündlichem Wechsel, jeweils 1 – 2 Tabletten, eingenommen werden.
2. Zur Verhütung schlimmer Impffolgen: Drei Wochen vor der Impfung in täglichem Wechsel sil. und kal. chlor., nach erfolgter Impfung: Sil., kal. chlor. und kal. phos. in zweistündlichem Wechsel.

Beim Auftreten von Absonderungen siehe dieses Stichwort. Verboten ist jede äußerliche Behandlung, also keine Waschungen, keine Salben.

Inacidität (auch Anacidität): Fehlen der Salzsäure im Magensaft: Natr. mur. Siehe auch Stichwort „Säure".

Infarkt: Ganz allgemein Verschluß einer Arterie, wodurch der von ihr versorgte Gewebsbezirk abstirbt. Besonders gefürchtet der sogen. Herz(muskel)infarkt, bei dem ein Herzgewebeteil infolge fehlender Blutversorgung abstirbt. Ärztliche Behandlung selbstverständlich unerläßlich. Naturgemäße Lebensweise, Vermeidung aller Anstrengungen und Aufregungen, strengstes Nikotinverbot!
Biochemisch kommen – zusätzlich zu den ärztlichen Anordnungen und Maßnahmen – in Betracht: Calc. fluor. (Elastisierung der Aderwände), ferr. phos. und kal. sulf. (zur Stärkung der Herzmuskeltätigkeit und als Sauerstoffüberträger), kal. phos. (als allgemeiner Lebensmotor); dieses letztere Mittel muß jedoch bei bestehendem Bluthochdruck wegbleiben!

Infektionskrankheiten: Bei den geringsten Anzeichen einer Erkrankung, namentlich bei bereits bestehenden Epidemien (Grippe, Influenza, Typhus usw.) sofort ferr. phos., kal. phos. und natr. sulf., abwechselnd in sehr häufigen Gaben. Ferr. phos. ist auch ein ausgezeichnetes Vorbeugungsmittel gegen Infektionen.

---

*) Wer sich näher für diese Fragen interessiert, der wende sich an die Deutsche Volksgesundheitsbewegung e. V., Abt. Impffragen, Hilchenbach/Westf., Fach 32.

Bei Ausbruch der Erkrankung: Behandlung wie bei den einzelnen Krankheitsbezeichnungen angegeben.

Influenza: Siehe „Grippe".

Inkubationszeit: Zeit zwischen der Ansteckung und dem Ausbruch der Krankheit (z. B. bei Grippe 1–3Tage, Diphtherie 2–7Tage, Keuchhusten 3–21 Tage, Masern 10–14 Tage, Lepra (Aussatz) 2–5 Jahre, – nach Psychyrembel, Klinisches Wörterbuch).

Insektenstiche: Die gestochene Stelle anfeuchten (evtl. mit Speichel) und eine zerquetschte Tablette natr. mur. aufstreuen. Dazu natr. mur. innerlich.
Bei Anschwellung der Stelle (infolge Verunreinigung durch Kratzen usw.) sofort abwechselnd sehr häufig kal. phos. und natr. mur. (Gefahr der Blutvergiftung!).

Insuffizienz: Schwäche, ungenügende Leistung eines Organs (Herz, Magen, Darm). Zu behandeln nach dem in Betracht kommenden Leiden.

Intertrigo (Wundsein): Bes. am After, durch Reiben bei Juckreiz, durch Scheuern der Wäsche usw. Siehe Stichwort „Afterentzündung".

Iritis (Regenbogenentzündung): Siehe „Augenleiden", Ziff. 12.

Ischias (Hüftweh): Hauptmittel: Calc. phos. und magn. phos.

Dazu:

Bei heißem Kopf: Ferr. phos.
Bei schießenden, bohrenden, stechenden Schmerzen, sowie bei Personen, die zu Traurigkeit neigen oder bleichsüchtig und nervös sind: Kal. phos.
Bei Kribbeln, Taubheitsgefühl, Kälte in den Gliedmaßen: Ganz besonders: Calc. phos.
Bei Verschlimmerung durch Feuchtigkeit: Kal. phos. und natr. sulf.
Bei Harnsäurenaturen: Sil. und natr. phos.

Biologisch: Wenn Senkfuß (Plattfuß) die Ursache: Passende Schuheinlagen tragen. Ernährungsvorschriften II *).

Ausgezeichnet wirksam Nervenöl **) zur Einreibung.

Ferner, besonders bei Harnsäurenaturen: Rheumatee **).

---

*) Ernährungsvorschriften siehe Seite 323 ff.
**) vgl. Vorwort zur V. Auflage

Sehr häufig liegt die Ursache des Ischiasschmerzes in einem Bandscheibenschaden. In solchem Fall können die vorstehend angegebenen Mittel zwar eine Erleichterung der Beschwerden, aber keine Heilung bringen. Bei hartnäckigen und der biochemischen Behandlung trotzenden „Ischiasbeschwerden" empfiehlt sich unter allen Umständen eine Röntgenaufnahme der Wirbelsäule. Bei effektiven Bandscheibenschäden siehe dieses Stichwort.

Jucken auf den Fußsohlen: Sil., magn. phos. und kal. phos. Biochemische Coldcreme sil.

Juckreiz (Pruritus): Siehe „Hautjucken".

Kachexie, Kräfteverfall, Blutarmut und Schwäche, Apathie, Teilnahmslosigkeit: Hauptmittel: Kal. phos. und natr. mur., dazu die nach dem ursächlichen Leiden in Betracht kommenden Mittel.

Kälte: Wenn Kälte die Beschwerden lindert: Fer. phos. Wenn durch Kälte die Beschwerden verschlimmert werden: Sil. und natr. mur. Falls gleichzeitig ausgesprochenes Verlangen nach Wärme besteht, magn. phos. einschalten.

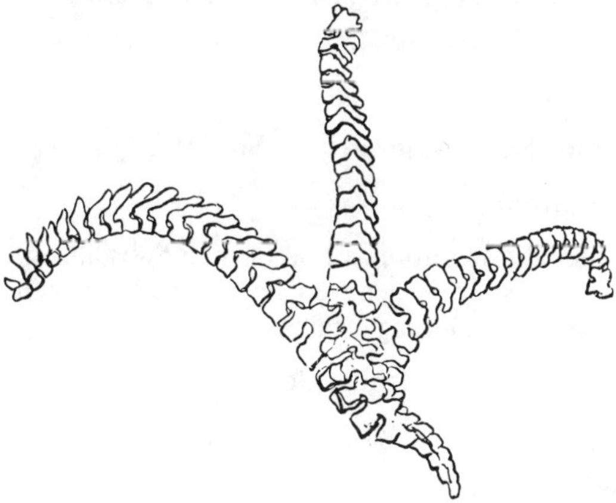

Biegsamkeit der menschlichen Wirbelsäule

Links: Stärkste Vorwärtsbewegung
Rechts: Stärkste Rückwärtsbewegung

Turner und besonders Akrobaten erreichen noch viel stärkere Beugungswinkel.

Kältegefühl an Händen, Füßen, Nasenspitze, Rücken: Hauptmittel: Natr. mur. Dazu die nach der Ursache in Frage kommenden Mittel: Ursachen können sein: Blutarmut, Kreislaufstörungen, Nervosität, auch wohl Rheuma. Siehe diese Stichworte. Ausgezeichnet bewährt: Nervenöl *) zur Einreibung, insbesondere auch bei kalten Händen und Füßen infolge Blutarmut oder Kreislaufstörungen!

Kaffeesatzartiges Erbrechen: Anzeichen für Magenkrebs, Blut ist braun bis schwarz gefärbt. Siehe „Erbrechen" und „Krebs".

Kahlköpfigkeit: Siehe „Haarausfall".

Kallus: Siehe „Callusbildung".

Kanzerogene Stoffe: Krebserzeugende Substanzen. Es sind heute etwa 300 (!) solcher Stoffe bekannt, z. B. Arsen, Ruß, Teer, Buttergelb, Benzpyren usw. (Siehe auch Stichwort „Krebs").

Karbunkel (Karfunkel): Gruppe von mehreren dicht beieinander stehenden Furunkeln: Biochemische Behandlung wie beim Abszeß. Besonders wird empfohlen, gleich am Anfang calc. fluor., kal. phos. und natr. sulf. einzuschalten.

Bei Milzbrandkarfunkel – sehr gefährlich! – von Anfang an nur kal. phos. in sehr häufigen Gaben. Ärztliche Beratung unerläßlich!

Biologisch: Siehe „Abszeß"!

Karies: Siehe „Caries".

Karzinogene Stoffe: Siehe „Kanzerogene Stoffe".

Karzinom: Siehe „Krebs".

Katalysator: Unter Katalysatoren versteht man Substanzen, die chemische Veränderungen auslösen oder wenigstens beschleunigen, ohne daß sie dabei selbst eine Veränderung erfahren.

Katarakt (Grauer Star): Siehe „Augenleiden", Ziff. 13.

Katarrh: Siehe „Erkältung", „Halsentzündung".

Kehlkopfbräune: Siehe „Krupp".

---

*) vgl. Vorwort zur V. Auflage

Kehlkopfentzündung, Kehlkopfkatarrh (Laryngitis): Hauptmittel: Ferr. phos., natr. phos. und kal. chlor.

Dazu die sich aus den Absonderungen (siehe dieses Stichwort) ergebenden Mittel (Zungenbelag, Gaumenbelag!).

Bei Verdacht auf Diphtherie: Calc. phos. und kal. phos., abwechselnd in sehr häufigen Gaben.

Bei chronischem Kehlkopfkatarrh, der fast stets auf Harnsäurebasis beruht: Sil. und natr. phos., mehrere Monate hindurch. Dazu biologisch: Ernährungsvorschriften II *). Bei gleichzeitiger Heiserkeit: Brusttee**).

Kehlkopfödem: Kal. phos., natr. mur., natr. sulf.

Fachmännische Beratung erforderlich! Bei Erstickungsgefahr Operation.

Kehlkopfschwindsucht, Kehlkopftuberkulose: Siehe „Tuberkulose".

Keratitis (Hornhautentzündung): Siehe „Augenleiden", Ziff. 11.

Keuchhusten, Stickhusten (Tussis convulsiva, Pertussis): Ansteckend! Deshalb Isolierung des kranken Kindes.

Am Anfang: Ferr. phos., kal. chlor., magn. phos.

Bei großer Schwäche, Hinfälligkeit, Teilnahmslosigkeit, auch bei auftretenden Krämpfen: Kal. phos.

Zwischendurch gebe man 1–2 Tage lang die beiden Mittel natr. sulf. und sil. im Wechsel recht oft ein und wiederhole dies etwa wöchentlich.

Bei Vorherrschen des Krampfstadiums: Sehr häufig magn. phos.

Einnehmevorschrift: Da das Kind leicht zu den gefürchteten Krampfanfällen neigt und diese besonders durch das vorgeschriebene „Langsam im Munde zergehen lassen" ausgelöst werden können, gebe ich die Vorschrift, daß die betreffenden Tabletten in ganz wenig Wasser aufgelöst werden (vorher zerquetschen!) und dem Kinde dann mit einem Teelöffel eingeflößt werden. Das Kind soll dabei im Bette aufrecht sitzen!

Im Genesungsstadium monatelang: Calc. phos. und natr. mur.

Biologisch: Viel frische Luft. Das Kind soll bei windstillem, nicht zu kaltem Wetter ins Freie kommen. Keine krümeligen oder scharfen Speisen, die hustenauslösend wirken. Geduld und größte Ruhe bei der Behandlung. Beim Anfall ruhiges Handauflegen auf die Stirn des Kindes und gänzlich ruhiges Zureden. Aufhängen von feuchten, in

---

*) Ernährungsvorschriften siehe Seite 323 ff.
**) vgl. Vorwort zur V. Auflage

Kamillentee getauchten Tüchern. Als Nahrung nur frisches, möglichst junges Gemüse (keine Konserven), Obst, Kartoffelbrei. Warme Milch mit Honig.

Kieferhöhlenvereiterung: Zu behandeln wie Abszeß. In chronischen Fällen: Kal. sulf., sil., natr. phos., natr. sulf. Ernährungsvorschriften II *).

Kindbettfieber (Puerperalfieber): Selbstverständlich ärztliche Beratung erforderlich. Hauptmittel am Anfang: Kal. phos. und natr. mur. in sehr häufigen Gaben, alle 5 Minuten abwechselnd eine Tablette.
Später: Calc. fluor., ferr. phos., calc. phos. und natr. mur.

Kinder:

Gehversuche mit calc. fluor. und calc. phos. unterstützen.

Weinerliche Kinder: Kal. phos. und natr. mur.

Reizbare Kinder: Sil., calc. phos. und natr. phos. Sil. ist besonders dann zu geben, wenn das Kind für sein Alter zu aufgeweckt, zu unruhig ist.

Unruhige Kinder: Am Tage calc. phos. und silicea, täglich abwechselnd, etwa alle 4 Stunden 1–2 Tabletten. Abends vor dem Schlafengehen: 10Tabletten magn. phos. zerquetschen, in einem Likörglas sehr warmen Wassers auflösen und langsam, schluckweise, möglichst warm, trinken lassen; das Verfahren kann erforderlichenfalls nach 10 Minuten wiederholt werden. Sollte dieses Verfahren – entgegen der allgemeinen biochemischen Erfahrung – nicht zum Erfolg führen, kann kal. brom. D 6 (Ergänzungsmittel Nr. 14) angewendet werden: 2–3 Tabletten langsam lutschen.

Unbedingt erforderlich: Kein Kochsalz („R"-Salz **) ist erlaubt!), keine Süßigkeiten, Ernährungsvorschriften II *), viel frische Luft!

Zurückgebliebene Kinder: Sil. und calc. phos. monatelang in täglichem Wechsel.

Kindercholera: Siehe „Brechdurchfall".

Kinderlähmung, spinale und cerebrale (Poliomyelitis und Polioencephalitis): Sehr gefährlich! Ansteckend! Fachmännische Beratung unerläßlich!

Hauptmittel im akuten Stadium: Ferr. phos., in schweren Fällen sofort kal. phos. und magn. phos., abwechselnd alle 5 Minuten eine Tablette.

In der Nachbehandlung: Monatelang calc. phos. und sil.

---

*) Ernährungsvorschriften siehe Seite 323 ff.
**) vgl. Vorwort zur V. Auflage

Biologisch: Ernährungsvorschriften I *). Gründliche Stuhlentleerung!

Kinnbackenkrampf: Siehe „Krämpfe".

Kitzelgefühl im Hals: Ferr. phos. und natr. mur. Falls verursacht durch vergrößertes Zäpfchen: Calc. fluor.

Klimakterium: Wechseljahre der Frau. Siehe dieses Stichwort.

Knacken der Gelenke: Natr. mur.

Kneipp, Sebastian, geb. am 17.5.1821 in Stefansried bei Ottobeuren, gest. 17.6.1897 in Wörrishofen. Kneipp, von Beruf katholischer Geistlicher, hat als erster der Wasserheilkunde – nach seinen großen Vorgängern, den beiden Dr. Hahn (Vater und Sohn), Prof. Oertel und dem „Bauern" Priessnitz – einen allgemeinen Ehrenplatz als Zweig der Naturheilkunde errungen. Kneipp's Bedeutung liegt außerdem in seinen Forschungen auf dem Gebiet der Kräuterheilkunde.

Kniegelenkentzündung (Gonitis, Gonarthritis) und Kniegelenkwassersucht: Behandlung wie bei Gelenkentzündung. Bei Anschwellungen siehe Stichwort „Gelenkanschwellung".

Knochenbrüche: Fachmännische Beratung erforderlich.

Am Anfang: Ferr. phos., sehr häufig (wegen der verletzten Fleischteile und gegen die Schmerzen).

Nach dem Einrenken: Calc. fluor., sil., calc. phos. (zur Förderung des Zusammenwachsens) und natr. mur.

Bei rheumatischen Beschwerden an alten Bruchstellen: Sil., natr. mur., natr. phos. (Wenn diese Schmerzen schießend, bohrend sind: Magn. phos.).

Biologisch: Am Anfang unbedingt Ernährungsvorschriften I, später II *).

Knochenbrüchigkeit: Behandlung wie bei Osteoporose.

Knocheneiterung: Calc. fluor., sil. und natr. phos. Bei widerlich stinkendem Geruch: Calc. fluor., kal. phos. und natr. mur.

Biologisch: Unbedingt Ernährungsvorschriften I *).

---

*) Ernährungsvorschriften siehe Seite 323 ff.

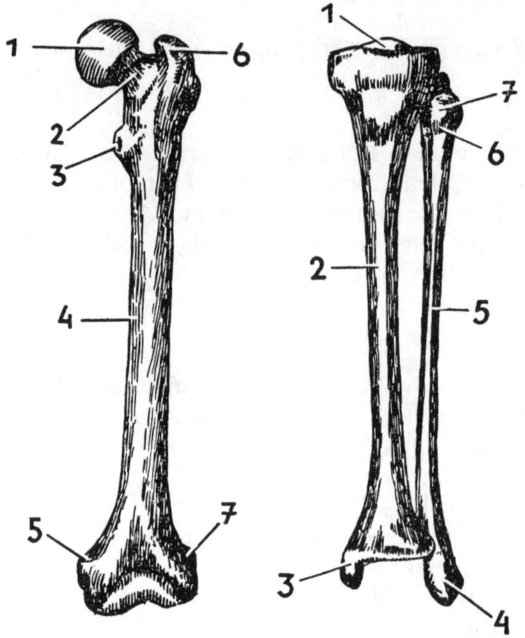

Oberschenkelknochen und **Unterschenkelknochen**

Oberschenkelknochen
(links)

1 Oberschenkelkopf
2 Oberschenkelhals
3 Kleiner Rollhügel
4 Oberschenkelschaft
5 Innerer Kniehöcker
6 Großer Rollhügel
7 Äußerer Kniehöcker

Unterschenkelknochen
(rechts)

1 Kniegelenk
2 Schienbein
3 Innerer Knöchel
4 Äußerer Knöchel
5 Wadenbein
6 Schienbein-Wadenbeingelenk
7 Köpfchen des Wadenbeins

Knochenentzündung (Ostitis), Knochenhautentzündung (Periostitis), Knochenmarkentzündung (Osteomyelitis), Knochenfraß (Caries), Knochenbrand:

In akuten Fällen:
Wenn weder Eiterung, noch Schwellungen bestehen: Ferr. phos., calc. phos., kal. phos.
Bei Eiterungen: Calc. fluor. und silicea.
Bei Schwellungen: Calc. fluor., calc. phos., ferr. phos. und kal. phos.
Einzunehmen abwechselnd alle ½–1 Stunden 1–2 Tabletten.

In chronischen Fällen: Die obigen Mittel, jedoch täglich abwechselnd von dem auf den betreffenden Tag fallenden Mittel alle 3 Stunden 2–3 Tabletten.
Siehe auch Stichwort „Caries".
Bei Knochenhautentzündungen hat sich als Linderungsmittel gegen die Beschwerden gut bewährt die Einreibung einer Mischung von 70 Teilen Borwasser und 30 Teilen Alkohol.
Biologisch: Während des akuten Stadiums unbedingt Ernährungsvorschriften I, nach Besserung vorsichtiger Übergang zu Ernährungsvorschriften II *).

Knochenerweichung während der Schwangerschaft: Behandlung wie bei Englischer Krankheit.

Knochenlücken, Fontanellen beim Säugling: Siehe „Fontanellen".

Knochenquetschungen: Ferr. phos. und kal. phos.
Beim Eintritt von Eiterungen: Sil. und calc. fluor.
In der Nachbehandlung: Calc. fluor. und calc. phos.
Biologisch: Am Anfang: Ernährungsvorschriften I, bei Besserung II *).

Knochentuberkulose: Siehe „Tuberkulose".

Knorpelentzündung: Siehe „Chondritis".

Knorpelgeschwulst (Anschwellung des Gelenkknorpels, z. B. bei Gelenkrheumatismus): Natr. mur., das „Knorpelsalz".

Knorpelsalz: Das Knorpelsalz der Biochemie ist natr. mur.

---

*) Ernährungsvorschriften siehe Seite 323 ff.

Kolik: Bei allen Arten von Koliken: 10 Tabl. magn. phos. zerquetschen, in einem Likörglas sehr heißen Wassers auflösen und langsam, schluckweise einnehmen (schnelle Wirkung!). Evtl. nach ¼ Stunde wiederholen.
Bei Blähungskolik dazu: Natr. sulf.
Bei Harnsäurenaturen: Kurmäßig, d. h. mehrere Wochen regelmäßig: Sil. und natr. phos.
Bei großer Schwäche, Kolik im Unterleib (Besserung durch Zusammenkrümmen): Kal. phos.
Säuglingskolik und Kolik mit nachfolgendem Durchfall: Calc. phos. und natr. mur.
Bleikolik: Siehe dieses Stichwort.
Biologisch: Bei Neigung zu Koliken: Ernährungsvorschriften II *).

Kolitis (Darmentzündung): Siehe „Darmleiden", Ziff. 4.

Kollaps: Siehe „Ohnmacht".

Koma: „Ohnmacht".

Konstitution: Immer wieder muß darauf hingewiesen werden, daß die Biochemie nicht „Krankheiten" an sich behandelt, sondern daß sie die Krankheit im Einzelfall stets durch die „Konstitution" mitbedingt ansieht.
Unter „Konstitution" verstehen wir die Gesamtheit aller der Umstände, die für die Entwicklung, das Leben und den Allgemeinzustand des Patienten ausschlaggebend sind. Es müssen hierbei sowohl die Abstammung (Vererbung = Heredität) berücksichtigt werden, als auch die etwaigen früheren Erkrankungen und insbesondere der Gesamtzustand des Patienten. Selbstverständlich spielen auch die seelischen Umstände (psychische Veranlagung), die Ernährung, das Klima, die Wohnung, insbesondere aber auch der Beruf und sonstige umgebende Verhältnisse eine große Rolle. Mit der üblichen „wissenschaftlichen" Einteilung der verschiedenen Konstitutionen (hypoplastisch, asthenisch, athletisch) ist im biochemischen Sinne aus dem Grunde nicht viel anzufangen, weil diese Typen sich hinsichtlich des Mineralstoffhaushalts – auf den es nach biochemischer Lehre allein ankommt – dauernd überschneiden. Die wichtigsten im biochemischen Sinne in Betracht kommenden Konstitutionstypen sind folgende:

1. Die blutarme Konstitution (auch Bleichsucht) ist kenntlich an blassen Lippen und Wangen, oftmals fahler Haut. Das wichtigste

---

*) Ernährungsvorschriften siehe Seite 323 ff.

Kennzeichen der blutarmen Konstitution sind kalte Hände und Füße, unangenehmes Fröstelgefühl. Die blutarme Konstitution erfordert stets calc. phos. und natr. mur. Dazu das biochemische Spezialmittel Florin *). In der Ernährung muß die vegetarische Kost bevorzugt werden, und hier insbesondere wieder die eisenreichen Vegetabilien und die Vitamin-C-Träger. Als solche sind anzusehen: Alle grünen Gemüse: Spinat, Kopfsalat, grüne Erbsen, grüne Bohnen (keine Konserven!), Mangold – ein leider viel zu wenig bekanntes Gemüse! –, Löwenzahn, Endivie, Kresse, Sauerampfer, Brennessel, ferner sind reich an Eisen und Vitamin C bestimmte Obstsorten: Äpfel, Feigen, Bananen, Trauben, Apfelsinen, Zitronen. Rosinen. Verboten sind bei blutarmer Konstitution alle scharfen Gewürze (Essig, Pfeffer, Senf, Paprika, Curry usw.), überhaupt alles Scharfe und Saure (Essiggurken, Salzhering, eingelegter Hering, scharfer Käse, auch Fleischbrühe) und alles vom Schwein, auch Speck und Schmalz! Statt Essig nur Zitronen- oder Johannisbeersaft (letzterer besonders für Rotkohl!). Das gewöhnliche Kochsalz ist ebenfalls gänzlich verboten. Zum Würzen verwende man ein biologisch ausgeglichenes Salz, z. B. „R"-Salz *). In größtem Umfang sollen zur „Schmackhaftmachung" der Speisen unsere deutschen Küchengewürze Verwendung finden: Schnittlauch, Zwiebel, Bohnenkraut, Pfefferminze, Petersilie, Estragon, Dill, Majoran (vorzüglich zum Würzen von rohen geriebenen Wurzeln, Karotten!), Basilikum, Zitronenmelisse usw. Rettiche und Radieschen sind vorzüglich (aber ohne Salz und Pfeffer, „R"-Salz*) ist erlaubt!).

2. Die lymphatische Konstitution: Menschen mit dieser Konstitution haben meist eine feine, weiße Haut, gedunsenes, blasses Aussehen und neigen zu hartnäckigen und oftmals wiederkehrenden Drüsen- und Hautentzündungen. Die biochemischen Hauptmittel sind calc. phos. und sil. Bei aufgedunsenen Wangen oder Gliedmaßen kommt noch natr. sulf. dazu. Bezüglich der biologischen Erfordernisse gilt dasselbe, was nachstehend unter Ziffer 4 (skrofulöse Konstitution) gesagt ist.

3. Die rachitische Konstitution, kenntlich an schwachem Knochenbau, schlechter Zahn- und Kieferbildung, Knochenverkrümmung (Rückgrat!), Knochenlücken, zu langem Offenbleiben der Fontanellen (Hinterhauptlücken beim Säugling), schlechter Schädelbildung. Die Hauptmittel bei rachitischer Konstitution sind calc. fluor., calc. phos. und sil. (Eventuell kommt im Einzelfall noch natr. mur. hinzu).

*) vgl. Vorwort zur V. Auflage

Die Ernährung muß vor allem diejenigen Speisen bevorzugen, die das Vitamin D (das antirachitische Vitamin) enthalten, also: Lebertran, Eidotter, Milch, Butter. Vor zuviel Fleischkost muß gewarnt werden, auch bei rachitischer Konstitution empfiehlt sich, die Ernährungsvorschriften II *) durchzuführen.

4. Die skrofulöse Konstitution, gekennzeichnet durch Beschwerden von seiten der Drüsen, namentlich im Kindes- und Entwicklungsalter. Die biochemischen Mittel sind hier: Calc. phos. und sil. Wegen der Gefahr des Übergangs zu Tuberkulose ist eine besondere Beachtung biologischer Lebensregeln erforderlich: Viel Luft, Licht und Sonne. Gesunde Schlafräume. Keine Überanstrengungen oder Abhärtungskuren, jedoch vernünftige Körperpflege (warme Bäder mit Heublumen oder Haferstroh sind bewährte, alte Hausmittel!). In der Ernährung muß die vitaminreiche Kost, besonders in Form von Obst, jungem, frischem Gemüse (keine Konserven!) und Salaten bevorzugt werden. Wenig Fleisch, keine scharfen Gewürze, keine Genußgifte! Also: Ernährungsvorschriften II *).

5. Die tuberkulöse Konstitution: Es gilt hier dasselbe, was vorstehend von der skrofulösen Konstitution gesagt worden ist.

6. Die rheumatisch-gichtische Konstitution (sogenannte harnsaure Diathese) erfordert sil. und natr. phos. Dazu in allen Fällen zur „Umstimmung" den Rheumatee **). Als besonders wirksam gegen die Schmerzen wird das Nervenöl **) empfohlen.
   Biologisch unter allen Umständen Ernährungsvorschriften II *).

7. Bei nervöser Konstitution sind kal. phos. und magn. phos. einzuschalten. Dazu die im Einzelfall in Frage kommenden biochemischen Spezialmittel:

   Bei nervöser Schlaflosigkeit: Nerventee **).

   Bei nervösen Kopfschmerzen zur augenblicklichen Beseitigung derselben: Siehe Stichwort „Kopfschmerzen".

   Alle derartigen Angaben stehen auch bei den einzelnen Stichworten. Bei der nervösen Konstitution ist besondere Sorgfalt der Lebensweise und der Ernährung zuzuwenden! Viel Spaziergänge in freier Luft! Abends vor dem Schlafengehen Tiefatmen! Siehe Stichwort „Atemgymnastik". Ernährungsvorschriften II *).

---

*) Ernährungsvorschriften siehe Seite 323 ff.
**) vgl. Vorwort zur V. Auflage

8. Bei Weinerlichkeit, Empfindsamkeit, Reizbarkeit, leichter Ermüdung, Melancholie, Depressionszuständen: Dieselben Mittel und Vorschriften wie bei der nervösen Konstitution angegeben.

9. Bei Empfindlichkeit gegen Witterungswechsel, bei Verschlimmerung durch feuchte Luft, Nebel, beim Aufenthalt an Binnenseen ist stets natr. sulf. einzuschalten.

10. Bei Störungen von seiten des Herzens bzw. des Blutkreislaufs, insbesondere bei Blutandrang zum Kopf, Hitzewallungen usw., sind stets ferr. phos. und kal. phos. einzuschalten.
Biologisch: Ernährungsvorschriften II *).

11. Bei Blutverwässerung („hydrämische" Konstitution), kenntlich an aufgedunsenem Gesicht, schwammig sich anfühlenden Gliedmaßen (bei Druck bleibt ein „Loch" zurück, meistens mit weißem Grund): Calc. phos., natr. mur. und natr. sulf.
Biologisch: Sehr salzarme Kost, Flüssigkeitsaufnahme (auch in Form von Suppen!) sehr beschränken, zulässig ist die Flüssigkeitsaufnahme in Form von frischem Obst!
Allgemein: Ernährungsvorschriften II *).

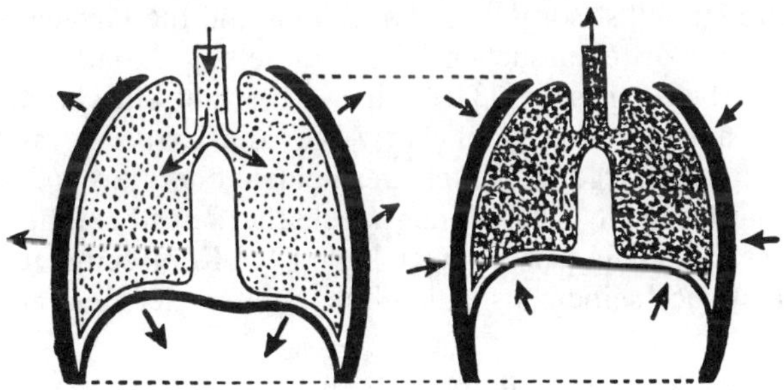

Mechanismus der Atmung

Bei der Einatmung (linkes Bild) hebt sich der Brustkorb und erweitert sich; das Zwerchfell flacht sich ab. Der hierdurch in den Lungen entstehende Unterdruck bewirkt das Einströmen der Luft in die Lungen.

Bei der Ausatmung (rechtes Bild) senkt sich der Brustkorb und verengt sich dadurch. Das Zwerchfell wölbt sich empor, die Lungen kommen unter Druck und die Luft entweicht wieder.

*) Ernährungsvorschriften siehe Seite 323 ff.

Kopfblutgeschwulst (seltene Erkrankung, hervorgerufen durch Druck und Blutstauung während der Geburt): Calc. fluor., kal. phos. und natr. mur.

Kopfgrind: Zu behandeln je nach der Natur der Absonderungen, siehe dieses Stichwort.

Kopfrose: Siehe „Rose".

Kopfschinn: Siehe „Haarausfall".

Kopfschmerzen: Die biochemische Behandlung der Kopfschmerzen mit dem Ziel der vollständigen Heilung ist außerordentlich erfolgreich, aber nur, wenn der Patient die nachstehenden Vorschriften genau einhält. Stets ist bei chronischen Kopfschmerzen eine Kurdauer von etwa 3 Monaten erforderlich, während welcher Zeit das Einnehmen der biochemischen Mittel mit absoluter Regelmäßigkeit und Genauigkeit durchgeführt werden muß. Ebenso notwendig ist allerdings die Einhaltung biologischer Lebensgrundsätze.

Die biologische Behandlung von Kopfschmerzen muß in ganz besonderer Weise stets eine sogenannte „Ganzheits"-Behandlung sein, d. h. wir müssen den ganzen Menschen mit allen seinen leiblich-seelisch-geistigen Zusammenhängen in den Kreis unserer Betrachtungen ziehen. Das erfordert vor allem eine gründliche Umstellung der Lebensweise. Der Kranke muß sich hier selbst sorgfältig beobachten und die Ursachen der Kopfschmerzen festzustellen suchen: Liegen dieselben z. B. in einer regelmäßigen Überarbeitung, so muß er seine Arbeit auf ein vernünftiges Maß zurückschrauben. Ist persönlicher Ärger die Ursache, muß er soweit möglich solche Ärgerlichkeiten vermeiden oder lernen, sie in ihrer Bedeutungslosigkeit zu erkennen (seelische Selbstbeeinflussung!). Wir sehen hieraus, daß in hartnäckigen Fällen von Kopfschmerzen unbedingt der Patient auch seinerseits „mithelfen" muß an der Bekämpfung seines Leidens.

Biologisch ist notwendig: Unbedingt Ernährungsvorschriften I *), vor allem sind gefährlich Kochsalz (das biologische „R"-Salz **) ist in mäßiger Menge erlaubt!), alles vom Schwein und alle scharfen Gewürze. In leichteren Fällen bzw. nach eingetretener Besserung ist vorsichtiger Übergang zu Ernährungsvorschriften II *) zulässig.
Sonstige Maßnahmen: Kalte Hand- und Armbäder, nachts Wadenwickel, Barfußlaufen, Tautreten (nach Pfarrer Kneipp).

---

*) Ernährungsvorschriften siehe Seite 323 ff.
**) vgl. Vorwort zur V. Auflage

Und nun die einzelnen erkennbaren Formen der Kopfschmerzen und die zugehörigen biochemischen Mittel:

a) Hitzewallungen (Wechseljahre), Blutandrang zum Kopf, Schwindel (mit heißem Kopf!), Hämmern am Halse, in den Schläfen, Kopfschmerz über den Augen, Kopfdruck: Ferr. phos., eventuell im Wechsel mit kal. sulf.

b) Kopfschmerz mit Erbrechen: Ferr. phos. unter Hinzunahme der nach der Art des Erbrechens angezeigten Mittel (siehe Stichwort „Erbrechen"), z. B. saures Erbrechen: Natr. phos., galliges, bitteres Erbrechen: Natr. sulf.; Auswürgen weißen Schleimes: Kal. chlor.

c) Kopfschmerz mit blassem Gesicht, also Blutarmut im Gehirn, besonders bei empfindlichen, schwächlichen Personen: Kal. phos. und calc. phos.

d) Bei Blutarmut, Skrofulose, Rachitis: Calc. phos., natr. mur. und sil.

e) Kopfschmerz auf rein nervöser Basis: Ferr. phos. und kal. phos., evtl. magn. phos. dazunehmen.

f) Bei schießenden, bohrenden, intermittierenden (d. h. Pausen machenden) Kopfschmerzen: Magn. phos. Treten die Erscheinungen anfallsweise auf, sofort beim Anfall 10 Tabletten magn. phos. zerquetschen, in einem Likörglas sehr heißen Wassers auflösen, teelöffelweise einnehmen.

g) Kopfschmerz rheumatischer Natur, mit Funken- und Doppeltsehen, bei geistiger Überanstrengung: Magn. phos., evtl. im Wechsel mit natr. phos. und ferr. phos.

h) Wenn Ursache des Kopfschmerzes Verstopfung: Ferr. phos. und natr. phos. (Siehe „Stuhlverstopfung!).

i) Wenn gleichzeitig Tränenfluß oder Erbrechen von durchsichtigem, glasigem Schleim oder Speichelfluß: Natr. mur.

k) Kopfschmerz bei rachitischen, überanstrengten, oft blutarmen Schulkindern: Calc. phos. und sil.

l) Kopfschmerz bei Harnsäurenaturen: Natr. phos. und sil.

m) Kopfschmerz mit bitterem Mundgeschmack, galligem Erbrechen, Verschlimmerung durch Feuchtigkeit, bei Nebel, Überempfindlichkeit gegen Licht und Geräusche: Natr. sulf.

n) Kopfschmerz mit Erbrechen oder Auswürgen weißen Schleimes: Kal. chlor.

o) Kopfschmerzen, die sich gegen Abend deutlich verschlimmern, sich dagegen in frischer, freier Luft bessern: Kal. sulf.

p) Migräne oder migräneartige Kopfschmerzen: Siehe Stichwort „Migräne".

q) Kommen die Kopfschmerzen vom Nacken her, dann ist besonders sil. mit kal. chlor. angezeigt. Auch muß sil. im Wechsel mit natr. mur. ausprobiert werden.

r) Linksseitiges Kopfweh: Vor allem die Ergänzungsmittel kal. arsen. und lith. chlor.

s) Kopfschmerz mit anschließender großer Schwäche: Kal. phos.

t) Kopfschmerz des Nervus trigeminus (von den Ohren nach den Zähnen ausstrahlend): Natr. mur.

u) Kopfschmerz mit Empfindlichkeit des Haarbodens (scheinbar der Haare): Sil.

v) Kopfschmerz mit Kältegefühl: Magn. phos.

Die nach vorstehenden Angaben in Betracht kommenden Mittel soll der Patient kurmäßig, d. h. mindestens 3–4 Monate lang, ganz regelmäßig einnehmen: Mit den Nummern täglich abwechseln, von der auf den betreffenden Tag fallenden Nummer etwa alle 3 Stunden 2 Tabletten einnehmen und langsam im Munde zergehen lassen. Das Einnehmen erfolgt am besten nüchtern bzw. 1/2 Stunde vor der Mahlzeit. Beim plötzlichen (akuten) Auftreten der Beschwerden dieselben Mittel, jedoch alle 10–20 Minuten abwechselnd 1 Tablette.

Kopfschuppen: Siehe „Haarausfall".

Koronar-Insuffizienz: Zu behandeln wie Angina pectoris, siehe „Herzleiden", Ziff. 4 (Herzbräune).

Koronarsklerose (Arteriosklerose der Kranzgefäße des Herzens): Behandlung wie bei Aderverkalkung und Angina pectoris.

Koxitis (Coxitis), Hüftgelenkentzündung: Siehe Stichworte „Gelenkentzündung" und „Tuberkulose".

Krämpfe (Spasmen): Hauptmittel stets magn. phos., und zwar:

I. Beim Anfall in der Form, daß man 10 Tabletten magn. phos. zerquetscht, in einem Likörglas sehr heißen Wassers auflöst und langsam teelöffelweise einnimmt,

II. kurmäßig zusammen mit den nachstehend angegebenen Mitteln:
   a) Bei Krämpfen blutarmer, rachitischer und skrofulöser Personen: Calc. phos. und kal. arsen. (Ergänzungsmittel).

b) Bei Krämpfen in Nerven, Muskeln, bei weinerlichen, blassen, schwächlichen Personen: Kal. phos. und kal. arsen. (Ergänzungsmittel).

c) Bei gleichzeitiger Skrofulose, Tuberkulose, Rachitis: Sil.

d) Bei Säurenaturen: Natr. phos. und sil.

e) Bei hydrämischer Konstitution (Blutverwässerung), bei kalten Händen und Füßen, Verlangen nach Salz und Saurem: Natr. mur., eventuell im Wechsel mit natr. sulf.

f) Bei Krämpfen nach Zurücktreibung der Schweißabsonderung: Sil.

g) Bei Krämpfen infolge von gewaltsam unterdrückten Hautausschlägen, bei weißem, weißgrauem Zungenbelag: Kal. chlor.

h) Bei Schüttellähmung (Paralysis agitans): Hauptmittel: Sil., calc. phos., magn. phos. und natr. phos.

i) Bei epileptischen Krämpfen: Siehe „Epilepsie".

k) Bei Krämpfen der Unterschenkel: Kal. sulf.

Sämtliche angegebenen Mittel selbstverständlich, wie oben betont, stets im Wechsel mit magn. phos.

Biologisch: Je nach der Schwere der Erscheinungen: Ernährungsvorschriften II, eventuell I *).

Krampfadern (Varizen) Krampfaderbruch, Krampfadergeschwüre, Beingeschwüre: Krampfadern entstehen durch Blutstauungen im venösen Kreislauf, an den Unterschenkeln, oft bis weit in die Oberschenkel herauf. Bei ihrer Entstehung können vielerlei Ursachen zusammenwirken: Falsche Ernährung, zu langes Stehen, Stuhlverstopfung, Fehlen einer körperlichen Ausgleichsbewegung, oftmals auch Begleiterscheinung von Schwangerschaft usw. Das pathologische Bild der Krampfadern ist deutlich verwandt mit den Erscheinungsformen und auch mit den Ursachen der Hämorrhoiden. Demzufolge ähnelt auch die biochemisch-biologische Behandlung der Krampfadern durchaus derjenigen der Hämorrhoiden.

Wenn wir die Ursachen der Krampfadern betrachten, wird klar, daß eine rein äußerliche Behandlung (mit Salben oder mit Gummistrümpfen usw.) niemals eine dauernde Heilung des Leidens bewirken kann.

Auch vor mechanischen Anwendungen (Verödung, Operation usw.) ist zu warnen: Wenn der Patient nicht gleichzeitig seine Lebensführung

---

*) Ernährungsvorschriften siehe Seite 323 ff.

grundlegend ändert, also die Bedingungen abstellt, die die Erkrankung verursacht haben, dann kann kein Verfahren die Heilung bringen. Andererseits aber führt bei konsequenter Beachtung der angegebenen Vorschriften gerade die biochemische Behandlung zu wirklichen Dauerheilungen.

Wichtig für alle Formen und Zustände:

I. Spezialmittel Hämosan*) nach Vorschrift anwenden. Als Pulver und als Tabletten im Handel. Seit 40 Jahren bewährt! Keine Reizwirkung! Keine Berufsstörung, überraschend schnelle Wirkung!

II. Unbedingt Ernährungsvorschriften II **). Vor allem: Kein Kochsalz und keine gesalzenen, gebratenen und geräucherten Speisen. Das biologische „R"-Salz*) ist zum Würzen erlaubt.

III. Keine Massage! Die verordneten Coldcremes zur Einreibung nur mit ganz leichtem Streichen von unten nach oben einreiben. Wenn eine Binde getragen wird, die biochemische Creme ganz dünn auf die Binde auftragen. Die Binde fischschuppenartig von unten nach oben anlegen!

IV. Sonnenbäder nur nach Befragen des Arztes und stets nur sehr kurz bei hochgelagerten Beinen.

V. Das kranke Bein öfters am Tage und stets in der Nacht etwas hochlagern (am Tage jede Stunde für etwa 5 Minuten hinsetzen und das kranke Bein auf einen gegenübergestellten Stuhl legen!). Gehen und Stehen einschränken! Es werden vielfach auch Tricotschlauchbinden verordnet. Gegen derartige Anwendungen bestehen aber große Bedenken (wenn sie nicht wegen Gefahr des Platzens erforderlich sind!), weil die Blutzirkulation durch solche Binden noch mehr behindert wird und weil vor allem die notwendige Hautatmung unterbunden wird.

VI. Ausgezeichnet: Kurze, warme (nicht heiße!) Fuß- und Oberschenkelbäder in Kamillen- oder Zinnkrauttee.

Die biochemischen Rezepte

sind grundsätzlich die gleichen, wie sie bei Hämorrhoiden (siehe dieses Stichwort!) zur Anwendung kommen, mit allen dort angegebenen Modifikationen.

---

*) vgl. Vorwort zur V. Auflage
**) Ernährungsvorschriften siehe Seite 323 ff.

Krampfhusten: Siehe „Keuchhusten". Falls nur nervös, bei gesunden Atmungsorganen: 10 Tabl. magn. phos. zerquetschen, in einem Likörglas sehr heißen Wassers auflösen, teelöffelweise einnehmen. Dazu Nerventee*).

Kraniotabes: Erweichung des Hinterhauptbeines bei Rachitis: Behandlung wie bei Englischer Krankheit angegeben.

Krebs: **) Krebs ist eine Erkrankung, die wegen ihrer z.T. schrecklichen Verlaufsformen fast tabuisiert wurde.

Dennoch soll in diesem Buch über Krebs deutlich gesprochen werden: es hat keinen Zweck, sich vor dieser Erkrankung zu ängstigen, denn solch eine „Vogel-Strauß-Haltung" führt zu nichts.
Aufklärung über diese Erkrankung sollten alle Menschen bekommen – ob sie nun erkrankt sind oder nicht.
Lesen Sie deshalb bitte die nachfolgenden Artikel ohne Furcht und Schrecken.

Was ist Krebs? Diese Frage ist häufig gestellt worden und blieb bisher unbeantwortet. Diese Tatsache machte es bislang unmöglich, eine Behandlungsmethode zu entwickeln, die gegen die Ursachen des Krebses gerichtet war (kausale Therapie). Man darf sich nicht täuschen lassen: Das Herausschneiden einer bösartigen Geschwulst ist keine ursächliche Behandlung, sondern höchstens die teilweise Beseitigung der Folgen der Erkrankung. Zu dem Zeitpunkt, wo eine Geschwulst in erkennbarer Größe vorhanden ist (ca. 2 mm), ist die Krankheit schon zwischen 8–20 Jahren im Körper und hat dort tiefgreifende Veränderungen bewirkt.
Was aber ist Krebs? Wissenschaftlich klar ist das bis heute nicht. Es gibt eine Reihe von Theorien, die eine Erklärung versuchen. Eine Deutung erscheint aber besonders einleuchtend. Um diese wollen wir uns hier kümmern und diese Theorie erläutern.
Bedingt durch die Tatsache, daß wir Menschen, ebenso wie alle unsere stammesgeschichtlichen Vorfahren, die gesamte Entwicklung durchlaufen haben vom Einzeller bis zu unserer heutigen Existenz, hat in unseren Zellen Informationen hinterlassen, die in den einzelnen Entwicklungsstufen abzulaufen haben. Diese sind bei jedem Lebewesen auch heute noch vorhanden. Es handelt sich dabei um die Steuerung aller Lebensvorgänge: der Ernährung, des Stoffwechsels und der Vermehrung.
Die Entwicklung der Art nennt man Phylogenese. Jeder neue Mensch durchläuft bei seiner eigenen Entwicklung vom Keimling bis zum

---

*) vgl. Vorwort zur V. Auflage
**) Alle Abschnitte über Krebs: Auszug aus „Der informierte Patient", v. Hans D. Gosau; mit frdl. Genehmigung des Verfassers.

geburtsreifen Säugling (Ontogenese) Stufen dieser früheren Artentwicklung. So haben die im Mutterleib heranwachsenden kleinen Wesen in verschiedenen Entwicklungsabschnitten z. B. Kiemengänge, einen Schwanz, oft Fischschuppen etc. Neben diesen alten, heute nicht mehr benötigten Informationen in den Zellen, gibt es dort aber auch noch ältere Zellanweisungen aus der Zeit, als wir noch Einzeller waren. Als solche hatten wir ganz andere Eigenschaften als unsere Zellen, die in einem geordneten „sozialen" Miteinander funktionieren müssen. Die Einzellereigenschaften sind

- räuberische Gefräßigkeit (auch an arteigenem Material)
- sehr teilungsfreudig (unkontrolliertes Wachstum)
- beweglich
- fast unsterblich.

Alle diese Eigenschaften sind sozusagen gebrauchsfertig in uns vorhanden. Eine überaus kluge Einrichtung hält diese früheren Eigenschaften normalerweise blockiert, d. h. unbenutzbar. Wenn aber die Blockade durch irgendeine Störwirkung aufgehoben wird, dann kann es passieren, daß plötzlich eine Organzelle verrückt spielt. Sie ordnet sich nicht mehr unter in der arbeitsteiligen Organisation unseres Körpers mit all ihren feinen Regel- und Steuermechanismen: sie wird egoistisch.

Sie teilt sich rascher als ihre Umgebung, sie wuchert unkontrolliert, sie haftet nicht mehr in ihrer Umgebung, sie dringt in benachbarte Zellkolonien und in Blut- und Lymphbahnen ein, ja sie vergißt sogar zu sterben und wuchert weiter. Es ist Krebs entstanden.

Krebs ist also eine Wiederbelebung ruhender, uralter Kräfte und Anweisungen. Krebs ist daher auch keine Erkrankung, die schicksalhaft zum Tode führen muß: Krebs ist heilbar.

Krebsauslösende Stoffe und Zustände: Krebs wird also gedeutet als eine Reaktion der Zelle auf einen Einfluß. Diese Einflüsse oder Anstöße können vielfältig sein und die verschiedensten Auslöser haben. Wenn wir also davon ausgehen, daß diese Stoffe oder Zustände bei jedem Menschen vorhanden sind oder an ihn herangetragen werden, und längst nicht jeder an Krebs erkrankt, so muß es dafür Gründe geben.

Diese liegen an der

- Intensität der Einwirkung,
- Dauer der Einwirkung,
- Summierung oder Potenzierung verschiedener Einflüsse,
- geschwächten geistigen und körperlichen Abwehrkraft,
- konstitutionellen Schwäche usw.

Wenn wir uns an die Aufzählung und Schilderung der möglichen Krebsauslöser begeben, wollen wir diese in zwei Gruppen aufteilen:

A) Die von außen zugeführten Krebserreger (exogene Cancerogene). Diese können sein:

Physikalische Kräfte:
Hitze, Druck, UV-Strahlen, Röntgen-Strahlen, radioaktive Strahlen.

Chemische Reizstoffe:
Insektenvernichtungsmittel (Insektizide),
Unkrautvernichtungsmittel (Herbizide),
Nahrungsmittelzusätze: Schwefel bei Wein und Obst,
Konservierungsmittel (Salicylsäure, Benzocsäure, PHB-Ester, Bor, Diphenyl, Thioharnstoff, Arsen, Blei, Paraffin, Quecksilber usw.),
Spülmittel (Detergentien),
Lebensmittelfarbstoffe: Buttergelb, Mandelgelb, Kirschrot, Erdbeerrot, Schokoladenbraun, Methylgrün, Scharlachrot,
künstliche Aromastoffe: Monosodiumglutamat, Disodiuminosinat, Guanylat,
schädliche Kaffeestoffe (Chlorogensäure, Wachse, Röstprodukte),
schimmelige Nahrung (Mycotoxine, Aflatoxin, Patulin),
Nitrosamine (in Salami, rohem Schinken, Selchfleisch usw.),
Abgase (3,4 Benzpyren, 7,12 Dimethylbenzanthrazen, Methylcholanthren).
Vorsicht auch bei Kosmetika! Bei Baby-Pflegemitteln, Vaselinen, Brillantinen, Pomaden, Haarfestigern sind oft die Zusammensetzungen unbekannt.

Mißbrauch von Medikamenten und Drogen. Dauergebrauch von Herz-Kreislauf-, Schlaf- und Beruhigungsmitteln, von Fieber- oder Schmerzmitteln, teerhaltige Salben, Vitaminpräparate (vor allem B 1), Hormonbehandlungen, Antibiotika (außer bei lebensbedrohenden Situationen). Antibiotika schädigen die normale Darmflora und verhindern die Produktion körpereigener Abwehrstoffe. Die Pille (Kontrazeptiva).

Berufsbedingte Stoffe:
Asbeststaub (Asbestarbeiter),
Ruß (Schornsteinfeger, Bergleute, Teerarbeiter),
Arsen (Winzer, Arsenikarbeiter),
Blei (Klempner, Drucker, Maler, Installateure, Metallarbeiter),
Mineralöldunst in Gasfabriken und Kokereien; außerdem geopathische Reizzonen (Wohn- und Schlafräume über geologisch ungünstigen Unter-

grundverwerfungen, tiefliegenden Tonböden, anomale Konzentration von Elektrolyten wie Magnesium, Molybdän, Selen und Ähnlichem im Untergrund und Grundwasser).

B) Von innen wirkende Krebsauslöser (endogene Canzerogene):
Abbauprodukte von Geschlechtshormonen,
Abbauprodukte von Eiweißstoffen,
geschädigte Darmflora (Dysbakterie),
langjährige Stuhlverstopfung (Obstipation),
Herderkrankungen (Zähne, Mandeln, Nebenhöhlen, Gallenblase, Wurmfortsatz, Mittelohr, Warzenfortsätze, usw.),
innere Sauerstoff-Mangelzustände durch Blutarmut, Kohlendioxydvergiftung infolge Rauchen, Herz- und Kreislaufschwächen, Arteriosklerose,
Gefäßkrämpfe, Venenstauungen, chronische Entzündungen,
Depressionszustände,
Dauerstreß,
Lebensgier.

Krebsvorbeugung: Die vorhergehenden stichwortartigen Aufzählungen zeigen schon, wie umfangreich dieses Thema ist. Wenn alle Aspekte berücksichtigt werden sollten, müßte darüber ein neues Buch geschrieben werden.
Es ist auch nicht möglich, den Einfluß jedes einzelnen krebserregenden Stoffes und sein Zusammenwirken mit weiteren uns täglich erreichenden Schadstoffen ausführlich zu erläutern. Eines ist aber klar zu sagen: Verschiedene Schadstoffe addieren $(x + y)$ sich nicht nur in ihrer Wirkung, sondern sie multiplizieren $(x \cdot y)$ oder potenzieren (x^y) sich sogar.

Das bedeutet für die vernünftige Krebsvorbeugung, daß man auf alle die Schadstoffe, die Krebs auslösen können, ganz bewußt verzichtet. Man kann sich heute nicht mehr auf den Standpunkt stellen, daß ein gesunder Körper allen diesen Gefahren gewachsen sein muß und man unbekümmert über Jahrzehnte eine solche Fülle von gefährlichen Stoffen zu sich nehmen kann.

Ebenso kann man sich nicht von allen Risiken befreien. Der Weg „Zurück zur Natur" ist uns nicht mehr möglich, da wir uns aus unserer geschädigten Umwelt nicht entfernen können.

Wo aber liegt dann die Möglichkeit zu vernünftiger Vorsorge und Vorbeugung?

Wir haben vorher schon gelesen, daß ein Krebs, der nur stecknadelkopfgroß ist, bereits eine Lebensgeschichte von etlichen Jahren hinter sich hat. Die Vorbeugung muß also bereits beginnen, wenn der Organismus wahrscheinlich noch gesund ist. Es gilt, den Körper gesund zu erhalten. Die Vorbeugung ist die vernünftigste Art, etwas für uns zu tun; viel klüger, als Schäden zu „reparieren".

Wie verhindern wir weitgehend die Entstehung oder Ausbreitung von Krebs? Da die meisten Krankheiten aus den Verdauungsorganen kommen, gilt unser erstes Augenmerk deren guter Funktion und unserer Ernährung. Manche unserer Eßgewohnheiten kann man mit Recht als „langsamen Selbstmord mit Messer und Gabel" bezeichnen.

Hier eine Gegenüberstellung der zu vermeidenden und der empfohlenen Nahrungsmittel:

verboten:	**empfohlen:**
Nahrungsmittel aus Industriemehl (Brötchen, Brot, Kuchen)	Vollkornmehl (am besten aus biologisch angebautem Getreide)
Zucker (weiß, braun, Kandis)	wenig Honig
alle Obst- und Gemüsesäfte ohne Begleitkost mit Ballaststoffen	Sauerkrautsaft und Rote Rübensaft (Rote Beeten) in kleinen Mengen nach Verordnung
gekochtes und eingemachtes Obst und Kompott	rohes Obst mit oder ohne Schale, Sorten nach Bekömmlichkeit ggf. püriert oder gerieben
Rauchen, absolutes Rauchverbot	
Kaffee und schwarzer Tee (russischer und chinesischer Tee)	Kräutertees nach Verordnung und Bekömmlichkeit
Schweinefleisch in jeglicher Form (auch Wurst, Speck, Schinken, etc.), ebenso Wildschwein, Hase, Kaninchen	Rindfleisch, möglichst biologisch aufgezogenes Kalbfleisch, Lamm, Wild, Geflügel, schweinefleischfreie Wurstwaren (in geringem Umfang)
	Frischkornbrei (Müsli)
	Salate aus frischem Obst oder Gemüse mit wenig Salz, ohne Zucker, mit frischen Kräutern gewürzt

Margarine, mehrfach erhitzte Fette und Öle	naturbelassene Fette, wie Butter in geringen Mengen, kaltgeschlagenes Öl (Distelöl, Sonnenblumenöl, Olivenöl etc.)
tierische Innereien, nach Möglichkeit völlig meiden (Hirn, Milz, Niere etc.)	
industriell gefertigte Nahrungsmittel mit Konservierungs- oder Farbstoffen	
hastiges, unkritisches, reichliches Essen	geruhsames, genügsames, sorgfältig ausgewähltes und zubereitetes Essen in kleinen Mengen

Der Beginn einer bewußten Ernährung im Sinne der Krebsvorbeugung und Verhütung anderer Krankheiten muß mit einer Umstellung der Stoffwechsellage, d. h. mit einer Entschlackung und Sanierung des Darmes beginnen. Dieses sind Maßnahmen, die von Medizinern verordnet und bis zum Vorliegen normaler Stoffwechselvorgänge geduldig durchgemacht werden müssen.

Hierbei sollten wir uns immer wieder vergegenwärtigen, daß wir ja durch jahre- bis jahrzehntelange Unvernunft in diese anomale Situation gekommen sind. Diese läßt sich nicht in wenigen Tagen beseitigen.

Krebserkennung: Nochmals muß darauf hingewiesen werden, daß wegen der langsamen und langwierigen Entwicklung des Krebses die klinische Erkennung sehr spät erfolgt.

Wenn die Geschwulst ca. 2 mm Durchmesser groß ist, kann man davon ausgehen, daß sie schon viele Jahre für die Entstehung gebraucht und auf den Körper eingewirkt hat. Da es die Eigenheit des Krebses ist, wie ein Einzeller Bewegungen auszuführen und sich aus dem Zellverband zu lösen, sind im Blut, in der Lymphe oder in Organen mit großer Wahrscheinlichkeit Krebszellen aufzufinden. Aus diesem Grund brauchen wir andere als nur die klinischen Methoden der Krebserkennung.

Es gibt eine Reihe sehr guter Untersuchungsmethoden, die sowohl im klinischen Stadium (Nachweisbarkeit von Geschwulsten) als auch im Vorstadium (präklinischer Bereich) sichere Aussagen machen können.

In diesem Rahmen können die Methoden nur benannt, aber nicht bis ins kleinste erläutert werden:

CCR-Test (Carcinochrom-Reagenz) und etliche andere labortechnische Untersuchungen

Biofunktionsdiagnose mit Medikamententest

Durch die Kombination mehrerer Methoden kommt man zu sehr sicheren Ergebnissen und kann frühzeitig eine biologische Behandlung beginnen, die von laufenden ungefährlichen Kontrollen begleitet ist.

Es gibt darüber hinaus noch Symptome, bei deren Vorliegen ein gründlicher Krebstest gemacht werden sollte. Solche verdächtigen Anzeichen sind

- jede nichtheilende Wunde oder Geschwür
- Knoten in oder unter der Haut
- hartnäckige Schmerzen
- langandauernde schwer beeinflußbare Blutarmut
- Veränderungen an Warzen, Hautmalen o. ä.
- Wechsel von Verstopfung und Durchfall (häufig)
- anhaltende Beschwerden des Magen- und Darmtraktes
- Dauerhusten oder Heiserkeit
- ungewöhnliche Absonderungen (Blut, Eiter, Sputum usw.)
- unklares Krankheits- oder Schwächegefühl
- Nachlassen der Spannkraft
- Frösteln oder Untertemperaturen
- unerklärbarer Gewichtsverlust usw.

Ein Appell sollte am Abschluß dieses Artikels stehen:

- nicht gleichgültig sein gegenüber körperlichen Zuständen
- nicht ängstlich sein (man kann gegen die meisten Schäden etwas tun!)

sondern

- mit der vernünftigen Lebensweise sofort beginnen
- das Leben bejahen (Lebensmut, Lebenszuversicht)
- aktiv leben: nicht die Dinge geschehen lassen, sondern sie selbst nach eigener Einsicht, Planung und Vernunft gestalten
- zu sich selbst finden; den Grund und das Ziel für sich selbst bestimmen.

Krebsbehandlung: Krebs ist heilbar! Das ist die wichtigste Aussage, die diesem Abschnitt vorangestellt werden muß.

Aber es ist auch die Verpflichtung für jeden, der an Krebs oder einer seiner Vorstufen (Praecancerosen) erkrankt ist, sich nicht hängen zu lassen und sich nicht seinem vermeintlich unentrinnbaren Schicksal zu ergeben. Es gibt viele beeindruckende Beispiele von Krebskranken, die mit biologischer Behandlung und einem positiven Lebenswillen ihre Krankheit gemeistert haben.

Beide Dinge: Die richtige (kausale) Behandlung und der Wille zu siegen, müssen zusammenkommen.

Die Krebsbehandlung muß folgendes umfassen:
Biologische Grundbehandlung ohne Nebenwirkungen mit den Zielen

- Aufbesserung der inneren Atmung
- Steigerung der allgemeinen Abwehrkräfte
- Anregung der Entgiftung
- Aufbau der normalen Organfunktion
- Diätische Maßnahmen nach Darmsanierung (wie vorher beschrieben)
- Organpräparate (Zellpräparate) zur Stärkung von spezifischen Organfunktionen
- Ausleitverfahren
- Blutwäsche oder ähnliche Verfahren usw. nach Maßgabe des Einzelfalles

Bei erheblich fortgeschrittenem Erkrankungsstadium kann es erforderlich sein, operative oder chemotherapeutische oder auch strahlentherapeutische Maßnahmen anzuwenden. Dieses kann aber nicht als allgemein gültig angesehen werden, sondern ist der kritischen Beurteilung des Einzelfalles zu überlassen.

Wenn diese Methoden (Operation, Bestrahlung, Chemotherapie etc.) sichere Wege zur Bekämpfung des Krebses wären, hätte es nicht geschehen können, daß

- 1920 jeder 14. an Krebs starb,
- heute jeder 5. Mensch an Krebs stirbt.

Ein Fortschritt in der schulmedizinischen Krebsbehandlung ist (bis auf einige Teilgebiete) nicht geschehen, und so muß der Patient sich vertrauensvoll Methoden zuwenden, die schon wegen des ursächlichen Denkansatzes Aussicht auf Erfolg versprechen.

Als Voraussetzung für die Aufnahme solcher Behandlungen sind erforderlich:

- Kenntnisse und Fähigkeiten des betreffenden Mediziners,
- entsprechende Einrichtungen für Diagnose und Therapie,
- volle Beteiligung des Patienten an allen Maßnahmen,

- laufende sorgfältige Zustandüberprüfungen durch
  - Tests
  - Meßverfahren
  - Symptombeobachtung und deren Dokumentation.

Ratschläge für Krebsängstliche: Angst vor Krebs ist eine gefährlich belastende Sache, die unbedingt vermieden werden muß. Sie führt zu nichts Gutem. Wenn Menschen Angst vor etwas haben, sollten sie versuchen, herauszubekommen:

- Wodurch ist es zu dieser Angst gekommen?
- Was wäre, wenn das Befürchtete einträfe?
- Was bewirkt die Angst?

Nur die letzte dieser Fragen läßt sich allgemein beantworten: Die Angst vor etwas ist auf jeden Fall eine negative Beeinflussung, die zu Dauerstreß ausarten kann.

Sie haben vorhin gelesen, daß unphysiologischer Streß einer der inneren krebsauslösenden Faktoren ist. Das bedeutet: Die begründete oder unbegründete Angst vor Krebs kann diesen fördern. Geben Sie also ganz schnell und bewußt diese Angst auf.

- Schaffen Sie sich Gewißheit durch Tests und gründliche Durchuntersuchung!
- Leben Sie bewußt, und meiden Sie jede Schädigung, ob Sie nun erkrankt sind oder nicht!
- Leben Sie ein lebenswertes Leben mit Aufgaben, die Sie wirklich ausfüllen und erfüllen!
- Grübeln Sie nicht über nutzlose Dinge nach!
- Seien Sie froh und auch fröhlich; wenn Sie „nichts zu lachen haben", ändern Sie Ihre Lebensumstände entsprechend!

Aktives Vertrauen ist positiv, depressives Grübeln und Angst sind negative Einflüsse.

Ratschläge für Krebserkrankte: Haben Sie keine Angst, und bewahren oder schaffen Sie sich Ruhe und Übersicht. Es gibt keinen Grund durchzudrehen. Glauben Sie: Die Welt geht nicht unter, auch Ihre nicht, wenn Sie sich nicht selbst aufgeben.

Überlegen Sie alles, was Sie tun möchten ruhig und vertrauensvoll. Es wird alles gut werden; zwar nicht ohne Ihr Zutun und nicht von selbst – aber es wird gut, wenn Sie es wollen.

Ihr Wille zum Leben, zur Gesundheit, zu Ihren Aufgaben, ist Ihr größtes Kapital. Positive Gedanken und positives Handeln sind die stärksten Waffen, die Sie selbst einsetzen können.

Wenn dazu noch die notwendigen individuell auf Sie abgestimmten Behandlungen kommen, haben Sie eine sehr reelle Chance.

Nutzen Sie Ihre Chance! Dazu müssen Sie bestimmt heraus aus dem bisherigen Trott, den bisherigen Gewohnheiten und besonders den für Sie schädlichen Angewohnheiten.

Lesen Sie den ganzen Abschnitt über Krebs nochmals in Ruhe, ohne Hektik, ohne Selbstmitleid durch und verarbeiten Sie innerlich, was Ihnen hier gesagt wurde.

Also:

- nicht aufgeben,
- nicht hängen lassen,
- nicht verzagen,
- nicht negativ denken!

sondern:

- tun Sie etwas für das Leben,
- planen Sie Ihren Weg,
- werden Sie aktiv gesund,
- nehmen Sie alle Chancen wahr,
- meiden Sie Pessimisten,
- denken und handeln Sie positiv!

Kreislaufstörungen: Man unterscheidet arterielle und venöse Kreislaufstörungen, wenngleich dieser theoretische Unterschied heute nicht mehr besonders betont wird. Wenn man von Kreislaufstörungen schlechthin spricht, dann meint man jene Gefäßbezirke, die von arteriellem Blut durchströmt sind.

a) Arterielle Störungen: Hier ist die Versorgung der Organe mit dem sauerstoffreichen, vom Herzen kommenden Blut gestört. Die Ursachen können sein Erschlaffung der Gefäßwandungen (Erweiterung!), Verhärtung der Gefäßwandungen und bestimmte Herzerkrankungen. Besonders auffallende, auch für den Laien erkennbare Erscheinungen sind:
Kalte Hände und Füße, Einschlafen der Hände und Füße (besonders nachts), schwacher Puls usw. Ärztliche Feststellung ist in jedem Fall erforderlich. Unterscheidungssymptome gegenüber der gewöhnlichen Blutarmut: Bei dieser kommen hinzu: Frösteln am Rücken,

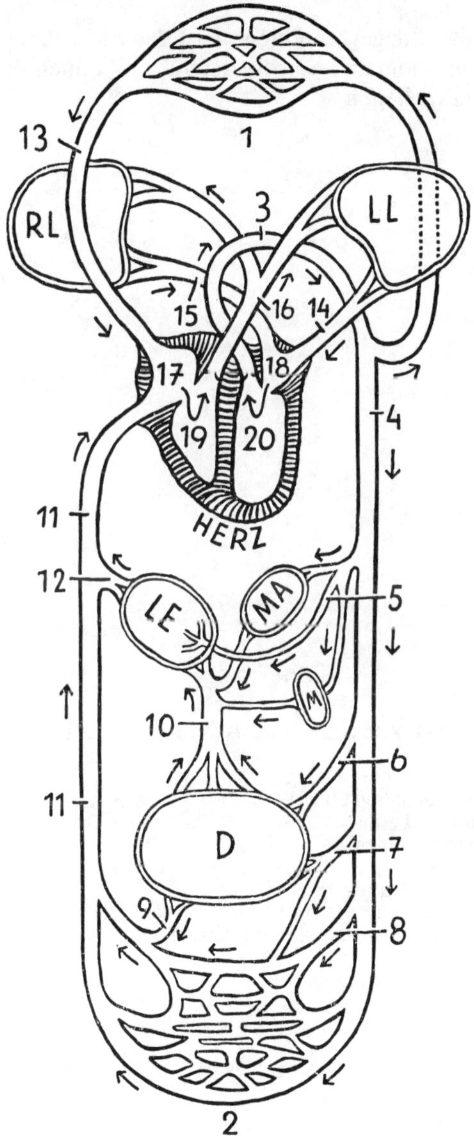

Schematische Darstellung des menschlichen Blutkreislaufs

(Die Pfeile deuten die Richtung des Blutstromes an)

Erläuterungen nächste Seite

kalte Nasenspitze, dagegen fehlen meist das Einschlafen der Extremitäten und die Pulsanomalie. Selbstverständlich können beide Erkrankungen gleichzeitig vorliegen.

Erläuterungen zu vorseitiger Abbildung des Blutkreislaufs

RL =	Kapillargebiet der rechten Lunge	Die Gefäßverzweigungen innerhalb dieser Gebiete sind der besseren Übersicht halber weggelassen worden
LL =	Kapillargebiet der linken Lunge	
LE =	Kapillargebiet der Leber	
MA =	Kapillargebiet des Magens	
M =	Kapillargebiet der Milz	
D =	Kapillargebiet des Darms	

1 = Kapillargebiet des oberen peripherischen Teils des Körpers (Arme, Hände)
2 = Kapillargebiet des unteren peripherischen Teils des Körpers (Beine, Füße)
3 = Aortenbogen
4 = Aorta (Hauptkörperschlagader)
5 = Leberarterie
6 = obere und 7 = untere Gekröseschlagader
8 = innere Hüftschlagader
9 = Verbindung des Pfortadersystems (10) mit dem System der unteren Hohlvene (11)
12 = Lebervene
13 = obere Hohlvene
14 = linke und 15 = rechte Lungenvene
16 = Lungenarterie (Pulmonalis)
17 = rechter und 18 = linker Herzvorhof
19 = rechte und 20 = linke Herzkammer

(Nach Kießwetter)

Biochemische Rezepte:

	Grundrezept:	Bei gleichzeitiger Blutarmut:	Bei gleichzeitiger Aderverhärtung (Verkalkung):
Montag:	Calc. fluor.	Calc. fluor.	Calc. fluor.
Dienstag:	Ferr. phos.	Calc. phos.	Calc. phos.
Mittwoch:	Kal. phos.	Natr. mur.	Silicea
Donnerstag:	Calc. fluor.	Ferr. phos.	Ferr. phos.
Freitag:	Magn. phos.	Calc. fluor.	Magn. phos.
Sonnabend:	Calc. fluor.	Calc. phos.	Calc. fluor.
Sonntag:	Ferr. phos.	Natr. mur.	Calc. phos.

Anwendung: Alle 3 Stunden 2–3 Tabletten langsam im Mund zergehen lassen.

Dazu: Herztee*) und Herztropfen*)

Biologisch: Regelmäßige Atemgymnastik (bei bestehender Verkalkung Vorsicht!), siehe dieses Stichwort! Unbedingt Ernährungsvorschriften II, in schweren Fällen I **).

Täglich morgens und abends warme (nicht heiße!) Armbäder für die Unterarme mit ansteigender Temperatur (ständig heißes Wasser nachgießen). In gleicher Weise ansteigende Fußbäder. Auch hierdurch wird die Durchblutung gefördert.

b) Die venösen Kreislaufstörungen sind kenntlich an Mitbeteiligung von Leber- oder Galle – morgens auf Zungenbelag und auf etwaige Geschmacksempfindungen im Munde achten!! –, an Krampfadern, Venenentzündung, Blutstauungen im Pfortadersystem, Hämorrhoiden usw. Liegen eindeutig solche Störungen vor, dann kommen biochemisch calc. fluor., ferr. phos., kal. sulf. und natr. sulf. in Betracht.

Dazu kurmäßige Anwendung des Leber- und Gallentees*), weil dieser die ganzen im venösen Kreislauf liegenden oder an ihm beteiligten Gefäße und Organe kräftig anregt.

Sofern allerdings die venöse Kreislaufstörung sich zu manifesten Erkrankungszuständen verdichtet, etwa zu Krampfadern oder

---

*) vgl. Vorwort zur V. Auflage
**) Ernährungsvorschriften siehe Seite 323 ff.

Hämorrhoiden usw., kommen die für diese Krankheitsbilder bei den betreffenden Stichworten angegebenen Rezepte zur Anwendung.

Rezepte hierzu siehe Stichworte „Hämorrhoiden" und „Krampfadern". Daß auch bei venösen Störungen mindestens die Ernährungsvorschriften II *) zu beachten sind, versteht sich von selbst.

Kreuzschmerzen können die allerverschiedensten Ursachen haben; es kann sich um rheumatische Störungen handeln, auch kann ein Nervenleiden vorliegen, vielfach treten „Kreuzschmerzen" im Gefolge von Bandscheibenschäden, Skelettschäden usw. auf. Die genaue Feststellung der Ursache ist unter allen Umständen erforderlich. Die Behandlung richtet sich nach der auslösenden Ursache.

Kribbeln der Haut: Calc. phos. und sil. Siehe auch „Ameisenkriechen".

Kropf (Struma), Schilddrüsenschwellung:

Bei Verdacht auf Skrofulose, Tuberkulose, auf Blutarmut: Sil. und calc. phos.

Wenn sich der Kropf hart anfühlt: Calc. fluor.

Schüßler selbst empfiehlt magn. phos. Da wir wissen, mit welcher Sorgfalt Schüßler seine Rezepturen festgestellt hat, und da sich seine Vorschriften auf eine immerhin 25jährige Beobachtung am Krankenbett stützen, sollte die magn. phos. in jedem Falle von Kropf in den Kurplan eingebaut werden.

Weitere Mittel nach den besonderen Erscheinungen, z. B. bei Blutandrang zum Kopf: Ferr. phos., bei Sodbrennen: Natr. phos. usw.

Biologisch: Viele Monate lang Ernährungsvorschriften II *). Kneipp empfiehlt nächtliche, adstringierende Umschläge mit einer Abkochung von Eichenrinde. Der Umschlag muß allseitig gut mit Wolle abgedeckt sein.

Krupp, Kehlkopfbräune, Halsbräune: Ist eine fibrinöse Schleimhautentzündung. Echter Krupp: Eine selbständige Erkrankung der oberen Luftwege; falscher Krupp: Eine sekundäre Erkrankung. Krupp ist eine Kinderkrankheit, erfordert aber, besonders wegen der schwierigen Unterscheidung zwischen echtem und falschem Krupp, ärztliche Beratung.

---

*) Ernährungsvorschriften siehe Seite 323 ff.

Echter Krupp: Calc. fluor., besonders bei Verengung der Luftröhre. Bei hohem Fieber, Schlummersucht, Deliriumszuständen: Kal. phos. und natr. mur.

Falscher Krupp: Kal. chlor. und calc. phos. Bei kurzem, beschleunigtem Atem: Dazu Natr. mur.

Einnehmevorschriften: Alle 20–30 Minuten 1 Tablette. Falls es sich um ein Kleinkind handelt, Gebrauchsanweisung genau beachten!

Biologisch: Etwa alle ½ Stunden einen Teelöffel voll Lehmwasser (50 Gramm Heilerde, innerlich, oder Bolus alba, weißer Ton, in einer Tasse Wasser verrühren) dem Kinde eingeben. Bettruhe, viel frische Luft. Ernährungsvorschriften I, später II *).

Kurzatmigkeit: Siehe „Asthma".

Kyphose: Rückgratverkrümmung nach hinten, Buckel. Liegt gleichzeitig eine seitliche Verkrümmung vor, so spricht man von Kyphoskoliose. Die biochemische Behandlung ist dieselbe, wie beim Stichwort „Englische Krankheit" angegeben, da derartige Erscheinungen meist auf rachitischer Basis beruhen.

Lachkrampf: Siehe „Krämpfe".

Lähmungen:

Hauptmittel: Magn. phos. und kal. phos.

Dazu:

Bei Kribbeln, Taubheitsgefühl: Calc. phos.

Lähmungen nach unterdrücktem Fußschweiß: Sil., desgleichen auf Basis der Rückenmarksschwindsucht.

Rheumatische Lähmungen: Am Anfang: Ferr. phos. und natr. phos., später calc. phos. und kal. chlor.

Zusätzliche Maßnahmen, wie etwa Massagen usw., hat der Fachmann anzuordnen, wie überhaupt alle Lähmungen in ärztliche Behandlung gehören.

Heilungsaussichten im allgemeinen nur bei frischen Fällen günstig.

Biologisch: In allen Fällen Ernährungsvorschriften I *).

Laryngitis: Siehe „Kehlkopfentzündung".

---

*) Ernährungsvorschriften siehe Seite 323 ff.

Lebensschwäche der Säuglinge: Calc. phos. Einnehmevorschrift: Etwa alle Stunden (oder alle ½ Stunden) 1–2 Tabletten zerquetscht trocken als Pulver auf die Zunge oder auf die Innenfläche der Wangen streichen. Biologisch: Sorgsamste Pflege, viel Wärme, Muttermilch.

Leberleiden: Die Leber ist die größte Drüse des menschlichen Körpers und gleichzeitig das blutreichste Organ. Sie ist die „Entgiftungsstation" und hat mannigfaltige Aufgaben zu erfüllen. Bei der Wichtigkeit dieser Funktionen sind Erkrankungen der Leber stets ernst zu nehmen und erfordern fachmännische Beratung.

Grundsätzlich dürfen allopathische Arzneimittel (Kopfschmerztabletten, Abführtabletten, betäubende Schlafmittel usw.) nur unter ärztlicher Aufsicht angewendet werden, da sie in der erkrankten Leber stark giftig wirken.

Jede Art von „Stoffwechsel" ist zu fördern, so vor allem

a) der Stoffwechsel über die Haut, also geregelte Hautpflege durch Sonnen-, Luft- und Lichtbäder, durch Trockenbürsten der Haut, warme Bäder, leichte Rumpf- und Beingymnastik,

b) der Stoffwechsel über die Atmungsorgane: Regelmäßige Atemgymnastik, siehe dieses Stichwort,

c) der Stoffwechsel über den Darm. Hier leistet der Leber- und Gallentee *) ausgezeichnete Dienste.

Gelegentlich sind Fastentage (Saftfasten!) einzuschalten.

Beengende Kleidungsstücke (Korsetts, Leibriemen) müssen fortfallen. Alkohol und Bohnenkaffe sind bei allen Leberleiden zu meiden. Näheres steht im folgenden bei den einzelnen Krankheiten.

1. **Leberabszeß:** Kal. sulf. und kal. phos. Zur Förderung des raschen Durchbruchs: Sil. und natr. sulf.
   Diese 4 Mittel abwechselnd jede Stunde 1 Tablette.
   Biologisch: Unter allen Umständen Ernährungsvorschriften I **).
   Selbstverständlich ärztliche Beratung! In vielen Fällen wird ein chirurgischer Eingriff nicht zu umgehen sein.

2. **Leberblutüberfüllung (Leberhyperämie):** Fachärztliche Beratung! Die Behandlung richtet sich vor allem nach dem ursächlichen Leiden.
   Hauptmittel: Natr. sulf. und kal. sulf.
   Dazu: Bei der Schrumpfung (Atropie) der Stauungsleber: Calc. fluor. und kal. phos.

---

*) vgl. Vorwort zur V. Auflage
**) Ernährungsvorschriften siehe Seite 323 ff.

Bei der sogenannten kongestiven Hyperämie am Anfang ferr. phos., nach einigen Tagen kal. chlor.

Biologisch: Unbedingt Ernährungsvorschriften I *), vor allem keine Genußgifte, keine scharfen Gewürze, kein Salz. Mäßig warme (nicht heiße!), sehr leichte Umschläge. Vermeidung jeglichen Druckes.

3. **Leberentzündung (Hepatitis):** Sehr schwere Erkrankung! Fachmann! Biochemische Mittel nach den bei Leberblutüberfüllung angegebenen Richtlinien.
Die manchmal im Verlauf der Leberentzündung eintretende Leberatrophie (gelber Leberschwund) ist meistens tödlich.

4. **Leberflecke (Chloasma):** Natr. sulf., kal. sulf.

5. **Leberschrumpfung (Lebercirrhose):**

Hauptmittel am Anfang (im akuten Stadium): Kal. sulf. und natr. sulf., bei steigendem Fieber dazu kal. phos.
Einzunehmen alle ½ Stunden abwechselnd 1 Tablette.
Im chronischen Stadium:
Bei träger Leber und gleichzeitiger Verstopfung, stechenden Schmerzen: Kal. sulf., natr. mur. und natr. sulf.
Bei weißem, weißgrauem Zungenbelag und hellem Stuhl: Kal. chlor., kal. sulf. und natr. sulf.
Bei ängstlichem Gemütszustand, bei Traurigkeit und bei Verschlimmerung gegen Abend: Kal. phos., kal. sulf., natr. sulf. (In dieser Reihenfolge!).
Bei auftretenden Spannungen: Kal. sulf., magn. phos., natr. sulf. und sil.
Einnehmevorschriften für das chronische Stadium: Täglich mit den Mitteln abwechseln, von dem auf den betreffenden Tag fallenden Mittel alle 3 Stunden 2–3 Tabletten langsam im Munde zergehen lassen.
Im chronischen Stadium ausgezeichnet: Kurmäßige Anwendung des Leber- und Gallentees**). Kurdauer für Biochemie und Tee: Mindestens 4–5 Monate!

Biologisch: Unbedingt Ernährungsvorschriften I *) unter strengster Vermeidung von Alkohol, Bohnenkaffee und Tabak. Leichte schleimige Suppen (ungesalzen!), weißer Käse (Quark), nichts Kaltes oder Heißes.

---

*) Ernährungsvorschriften siehe Seite 323 ff.
**) vgl. Vorwort zur V. Auflage

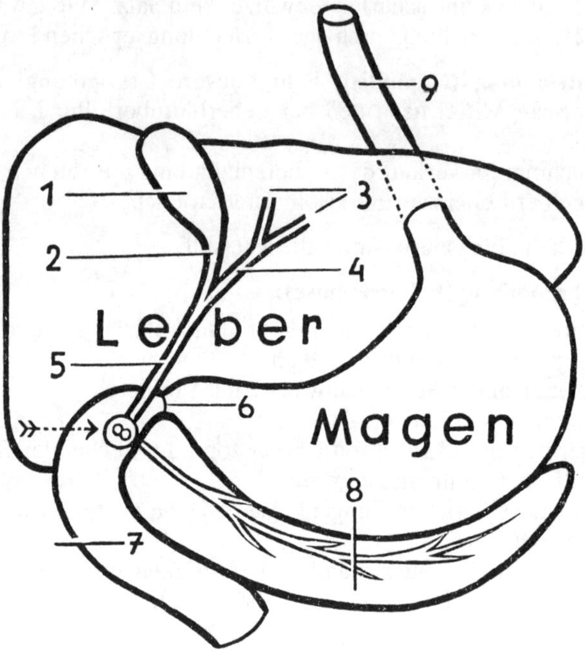

Schematische Darstellung der Ausführungsgänge von Leber, Gallenblase und Bauchspeicheldrüse

1 Gallenblase
2 Gallenblasengang
3 Rechter und linker Gallengang
4 Lebergang
5 Gemeinsamer Gallengang
6 Pförtner
7 Zwölffingerdarm
8 Bauchspeicheldrüse
9 Speiseröhre

Der Pfeil (in der Abbildung links) zeigt auf die gemeinsame Einmündungsstelle in den Zwölffingerdarm.

6. **Leberschwellung:** Kal. sulf., magn. phos. und natr. sulf. Dazu Leber- und Gallentee *) und Leber- und Galletropfen *).

   Biologisch: Ernährungsvorschriften II **), unter vollständiger Vermeidung aller Genußgifte.

7. **Leberträgheit:** Dieselben Mittel und dieselbe Behandlung wie bei Leberschwellung angegeben.

8. **Leberverfettung (Fettleber):** Behandlung unter Berücksichtigung der Konstitution (siehe dieses Stichwort) und der eigentlichen Ursache, z. B. Blutarmut, Tuberkulose. Wenn chronischer Alkoholismus die Ursache: Selbstverständlich vollkommene Vermeidung von Alkohol, wie dies für alle Lebererkrankungen eine unbedingte Notwendigkeit ist. Siehe im übrigen Stichwort „Fettleibigkeit", unter Ziff. 3.

   Biologisch: Ernährungsvorschriften II, besser, wenigstens zeitweise, I **).

9. **Leberverhärtung:** Calc. fluor., sil., kal. sulf., natr. phos., natr. sulf., alle 5 Mittel in raschem Wechsel (also etwa alle 2 Stunden, evtl. jede Stunde abwechselnd mit jeweils 1–2 Tabletten) hintereinander.

   Biologisch: Wie oben, Ernährungsvorschriften II, besser I **), mit gänzlichem Verbot aller Genußgifte.
   Besonders wichtig: Reichlich Rohkost.

10. **Schnürleber:** Durch zu eng anliegende Korsetts oder Leibriemen werden manchmal Furchen in die Leber eingedrückt. Heilung nur durch Beseitigung der Ursachen. Daneben calc. fluor. monatelang.

11. **Wanderleber:** Hiermit wird jene Erscheinung bezeichnet, bei der die Leber tiefer in der Bauchhöhle sitzt. Passende Bandage tragen! Dazu calc. fluor., monatelang!

Leibschmerzen: Siehe Stichworte „Kolik" und „Darmleiden", Ziff. 4 (Darmentzündung).

Leistenbruch: Siehe „Brüche".

Leistendrüsenschwellung und Leistendrüsenentzündung: Siehe „Bubonen".

Leukämie: Siehe „Weißblütigkeit".

---

*) vgl. Vorwort zur V. Auflage
**) Ernährungsvorschriften siehe Seite 323 ff.

Leukozyten: Die weißen Blutzellen. Gesamtzahl 6000–8000 pro mm^3 Blut. Siehe nachstehend „Leukozytose".

Leukozytose: Vermehrung der weißen Blutkörperchen (über 8000 pro mm^3 Blut). Tritt bei den meisten Infektionskrankheiten auf. Die biochemischen Mittel bestimmen sich nach der Grundkrankheit.

Lichtscheu: Siehe „Augenleiden", Ziff. 5.

Lidentzündung: Siehe „Augenleiden", Ziff. 3.

Lidkrampf: Siehe „Augenleiden", Ziff. 18.

Lienitis: Siehe „Milzentzündung".

Lipom: Siehe „Fettgeschwulst".

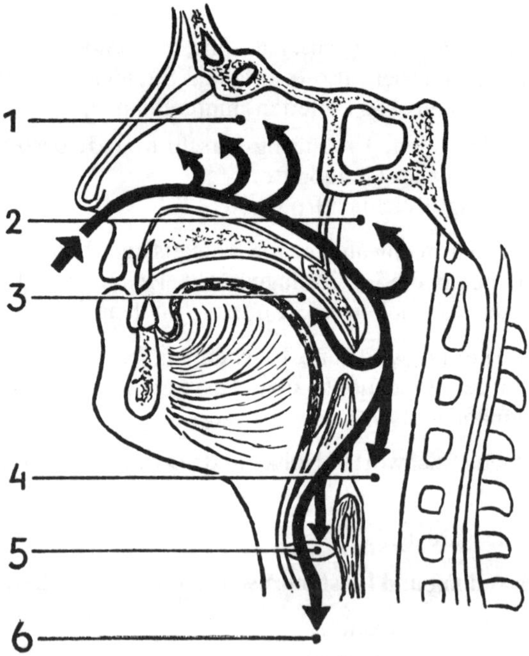

Weg der Krankheitserreger

1 Nase und Nasennebenhöhlen
2 Nasenrachenraum
3 Mundhöhle
4 Speiseröhre
5 Kehlkopf
6 Luftröhre, weiterhin: Bronchien, Lunge

Luftkrankheit (auch Autokrankheit): Siehe Stichwort „Seekrankheit".

Luftröhrenkatarrh: Siehe „Bronchialkatarrh". Falls tuberkulös: Siehe „Tuberkulose".

Lumbago (Hexenschuß): Siehe „Muskelrheumatismus".

Lungenabszeß: Behandlung wie bei Abszeß. Selbstverständlich ist ärztliche Beratung unerläßlich.

Lungenbläschenerweiterung (Lungenemphysem):
Hauptmittel: Calc. fluor. und sil.
Dazu die nach der etwaigen ursächlichen Erkrankung und nach der Konstitution (siehe dieses Stichwort) in Betracht kommenden Mittel.
Biologisch: Ernährungsvorschriften II *). Atemgymnastik mit besonderer Bevorzugung der Ausatmung. Von einem erfahrenen Fachmann zeigen lassen!

Lungenblutungen: Siehe „Blutungen". Falls tuberkulös bedingt, siehe „Tuberkulose". Selbstverständlich ärztliche Beratung!

Lungengangrän, Lungenbrand: Ursache: Meist chronischer Alkoholismus. Die Krankheit stellt eine brandige Zerstörung des Lungengewebes dar. Ärztliche Beratung!
Biochemisches Hauptmittel: Kal. phos., dazu die nach dem etwaigen ursächlichen Leiden in Betracht kommenden Mittel.

Lungenentzündung (Pneunomie): Am Anfang: Ferr. phos., bei höher steigendem Fieber: Kal. phos.
Im zweiten Stadium, wenn der Auswurf beginnt: Mittel bestimmen sich nach der Natur der Absonderungen (auch Zungenbelag beachten!), siehe Stichwort „Absonderungen". Meist wird kal. chlor. – weiße bis weißgraue Absonderungen – in Frage kommen. Zur Nachbehandlung: Monatelang calc. phos. und natr. mur., insbesondere bei schwächlichen Personen.
Ärztliche Beratung!
Biologisch: Der Arzt bestimmt in erster Linie die zu treffenden Maßnahmen. Bettruhe! Lüftung des Zimmers unter Vermeidung von Zugluft. Warme Getränke. Ernährungsvorschriften I (wenigstens am Anfang), später II *).

---

*) Ernährungsvorschriften siehe Seite 323 ff.

Lungengeschwülste, Lungenkrebs: Siehe Stichwort „Krebs".

Lungenödem: Eindringen von Flüssigkeit in das Bläschengewebe der Lunge. Schwere Erkrankung! Unbedingt fachmännische Beratung.
Hauptmittel: Kal. phos., natr. sulf. und natr. mur.

Lungenschwindsucht, Lungentuberkulose (Phthisis): Siehe „Tuberkulose".

Lungenspitzenkatarrh: Im Anfangsstadium ferr. phos. und kal. chlor., evtl. dazu natr. mur. und natr. phos. Im übrigen siehe Stichwort „Tuberkulose".

Luxation: Siehe Stichwort „Verrenkung".

Lymphatische Diathese: Siehe Stichwort „Konstitution", Ziff. 2.

Lymphdrüsenschwellungen: Siehe „Drüsenschwellungen".

Lymphgefäßentzündung, Lymphdrüsenentzündung (Lymphadenitis, Lymphangitis): Diese Erkrankung kann leicht zu Blutvergiftung führen, daher Vorsicht und ärztliche Beratung.
Hauptmittel: Kal. chlor. (seltener ferr. phos.) und kal. phos., bei Eiterungen: Sil.

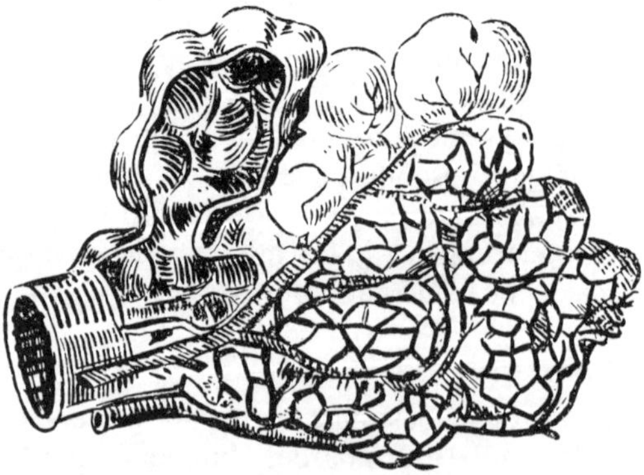

Lungenbläschen
(Stark vergrößert)

Die Größe eines Lungenbläschens beträgt etwa 0,2–0,3 mm im Durchmesser. Ihre Gesamtzahl ungefähr 200 Millionen, und die gesamte Atmungsoberfläche berechnet sich auf etwa 150 qm, also eine quadratische Fläche von rund 12 mal 12 Metern!

Biologisch: Äußerlich: Lehmpackungen. Sofortige Umstellung auf Ernährungsvorschriften I *), vollständige Vermeidung von Kochsalz und allen Ersatz-Salzen!

Lyssa, Tollwut: Siehe „Hundswut".

Madenwürmer: Siehe „Wurmleiden".

Magenleiden:

1. **Magenatonie (Magenerschlaffung):** Siehe „Magenerschlaffung".
2. **Magenblutungen:** Siehe „Blutungen" und „Magengeschwür".

Sanduhrmagen mit Krebsgeschwulst

Die punktierte Linie (rechts) deutet die Begrenzung des früher gesunden Magens an. Durch die Krebsgeschwulst ist der Magen stark eingeengt, so daß er die Form einer Sanduhr angenommen hat.

(Schematisiert, Zeichnung nach Kießwetter)

*) Ernährungsvorschriften siehe Seite 323 ff.

3. **Magendarmkatarrh:** Siehe „Darmleiden", Ziff. 4 (Darmentzündung).

4. **Magenentzündung:** Siehe „Magenleiden", Ziff. 8.

5. **Magenerschlaffung (Magenatonie):** Ferr. phos. und calc. fluor.

6. **Magenerweiterung (Dilatatio ventriculi):** Calc. fluor. und kal. phos. Bei Übersäuerung, Sodbrennen: Natr. phos. und Magenpulver Stomac *) dazunehmen.

   Biologisch: Langsam essen, gut kauen! Lieber öftere und kleinere Mahlzeiten. Ernährungsvorschriften II **).

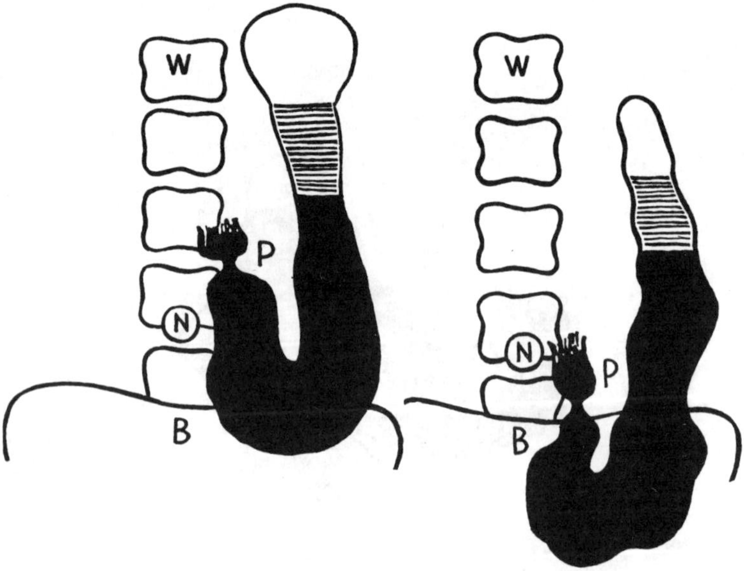

Magensenkung

Links: Magensenkung mittleren Grades ohne Senkung des Magenausgangs.
Rechts: Hochgradige Magensenkung mit Senkung des Magenausgangs.
W = Wirbelsäule, N = Nabel, B = Becken.

---

*) vgl. Vorwort zur V. Auflage
**) Ernährungsvorschriften siehe Seite 323 ff.

7. **Magengeschwür (Ulcus ventriculi):**
Hauptmittel: Kal. phos. und natr. phos. Dazu die Mittel, die sich nach der Erscheinung des Blutes aus dem Magen bestimmen, also:
Wenn Blut leicht gerinnt: Ferr. phos.
Wenn Blut schwarz, zäh, klumpig: Kal. chlor.
Wenn Blut wässerig ist und nicht gerinnt: Natr. mur.

Nach Abheilung: Monatelang in täglichem Wechsel: Kal. phos., calc. fluor. und natr. phos., dazu morgens und abends Magentee *), tagsüber Magentropfen *).

Biologisch: Bettruhe beim Eintritt der Blutung. Als Getränk und zur Nahrung nur in Wasser aufgequirltes Eiweiß und kalte Milch in kleinen Schlucken. Nach Aufhören der Blutung reizlose, dünne Kost, Ernährungsvorschriften II **).

8. **Magenkatarrh (Gastritis), Verdauungsschwäche (Dyspepsie), Magenentzündung:** Beim **akuten** Magenkatarrh, Übelkeit, Erbrechen: Ferr. phos. und kal. chlor.
Dazu:
a) Beim Erbrechen saurer Flüssigkeit, bei sauren Stühlen, bei Magenkatarrh nach fetten Speisen: Natr. phos.
b) Beim Erbrechen von durchsichtigem Schleim oder von wässerigen Flüssigkeiten, bei glasigem Schleimbelag auf der Zuge, Trockenheit der Zunge, Appetitlosigkeit und Durst, Verlangen nach Salz: Natr. mur.
c) Bei bitterem Mundgeschmack, gleichzeitiger Leberschwellung, Galleerbrechen, schmutzig-glasigem Zungenbelag (auch wohl bräunlich!): Natr. sulf. und Leber- und Gallentee *).

Die vorstehenden Mittel zusammen mit ferr. phos. und kal. chlor. beim akuten Magenkatarrh abwechselnd alle 2 Stunden 2 Tabletten.

Bei krampfartigen Schmerzen, bei Koliken, Blähungen (Besserung durch Zusammenkrümmen!): 10 Tabl. magn. phos. zerquetschen, in einem Likörglas sehr warmen Wassers auflösen und langsam in kleinen Schlucken einnehmen.

Bei Magenleiden der bleichsüchtigen, blutarmen, rachitischen, tuberkulösen und skrofulösen Personen: Sil. und calc. phos. unter Hinzunahme

---

*) vgl. Vorwort zur V. Auflage
**) Ernährungsvorschriften siehe Seite 323 ff.

der nach dem Zungenbelag (morgens gleich nach dem Aufstehen betrachten!) sich ergebenden Mittel; siehe Stichwort „Absonderungen"!

Der **chronische** Magenkatarrh erfordert kal. chlor. und kal. sulf.

In allen Fällen empfiehlt sich der kurmäßige Gebrauch des Magentees *) und der Magentropfen *). Bei akuten Beschwerden (Druck, Völlegefühl, Blähungen usw.) hilft schnell das natronfreie Magenpulver Stomac *).

Biologisch: Bei allen Magenleiden empfiehlt sich die Umstellung auf Ernährungsvorschriften II **). Strengstes Nikotinverbot!

9. **Magenkrampf:** Kal. phos. und magn. phos. Dazu Magenpulver Stomac *). Falls Säureüberschuß vorhanden: Dazu Natr. phos.
   Bei plötzlich auftretenden Magenkrämpfen: 10 Tabl. magn. phos. in heißem Wasser, siehe oben!

10. **Magenkrebs:** Fachmännische Behandlung! Siehe Stichwort „Krebs".

11. **Magensäure, zu wenig:** Natr. mur. In der Ernährung die sogenannten „Säurelocker" (siehe dieses Stichwort) bevorzugen.

12. **Magensäure, zuviel:** Dieses weitverbreitete Leiden wird oft nicht ernst genommen und vernachlässigt. Unzweckmäßigerweise sucht man dann durch Einnehmen von doppeltkohlensaurem Natron oder natronhaltigen Präparaten das Übel zu bekämpfen: Man erreicht zwar eine momentane Abstumpfung der Säure, aber durch chemische Umsetzungen bildet sich aus dem doppeltkohlensauren Natron wieder neue Säure, so daß der Patient in einem dauernden „Circulus vitiosus" herumläuft. Nehmen Sie also nur natron*freie* Magenpulver ein, z. B. Stomac *).
    Die biochemischen Mittel gegen Magensäure sind magn. phos. und natr. phos. Dabei wird magn. phos. zweckmäßigerweise vor dem Essen, und natr. phos. nach dem Essen eingenommen.
    Gleichzeitig kurmäßige Anwendung des Magentees *) und der Magentropfen *).
    Biologisch: Gründliche und konsequente Umstellung der Ernährung, mindestens auf Ernährungsvorschriften II **). Weitgehende seelische Entspannung! Vernünftige Hautpflege (abendliches Trockenbürsten der Haut), keine Abhärtungskuren, keine kalten Abwaschungen.

---

*) vgl. Vorwort zur V. Auflage
**) Ernährungsvorschriften siehe Seite 323 ff.

13. **Magenschleimhautentzündung:** Zu behandeln wie Magenkatarrh, also ganz am Anfang ferr. phos. und kal. chlor.
Weitere Mittel siehe Stichwort „Magenkatarrh".

14. **Magenschmerzen:** Wenn nervös, Hauptmittel kal. phos. und magn. phos. Siehe ferner „Magenkatarrh".

15. **Magenschwäche:** Siehe „Magenkatarrh", „Magenkrampf", „Magenschmerzen".

16. **Magensenkung:** Zu behandeln wie „Magenerweiterung".

Malaria: Siehe „Wechselfieber".

Mandelabszeß, Mandelentzündung (Tonsillitis, Angina tonsillaris):

Am Anfang sofort alle 10 Minuten 1 Tablette ferr. phos.
Bei höherem Fieber, Benommenheit, Schlafsucht: Kal. phos.

Nach Abklingen des Fiebers bestimmen sich die biochemischen Mittel nach der Natur der Absonderungen (siehe dieses Stichwort), also:
Bei weißem, weißgrauem Zungenbelag oder Mandelbelag: Kal. chlor.
Bei goldgelbem Belag: Natr. phos.
Bei gelbschleimigem Zungenbelag: Kal. sulf.
Bei brandigem, schmutzig-bräunlichem Belag: Kal. phos.
Bei glasigem Belag, besonders am Zäpfchen: Natr. mur.
Eitrige Mandelentzündung: Sil., sehr häufig.

Bei chronischer Mandelentzündung haben sich kal. sulf. und calc. sulf. ausgezeichnet bewährt.

Bei Verdacht auf Diphterie, beim Auftreten des geringsten fauligen oder stinkenden Geruchs aus Mund oder Nase: Calc. phos. und kal. phos. und Arzt rufen!

Mandelgeschwür: Sil. und natr. sulf.
Entzündliche Schwellung: Kal. chlor. und calc. fluor.
Biologisch: Selbstverständlich sofort Ernährungsvorschriften I, nach Besserung eine Zeitlang noch II *).

*) Ernährungsvorschriften siehe Seite 323 ff.

Mandelvergrößerung (Mandelhyperthrophie): Hauptmittel: Calc. phos.

Bei chronischer Mandelgeschwulst dazu: Calc. fluor., magn. phos. und natr. phos.

Bei akuter Mandelgeschwulst: Wählen zwischen

a) ferr. phos. und natr. phos., oder

b) kal. chlor. und calc. fluor.

Masern (Morbilli): Akute fieberhafte Infektionskrankheit mit katarrhalischen Schleimhautentzündungen. Grobfleckiger Ausschlag. Häufig ist auch Nasen- und Bindehautkatarrh vorhanden. Ansteckend! Fachmännische Beratung!

Am Anfang: Ferr. phos. und kal. chlor., abwechselnd alle ½ Stunden 1 Tablette.

Bei höherem Fieber und bei typhösen Masern, bei Delirien, Krämpfen und Schlummersucht: Kal. phos. und natr. mur., ebenfalls alle ½ Stunden (evtl. sogar alle 1/4 Stunden) 1 Tablette.

Falls Auswurf vorhanden, zu behandeln nach dem Stichwort „Absonderungen".

Bei tuberkulöser Grundlage: Calc. phos. und magn. phos.

Im Abschuppungsstadium: Kal. sulf.

Zur Nachbehandlung monatelang calc. phos. und natr. mur.

Bei auftretender Masernepidemie unbedingt auch den gesunden Kindern stündlich eine Tablette ferr. phos. geben!

B i o l o g i s c h : Im Fieberstadium nur Milch, Milchsuppen und Fruchtsäfte. Keine Fleischbrühe, kein Fleisch. Bettruhe. Zimmer verdunkeln. Frische Luft unter Vermeidung von Zugluft. Keine kalten Speisen und Getränke.

Mastdarmfistel: Siehe „Afterfisteln" und „Fisteln".

Mastdarmkatarrh: Siehe „Darmleiden", Ziff. 4 und „Hämorrhoiden".

Mastdarmkrebs: Siehe „Krebs".

Mastdarmrisse: Siehe „Darmleiden", Ziff. 8 und „Afterrisse".

Mastdarmvorfall, Aftervorfall:
Hauptmittel: Calc. fluor., sil., magn. phos., täglich abwechselnd, monatelang, evtl. jahrelang! Hinzu kommen noch:
Beim Vorliegen einer Entzündung: Ferr. phos.
Bei Befürchtung des Brandigwerdens: Kal. phos.
Bei Afterschließmuskelkrampf: Besonders magn. phos. bevorzugen.
Biologisch: Sorge für weichen Stuhl, daher Ernährungsvorschriften II *), kühle Sitzbäder, vorsichtige Bauchgymnastik.

Mastitis: Siehe „Brustentzündung der Mütter".

Mattigkeitsgefühl: Kal. phos. und natr. mur. Dazu:
Wenn mit Schwächeempfinden in den Waden: Natr. sulf.
Wenn mit Verlangen nach frischer Luft: Kal. sulf.

Meersalz: Unter dieser Bezeichnung sind mehrere Spezialsalze im Handel. Das gereinigte Meersalz ist an sich nicht „gebrauchsfähig", weil es infolge der zahlreichen Beimengungen von anderweitigen Mineralstoffen recht schlecht schmeckt. Der Kochsalzgehalt des gereinigten Meersalzes darf eigentlich 77 % des Gesamtgewichtes nicht überschreiten, denn der Trokkenrückstand aller Weltmeere hat einen gleichbleibenden Kochsalzanteil von 77 %. Viele Hersteller mischen aber dem gereinigten Meersalz noch weitere Mengen Kochsalz bei. Jedes der vom Verfasser untersuchten, als „Meersalz" bezeichneten Handelspräparate hatte einen erheblich höheren Kochsalzgehalt aufzuweisen, so daß also die Bezeichnung „Meersalz" für solche Präparate eine Irreführung des Verbrauchers bedeutet. Der Käufer eines Meersalzpräparates sollte sich vom Hersteller die genaue Analyse oder wenigstens den prozentualen Kochsalzanteil bestätigen lassen.

Melancholie, Depressionen, Gemütsverstimmung, Ängstlichkeit, Platzangst, Gedächtnisschwäche: Kal. phos. und natr. mur. Dazu, wenn gleichzeitig Gereiztheit oder zu lebhaftes Wesen besteht: Sil. und natr. phos.

Melkerkrampf: Siehe „Krämpfe".

Menière'sche Krankheit (Oktavuskrise): Man versteht darunter eine Gesamtheit von Erscheinungen, hervorgerufen durch eine selbständige primäre Labyrintherkrankung (Ohrensausen, Schwindel, Übelkeit, Erbrechen).

---

*) Ernährungsvorschriften siehe Seite 323 ff.

Hauptmittel: Ferr. phos., daneben kal. sulf. und sil.

Biologisch: Galvanisation des Ohres (Gleichstrombehandlung).

Meningitis simplex: Siehe „Gehirnhautentzündung".

Migräne: Die allopathischen Behandlungsversuche müssen sich auch bei diesem hartnäckigen Leiden auf die Verschreibung von mehr oder minder giftigen Betäubungsmitteln beschränken. Allen Migränekranken zum Trost aber sei gesagt, daß auch hier die Biochemie ihre große Heilwirksamkeit wieder erweist. Nur muß von vornherein mit Nachdruck betont werden, daß der Patient

1. sich von allen giftigen Schmerzbekämpfungs- und Betäubungsmitteln vollständig losmachen muß, daß er ferner
2. mit Ausdauer und Geduld die gegebenen Vorschriften durchführen muß und endlich,
3. daß die Innehaltung einer biologischen Lebens- und Ernährungsweise unabänderliches Erfordernis ist.

Bei drohendem Anfall und während des Ablaufes des Anfalls gilt:
10 Tabletten magn. phos. zerquetschen, in einem Likörglas sehr warmen Wassers auflösen und möglichst warm in kleinen Schlucken einnehmen. Dieses Verfahren kann mehrmals, erforderlichenfalls stündlich, durchgeführt werden.

Wenn beim Anfall ein ausgesprochen kühler Kopf besteht, wenn der Patient das Verlangen hat, den Kopf in Wolldecken einzuhüllen, dann führt eine Einreibung mit dem Nervenöl*) schlagartig eine Erleichterung herbei.

Diese Einreibung empfiehlt sich auch dann, wenn eine besondere Kälte- oder Hitzeempfindung beim Anfall nicht besteht. Lediglich in den Fällen, in denen beim Anfall Hitzegefühl besteht und somit der Patient nach Kühlung verlangt, hat das Nervenöl*) keine eindeutige Wirkung.

Das naturheilerische Ziel erschöpft sich aber keinesfalls darin, den eigentlichen Anfall zu erleichtern oder abzukürzen. Das Ziel geht dahin, eine Dauerheilung in dem Sinne herbeizuführen, daß Anfälle überhaupt nicht mehr auftreten.

Mehr als bei vielen anderen chronischen Leiden spielt aber gerade bei der Migräne die Konstitution (siehe dieses Stichwort) des Patienten eine ausschlaggebende Rolle.

---

*) vgl. Vorwort zur V. Auflage

Bei solchen Überlegungen, geboren aus der „Ganzheitsschau", ist es unmöglich, für jeden Patienten das gleiche „Rezept" anzugeben. Für die kurmäßige Behandlung der Migräne werden infolgedessen nachstehende

Rezepte

aufgestellt:

1. **Bei bestehender Blutarmut** (kenntlich an kalten Füßen, häufigen Fröstelgefühlen, Einschlafen von Händen und Füßen):

Montag:	Magn. phos.	Freitag:	Magn. phos.
Dienstag:	Calc. phos.	Sonnabend:	Calc. phos.
Mittwoch:	Magn. phos.	Sonntag:	Natr. mur.
Donnerstag:	Natr. mur.		

2. **Bei starker Nervosität,** besonders bei Hitzewallungen, Hämmern am Halse, leichter Erregbarkeit, auch bei Weinerlichkeit, Mißmutigkeit:

Montag:	Magn. phos.	Freitag:	Magn. phos.
Dienstag:	Kal. phos.	Sonnabend:	Kal. phos.
Mittwoch:	Magn. phos.	Sonntag:	Ferr. phos.
Donnerstag:	Ferr. phos.		

Dazu: Kurmäßig den Nerventee*) trinken.

3. **Bei Beschwerden von Seiten der Leber und/oder Galle,** oft mit bitterem Mundgeschmack oder Erbrechen (sehr häufiger Fall!), bei Empfindlichkeit gegen Witterungsumschlag, Übelbefinden bei nebligem Wetter, bei Aufenthalt an Binnenseen:

Montag:	Magn. phos.	Freitag:	Magn. phos.
Dienstag:	Natr. sulf.	Sonnabend:	Natr. sulf.
Mittwoch:	Magn. phos.	Sonntag:	Kal. sulf.
Donnerstag:	Kal. sulf.		

Unbedingt: Kurmäßige Anwendung des Leber- und Galletees*).

4. **Bei Herzmuskelschwäche,** Durchblutungsstörungen, auch sogen. Kreislaufstörungen:
Auch bei Kreislaufstörungen treten häufig diejenigen Symptome auf, die oben für die Blutarmut angegeben sind, also Kältegefühle an Händen und Füßen, Einschlafen der Extremitäten usw. Ob nun eine Kreislaufstörung oder ob eine Blutarmut vorliegt, kann nur der

---

*) vgl. Vorwort zur V. Auflage

Arzt entscheiden, und hiernach richtet es sich dann, ob obiges Rezept unter Ziffer 1 oder vielmehr die nachstehende Verordnung in Betracht kommt:

Montag:	Magn. phos.	Freitag:	Magn. phos.
Dienstag:	Kal. phos.	Sonnabend:	Kal. phos.
Mittwoch:	Magn. phos.	Sonntag:	Ferr. phos.
Donnerstag:	Ferr. phos.		

5. **Bei Verdauungsschwäche,** nervösem Magen, Magendruck, Blähungen:

Montag:	Magn. phos.	Freitag:	Magn. phos.
Dienstag:	Kal. phos.	Sonnabend:	Kal. phos.
Mittwoch:	Magn. phos.	Sonntag:	Natr. phos.
Donnerstag:	Natr. phos.		

Kurmäßiger Gebrauch des Magentees*). Beim Auftreten von Beschwerden von Seiten des Magens: Das natronfreie Magenpulver Stomac*) oder Magentropfen*).

6. **Bei Stuhlverstopfung:**

Montag:	Magn. phos.	Freitag:	Magn. phos.
Dienstag:	Natr. sulf.	Sonnabend:	Natr. sulf.
Mittwoch:	Magn. phos.	Sonntag:	Ferr. phos.
Donnerstag:	Ferr. phos.		

Dazu kurmäßiger Gebrauch des Abführtees*), in hartnäckigen Fällen Spezialmittel Hämosan*).

Zur Erläuterung der vorstehenden Rezepte: In allen Rezepten erscheint das „Hauptmittel" magn. phos. dreimal in der Woche, nämlich am Montag, Mittwoch und Freitag; an den übrigen 4 Wochentagen sind die sogenannten Konstitutionsmittel eingebaut.

Es gibt natürlich noch weitere Kombinationsfälle, so etwa „Kopfschmerzen vom Nacken her", oder „Kopfschmerzen des Trigeminus" usw. Hier möge der Patient beim Stichwort nachlesen und das oder die betreffenden Mittel nach obigem Schema (dreimal wöchentlich magn. phos.) in den Kurplan einbauen.

Einnehmevorschriften: Alle drei Stunden 2–3 Tabletten langsam im Munde zergehen lassen.

Strengste biologische Vorschriften:

a) Keinerlei allopathische Mittel, auch nicht sogenannte „harmlose" Tabletten, etwa gegen Schlaflosigkeit usw. anwenden.

*) vgl. Vorwort zur V. Auflage

b) Strengstes Verbot aller Genußgifte, insbesondere von Nikotin!

c) Strengstes Verbot von Kochsalz und allen gesalzenen, gebratenen, geräucherten und gepökelten Speisen! Das biologische „R”-Salz*) ist zum Würzen erlaubt.

d) Keine scharfen Gewürze (Essig, Pfeffer, Paprika, Curry, Senf). Zum Würzen nur unsere deutschen Küchengewürze und Zitronen.

e) Nichts vom Schwein.

Im übrigen Ernährungsvorschriften II, besser, wenigstens eine Zeitlang, Ernährungsvorschriften I **).

Lebensführung: Seelische Entspannung! Keine Aufregungen! Viel Spaziergänge in freier Luft! Tiefatmen (sehr wichtig!), siehe Stichwort „Atemgymnastik”.

Eine besondere Tee-Mischung, die sich als kurmäßiges Getränk, neben den oben angeführten Spezialtees, bewährt hat, sei noch angegeben:

½ Teelöffel Lavendelblüten
1 gehäufter Teelöffel Thymian
1 gehäufter Teelöffel Waldmeister
Schlüsselblumen, soviel man zwischen drei Fingern halten kann. Stehen geschnittene Schlüsselblumen zur Verfügung, so nimmt man von diesen 1 Teelöffel voll.

Diese Teemischung mit etwa 2 ½ Tassen kochenden Wassers übergießen und 10 Minuten ziehen lassen. Der Tee kann leicht gesüßt werden, am besten mit reinem Bienenhonig.
Man trinke täglich etwa 2 Tassen.

Milchabsonderung der stillenden Mütter: Siehe „Geburt”.

Milchschorf: Siehe „Flechten”, Ziff. 4.

Milzentzündung (Lienitis): Ferr. phos., natr. mur.

Milzkrankheiten: Die Behandlung richtet sich nach der eigentlichen Krankheit, hauptsächlich kommen ferr. phos. und sil. in Betracht, auch kal. phos. und natr. mur.

Milzstechen: Stechende Schmerzen in der linken Seite. Diese kommen aber nur in den seltensten Fällen von der Milz selbst her. Meist liegen Blähungen vor. In diesem Falle hilft schnell: 10 Tabl. magn. phos. zerquetschen,

---

*) vgl. Vorwort zur V. Auflage
**) Ernährungsvorschriften siehe Seite 323 ff.

in einem Likörglas sehr heißen Wassers auflösen und teelöffelweise einnehmen.

In den Entwicklungsjahren tritt Milzstechen oft nach „Schnellaufen" auf. Hier sind die biochemischen Mittel ferr. phos. und sil. anzuwenden.

Milzverhärtung: Sil. und calc. fluor.

Mißmutigkeit: Siehe Stichwort „Gemütsverstimmung".

Mitesser (Comedo), Hautfinne (Akne):

Bei eitrigen Küppchen: Sil.

Bei dunklen, schwarzen Küppchen: Natr. mur.

Bei Verhärtungen: Calc. fluor., dieses auch äußerlich als biochemische Coldcreme.

Bei starken Entzündungserscheinungen: Ferr. phos.

In allen Fällen kurmäßige Anwendung des Blutreinigungstees*). In hartnäckigen Fällen, insbesondere wenn gleichzeitig Verstopfung besteht, das biochemische Spezialmittel Hämosan*).

Biologisch: Ernährungsvorschriften II, zeitweise sogar I **), reichlicher und regelmäßiger Stuhlgang, Licht- und Luftbäder.

Mittelohrkrankheiten: Siehe „Ohrenkrankheiten".

Morbilli: Siehe „Masern".

Müdigkeit: Siehe „Mattigkeitsgefühl".

Multiple Sklerose: Siehe „Sklerose".

Mumps: Siehe „Ohrspeicheldrüsenentzündung".

Mundentzündung, katarrhalische (Stomatitis catarrhalis):

In einfachsten Fällen: Ferr. phos., sehr häufig.

Wenn Folge von schweren, ansteckenden Erkrankungen, ferner bei üblem Mundgeruch, bei schmutzig-gelblichem oder schmutzig-bräunlichem Zungenbelag: Kal. phos.

Bei Speichelfluß, durchsichtigen Bläschen an Lippen, Mund oder Zungenrändern: Natr. mur.

Bei weißem, weißgrauem Zungenbelag: Kal. chlor.

Bei gelbem Zungenbelag: Kal. sulf.

---

*) vgl. Vorwort zur V. Auflage

**) Ernährungsvorschriften siehe Seite 323 ff.

Bei grünlich-gelbem Zungenbelag, oft mit bitterem Mundgeschmack verbunden: Natr. sulf.

Bei goldgelbem, rahmartigem Zungenbelag: Natr. phos.

Biologisch: Größte Reinlichkeit! Mundspülungen mit einer Auflösung von 10 Tabletten des in Frage kommenden Mittels in einem halben Glas lauwarmen Wassers.

Mundentzündung, aphthöse und oidische (Aphthen und Soor), Schwämmchen: Dieselben Mittel, wie vorstehend bei der katarrhalischen Mundentzündung angegeben. Sollten Krämpfe auftreten, dann muß magn. phos. eingeschaltet werden.

Biologisch: Wie oben bei der katarrhalischen Mundentzündung vermerkt (Bei Säuglingen: Lutscher auskochen!).

Mundfäule (Stomatitis ulcerosa): Kenntlich an der Geschwürsbildung an Zahnfleisch, Wangen und Lippen, an Neigung zu Blutungen, starkem Speichelfluß und fauligem Mundgeruch. Hauptmittel: Kal. phos. und natr. mur., innerlich und äußerlich, letzteres in Form von Mundspülungen mit einer Auflösung von 10 Tabletten kal. phos. in einem halben Glas lauwarmen Wassers.

Biologisch: Wie vorstehend.

Mundgeruch, übler: Die Ursache kann in Speiseresten, die sich in Zahnlükken festgesetzt haben und in Gärung oder Fäulnis übergegangen sind, liegen. Die Ursache kann auch vom Magen ausgehen und sie kann endlich an schlechten Zähnen liegen.

Die Ursache muß unter allen Umständen beseitigt werden.

Biochemisch: Kal. phos. in sehr häufigen Gaben.

Mundgeschwüre: Behandlung richtet sich nach den Absonderungen (siehe dieses Stichwort), also

weiß, weißgrau (als Zungenbelag): Kal. chlor.
schmutzig-borkig, auch wohl mit hellrotem Rand: Kal. phos.
blasenartig, wässerig: Natr. mur.
eitrig: Sil. und natr. phos.

Muskelatrophie: Siehe „Muskelschwund".

Muskel-„Kater" ist keine eigentliche Krankheit, sondern nur der Ausdruck einer übermäßigen Beanspruchung bestimmter Muskelpartien. Mit ferr. phos., alle 1/4 Stunde 1 Tablette, verschwinden die Beschwerden in einigen Stunden!

Muskelentzündung (Myositis): Im ersten Stadium ferr. phos. sehr häufig (etwa alle Stunden 2 Tabletten). Sobald weißer oder weißgrauer Zungenbelag auftritt, kal. chlor. Wird die Muskelentzündung chronisch, dann kommen die beim Stichwort „Muskelrheumatismus" angegebenen Rezepte zur Anwendung.

Die häufigste Ursache der Muskelentzündung ist Rheumatismus. In selteneren Fällen kann die Muskelentzündung aber auch durch Infektionskrankheiten ausgelöst sein. In diesen Fällen muß neben ferr. phos. (bzw. kal. chlor., siehe oben!) auch noch natr. sulf. in den Kurplan eingeschaltet werden.

Muskelrheumatismus, Hexenschuß (Lumbago), Gliederschmerzen: Nach biologischer Ansicht ist auch der Muskelrheumatismus eine „Säurekrankheit".

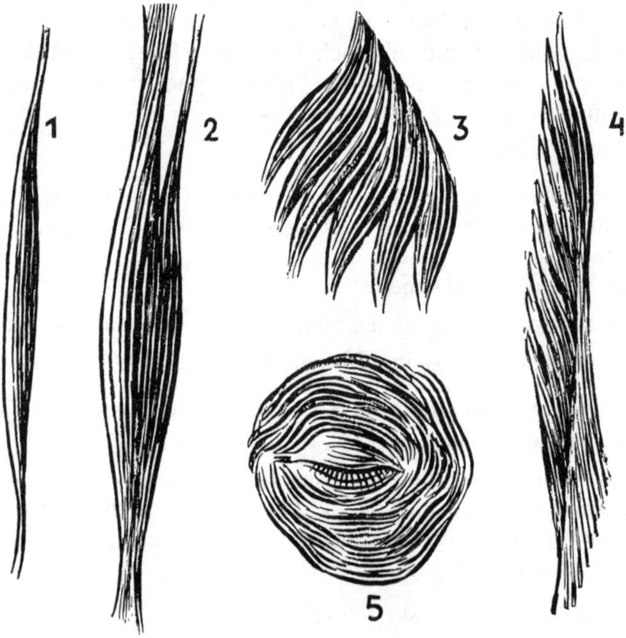

Die fünf wichtigsten Muskeltypen

1 Einfacher Muskel
2 Zweikopf
3 Zackenmuskel
4 Fiedermuskel
5 Ringmuskel (dieser ist besonders bedeutungsvoll für die Darmperistaltik).

Der akute Muskelrheumatismus wird meistens ausgelöst durch Erkältungen, durch nasse Füße, durch plötzliche Abkühlung usw. Er erfordert die beiden Mittel ferr. phos. und natr. phos. Alle ½ Stunden abwechselnd 1–2Tabletten. Dazu Einreibung mit Nervenöl*).

Der chronische Muskelrheumatismus. Hier kommen nachstehende Rezepte in Frage.

1. **„Normal"-Rezept:**

   Die obigen beiden Mittel ferr. phos. und natr. phos. täglich abwechselnd, alle 3 Stunden 2–3 Tabletten langsam im Munde zergehen lassen.

   Dieses „Normal"-Rezept kommt aber nur verhältnismäßig selten in Betracht; meist liegen konstitutionelle Schwächen vor, so daß zweckmäßig einer der nachstehenden Vorschläge durchgeführt werden muß:

2. **Bei bestehender Blutarmut,** oftmals mit Kribbeln, Ameisenkriechen, Kältegefühlen verbunden:

Montag:	Natr. phos.	Freitag:	Natr. mur.
Dienstag:	Natr. mur.	Sonnabend:	Calc. phos.
Mittwoch:	Calc. phos.	Sonntag:	Natr. mur.
Donnerstag:	Natr.	phos.	

3. **Bei weißem, weißgrauem Zungenbelag** (morgens, gleich nach dem Aufstehen betrachten!):

Montag:	Natr. phos.	Freitag:	Kal. chlor.
Dienstag:	Kal. chlor.	Sonnabend:	Natr. phos.
Mittwoch:	Natr. phos.	Sonntag:	Kal. chlor.
Donnerstag:	Ferr. phos.		

4. **Bei gelbem Zungenbelag:**

Montag:	Natr. phos.	Freitag:	Kal. sulf.
Dienstag:	Kal. sulf.	Sonnabend:	Natr. phos.
Mittwoch:	Ferr. phos.	Sonntag:	Kal. sulf.
Donnerstag:	Natr. phos.		

*) vgl. Vorwort zur V. Auflage

5. **Bei Empfindlichkeit gegen Witterungsumschlag,** bei Mitbeteiligung der Leber, bei bitterem Mundgeschmack oder bitterem Aufstoßen:

Montag:	Natr. phos.	Freitag:	Natr. sulf.
Dienstag:	Natr. sulf.	Sonnabend:	Natr. phos.
Mittwoch:	Ferr. phos.	Sonntag:	Natr. sulf.
Donnerstag:	Natr. phos.		

6. **Bei gleichzeitiger Gicht** oder Neigung hierzu:

Montag:	Natr. phos.	Freitag:	Silicea
Dienstag:	Silicea	Sonnabend:	Natr. phos.
Mittwoch:	Natr. phos.	Sonntag:	Ferr. phos.
Donnerstag:	Natr. phos.		

Einnehmevorschriften in allen Fällen: Alle 3 Stunden 2–3 Tabletten im Munde zergehen lassen.
Gegen die Schmerzen in allen Fällen: Einreibung mit dem Nervenöl *).

Bei ausgesprochenem „Hexenschuß" wechselweises Einnehmen von calc. phos. und magn. phos. (täglich abwechseln, täglich 4mal 2–3 Tabletten) unter Hinzunahme des Nervenöls *) zur Einreibung.

In allen Fällen von Rheumatismus und ähnlichen Erscheinungen ist die kurmäßige (d. h. einige Wochen durchgeführte) Anwendung des Gicht- und Rheumatees *) erforderlich.

Biologisch: Ernährungsvorschriften II **), warme Unterkleidung!

Häufig haben alle derartigen Erscheinungen, die als „Rheumatismus" oder als „Hexenschuß" oder als „Ischias" diagnostiziert werden, ihre Ursache in einer Bandscheiben- oder Wirbelknochenerkrankung. Insbesondere dann, wenn die vorstehend angegebenen biochemischen Mittel und Maßnahmen nicht zu dem gewünschten Heilerfolg führen, wird empfohlen, eine Röntgenaufnahme der Wirbelsäule durchführen zu lassen. Stellen sich dann an Bandscheiben oder Wirbelknochen Veränderungen heraus, so ist die Behandlung nach den Angaben bei den Stichworten „Bandscheibenerkrankungen" und „Arthrosis deformans", evtl. auch nach dem Stichwort „Gelenkentzündung", einzurichten.

Muskelriß: Im ersten Stadium sofort ferr. phos. sehr häufig. Nach Abklingen der ersten Erscheinungen calc. fluor., ferr. phos., kal. chlor. und sil.

---

*) vgl. Vorwort zur V. Auflage
**) Ernährungsvorschriften siehe Seite 323 ff.

Muskelschwund, Muskelatrophie: Ist schwer zu beeinflussen. Es kommen in Betracht: Sil., kal. phos., calc. phos.
Siehe auch Stichwort „Konstitution" und die hiernach in Frage kommenden Mittel.

B i o l o g i s c h : Sehr vernünftige Lebensweise, Ernährungsvorschriften mindestens II, besser I *).
In der Ernährung besonders die Vitamin-E-haltigen Nahrungsmittel bevorzugen: Weizenkeime, Maiskeime, Blattsalat, Brunnenkresse, Gerste, Hafer, Reis, von tierischen Produkten insbesondere Eidotter und Milch.

Muskelzucken, besonders während des Halbschlafes: Sil.

Muttermal, Blutschwamm: Kal. sulf., dazu in Zwischenräumen calc. fluor. und sil. Erfolg nicht sicher.

Mutterweh: Siehe „Hysterie".

Myalgia: Siehe „Muskelrheumatismus".

Myelitis: 1. Rückenmarksentzündung: Siehe dieses Stichwort.
2. Knochenmarkentzündung (Osteomyelitis): Siehe „Knochenentzündung".

Myocardinfarkt: Siehe „Infarkt".

Myocarditis (Herzmuskelentzündung): Siehe „Herzleiden", Ziff. 15.

Myodegeneratio cordis (Herzmuskelschwäche): Siehe „Herzleiden", Ziff. 16.

Myom: Geschwulst aus Muskelgewebe, gutartig, jedoch kommt Umwandlung in krebsartige Geschwülste vor.
Unter allen Umständen ist ärztliche Feststellung erforderlich. Biochemisches Hauptmittel: Calc. fluor.

Myositis: Siehe „Muskelentzündung".

Myxödem: Sulzige Verdickung der Haut durch Wucherung schleimhaltigen Bindegewebes an Gesicht und Hals. Schwer beeinflußbare Erkrankung. Biochemisch kämen in Betracht: Calc. fluor., sil., calc. phos. und magn. phos.

B i o l o g i s c h : Unbedingt Ernährungsvorschriften I *).

---

*) Ernährungsvorschriften siehe Seite 323 ff.

Nabelbruch: Siehe „Brüche".

Nachtschweiß: Hier liegen meist vor
a) Tuberkulose oder
b) Neurasthenie.
Die biochemische Behandlung muß sich selbstverständlich nach dem Grundleiden richten.

Nackenschmerzen: Natr. phos. und sil.
Dazu: Wenn gleichzeitig heißer Kopf: Ferr. phos.
Wenn über den Hinterkopf hinziehend, besonders bei Gemütsverstimmung: Kal. phos. und natr. mur.

Nagel, eingewachsener:
Hauptmittel: Kal. chlor.
Bei Entzündungen: Ferr. phos.
Bei Eintritt von Eiterungen: Sil.
Es wird empfohlen, den Nagel in seiner ganzen mittleren Oberfläche mit einer Feile dünn zu schaben und damit in seiner Mitte zum Nachwachsen zu veranlassen.
Seitliches Beschneiden soll unterbleiben.
Etwaige chirurgische Eingriffe selbstverständlich nur durch den Fachmann.

Nagelbettentzündung: Ganz am Anfang ferr. phos. und sil., abwechselnd in sehr häufigen Gaben.

Die Nagelbettentzündung ist aber meistens ein chronischer Prozeß. In diesem Falle kommen die biochemischen Mittel kal. chlor., sil. und calc. fluor. in Betracht und zur äußerlichen Behandlung die biochemische Coldcreme calc. fluor. und sil. Sollten auch im chronischen Stadium Schmerzen bestehen oder auftreten, so muß sowohl innerlich als auch äußerlich statt calc. fluor. besser ferr. phos. angewendet werden. Da die Nagelbettentzündung fast stets auf der Basis einer Konstitutionsschwäche (Blutarmut usw.) entsteht, ist auch beim Stichwort „Konstitution" nachzusehen und es sind die entsprechenden biochemischen Konstitutionsmittel in den Kurplan einzuschalten.

Biologisch: Möglichste Vermeidung von Waschen, besonders in Seifenlauge. Evtl. Fingerling oder Gummihandschuh benützen. Lauwarme Bäder mit leichtem Aufguß von Kamillentee (täglich zweimal, etwa 6–8 Minuten). Nach dem Bade erfolgt Einreibung mit biochemischer Coldcreme, und zwar abwechselnd ferr. phos. und sil. Besonders wichtig: Vermeidung von Kochsalz und allen gesalzenen und scharf gewürzten Speisen. „R"-Salz*) ist erlaubt.

---

*) vgl. Vorwort zur V. Auflage

Nagelgliedgeschwür (Panaritium): Siehe „Fingerentzündung".

Nagelkrankheiten: Hauptmittel: Calc. fluor. und sil. Ausgezeichnete Erfolge bei Brüchigkeit, Verkrüppelungen, Knitterungen, Neigung zum Spalten, jedoch ist in allen Fällen eine längere Kur erforderlich.

Neben der innerlichen Anwendung sollen die beiden biochemischen Coldcremes calc. fluor. und sil. abwechselnd angewendet werden, und zwar an der Nagelwurzel morgens und abends eingerieben werden.

Narben: Die Vernarbung wird von Anfang an begünstigt durch ferr. phos. (d. h. solange die Wunde frisch ist). Eine weiche Vernarbung wird hervorgerufen durch calc. fluor., innerlich und äußerlich (letzteres als biochemische Coldcreme calc. fluor.).

Wenn Narben leicht aufbrechen, kommen vor allem natr. mur. und kal. phos. in Frage. In diesem Falle ist auch die Durchführung der Ernährungsvorschriften II *) zu empfehlen.

Nasenbluten: Bei Neigung zum Nasenbluten Behandlung nach der Beschaffenheit des Blutes (siehe Stichwort „Blutungen") und der Konstitution (siehe auch dieses Stichwort).

Wanderzellen umgeben einen Fremdkörper

*) Ernährungsvorschriften siehe Seite 323 ff.

Nasengeschwür: Hauptmittel: Sil.
Dazu:
a) Kal. phos., bei stinkendem Geruch aus der Nase (Stinknase).
b) Calc. fluor., wenn die Knochenhaut ergriffen ist.
c) Calc. phos., bei blutarmen, skrofulösen, rachitischen Personen.
d) Natr. sulf. bei Beginn des Eiterflusses zur besseren Ausscheidung.

Nasenkatarrh: Siehe „Schnupfen".

Nasennebenhöhlenvereiterung: Zu behandeln wie Kieferhöhlenvereiterung, siehe dieses Stichwort.

Nasenpolypen: Hauptmittel: Calc. phos.
Dazu kommen:
Bei schleimigen Polypen: Kal. chlor.
Bei Absonderungen: Natr. mur.
Bei zerklüfteten Polypen: Calc. fluor.
Bei Harnsäurenaturen: Natr. phos. und sil.
Siehe auch Stichworte „Absonderungen" und „Konstitution".
Viel Geduld erforderlich!

Drüsenreichtum der Nasenschleimhaut

Auf einer Fläche von 1 cm^2 münden ca. 150 Schleimdrüsen

Nasenrachenkatarrh, chronischer: Ist stets nach der Natur der Absonderungen zu behandeln, siehe dieses Stichwort. Dabei ist auch auf etwaige Absonderungen an anderen Körperstellen zu achten, z. B. Zungenbelag, Mandeln, Gaumen (auch Geschmack im Munde, – bitter, salzig, sauer! –), Augenwinkel.

Biologisch: Ernährungsvorschriften II *), ferner Gurgelungen und Spülungen mit Lösungen der betreffenden Mittel.

Nebenhöhlen (Vereiterung): Alle Vereiterungen von Nebenhöhlen werden nach den Angaben beim Stichwort „Kieferhöhlenvereiterung" behandelt.

Nephritis (Nierenentzündung): Siehe „Nierenleiden", Ziff. 5.

Nephritis suppurativa (Nierenabszeß): Siehe „Nierenleiden", Ziff. 1.

Nephrolithiasis (Nierengrieß, Nierensteine): Siehe „Nierenleiden", Ziff. 6.

Nervenleiden:

1. **Nervenentzündung (Neuritis):** Am Anfang: Ferr. phos. und kal. phos., sehr häufig.
   Bei Lähmungserscheinungen: Kal. phos. und magn. phos.
   Bei Harnsäurenaturen (sehr häufig!): Natr. phos. und sil., dazu kal. phos.

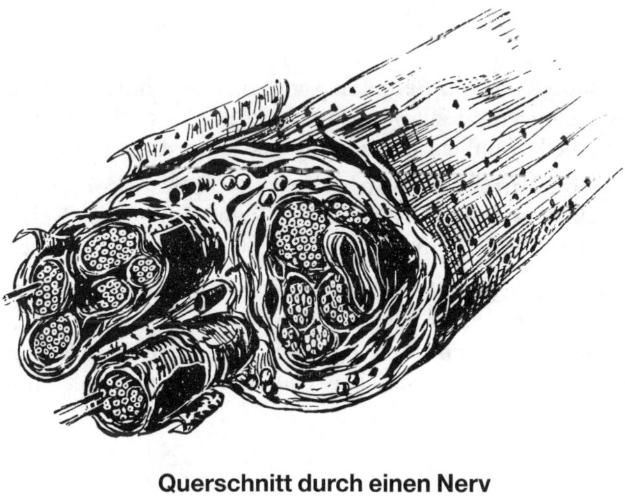

Querschnitt durch einen Nerv

*) Ernährungsvorschriften siehe Seite 323 ff.

Falls Aufenthalt in feuchten Räumen oder Gegenden die Ursache ist: Natr. sulf., neben kal. phos. und magn. phos.

Ausgezeichnet bewährt hat sich, besonders im Anfangsstadium, die Einreibung mit Nervenöl*).

Biologisch: Größtmögliche Schonung! Ernährungsvorschriften II **).

2. **Nervenfieber:** Siehe „Typhus".

3. **Nervenschmerzen (Neuralgie):** Hauptmittel kal. phos. und magn. phos., bei Harnsäurenaturen (sehr häufig!) sil. und natr. phos.

Dazu:

Wenn Bewegung die Beschwerden verschlimmert: Ferr. phos.

Bei lähmenden Schmerzen: Kal. phos. und natr. mur.

Bei Nervenschmerzen mit Taubheitsgefühl: Calc. phos.

Bei schießenden, bohrenden, die Stelle wechselnden Schmerzen: Magn. phos.

Bei Verschlimmerung in der Wärme oder gegen Abend: Kal. sulf.

Mit Bläschen an der Lippe: Natr. mur.

Bei heißer Stirn: Ferr. phos.

Bei Schwindelgefühl beim Bücken, Überempfindlichkeit gegen Geräusche: Sil.

Bei Nervenschmerzen mit kaltem Schweißausbruch: Sil. und natr. mur.

Bei Nervenschmerzen des Trigeminus (dreigeteilter Gesichtsnerv, die Schmerzen strahlen häufig von den Ohren zu den Zähnen aus): Natr. mur.

Vor dem Gebrauch von Betäubungsmitteln ist nachdrücklich zu warnen!

In allen Fällen empfiehlt sich zur Besserung des allgemeinen Nervenzustandes die kurmäßige Anwendung des Nerventees*).

Biologisch: Ernährungsvorschriften II **). Besonders zu bevorzugen der Genuß von Zwiebeln und Nüssen (keine Erdnüsse!). Keine Überanstrengungen, keine Abhärtungskuren! Sehr vernünftige Lebensweise.

Gürtelrose: Wenn die Nervenschmerzen zu Bläschen auf der Haut in der Gegend der Zwischenrippenmuskeln führen und wenn die Bläschen mit einem roten Rand umgeben sind, bezeichnet man diese Erkrankung als Gürtelrose. Die biochemischen Hauptmittel sind: Kal. phos., magn.

---

*) vgl. Vorwort zur V. Auflage

**) Ernährungsvorschriften siehe Seite 323 ff.

phos., natr. mur. und kal. chlor. Jedoch ist gerade in diesem Falle sehr frühzeitige Anwendung und Einnehmen in kürzesten Zeiträumen (etwa alle ½ Stunden) erforderlich.

Biologisch: Sofortige absolute Ruhe (möglichst Bettruhe!), strenge Durchführung der Ernährungsvorschriften I *), keinerlei äußerliche Behandlung (also kein Wasser, keine Salben, kein Puder!). In der Nachkur (die oft längere Zeit in Anspruch nimmt) Ernährungsvorschriften II *).

4. **Nervenschwäche, Nervosität, Neurasthenie:** Hauptmittel gegen alle nervösen Erscheinungen sind kal. phos. und magn. phos.

Dazu:

Bei Skrofulose, Rachitis, Bleichsucht, schlechtem Knochenbau, Rückgratverkrümmung, schlechter Zahnbildung, Abmagerung, Neigung zu Erkältungen, Appetitlosigkeit: Sil. und calc. phos. (Evtl. auch natr. mur. dazunehmen).

Wenn das Nervenleiden die Folge von unterdrücktem Fußschweiß ist: Sil. (Sil. auch bei Gedächtnisschwäche und Tuberkulose).

Bei Weinerlichkeit, Niedergeschlagenheit, gedrückter Stimmung, leichter Ermüdbarkeit, bei gedunsenem Gesicht, kalten Händen und Füßen, Kältegefühl, Kribbeln: Natr. mur. (evtl. calc. phos.).

Bei Ängstlichkeit, Traurigkeit und Schwere, bei Besserung in kühler Luft, bei Verschlimmerung in geschlossenen Räumen: Kal. sulf.

Bei Aufgeregtsein mit Blutwallungen, Schlaflosigkeit infolge heißen Kopfes, infolge Blutüberfüllung des Gehirns: Ferr. phos.

Bei Harnsäurenaturen (Sodbrennen, saures Aufstoßen, Neigung zu Rheuma, Gicht), bei Nervosität infolge von Verstopfung oder infolge von Magensäure: Sil., natr. mur. und natr. phos. Dazu biochemisches Magenpulver Stomac**) und Magentee**) (bei vorherrschender Verstopfung: Abführtee**).

Bei Verdacht auf gleichzeitige Leber- oder Gallenstörungen: Kal. sulf. und natr. sulf. und Leber- und Gallentee**), tagsüber: Leber- und Galletropfen**).

Von den Ergänzungsmitteln kommen kal. arsen. (dieses besonders bei gleichzeitiger Blutarmut) und kal. brom. in Betracht.

In allen Fällen als Kurmittel Nerventee**) (sofern nicht einer der oben genannten Tees in Frage kommt).

---

*) Ernährungsvorschriften siehe Seite 323 ff.
**) vgl. Vorwort zur V. Auflage

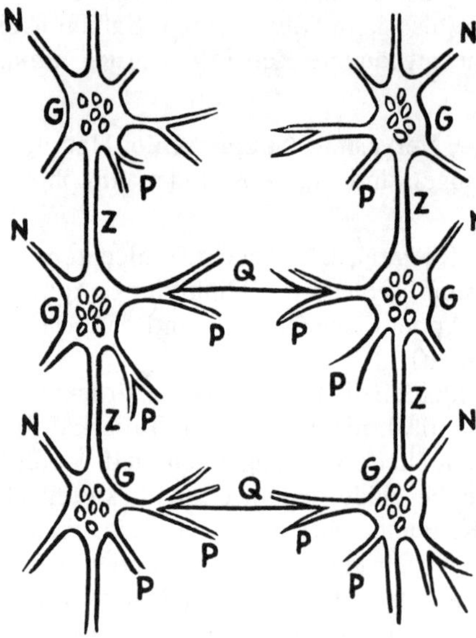

Schema vom Bau des Nervus sympathicus

Die beiden Grenzstränge des Sympathicus, auf dem Bilde rechts und links von oben nach unten verlaufend, werden gebildet von 20 bis 25 Ganglien (G), die miteinander durch die sogenannten Zwischenstränge (Z) verbunden sind. Von den Ganglien gehen Verzweigungen verschiedener Art ab, so z. B. Nervenbahnen (N), die den Grenzstrang mit dem zerebro-spinalen Nervensystem verbinden, ferner die peripheren Zweige (P), die in die Peripherie des Körpers ziehen, und schließlich die Querverbindungen (Q), die einzelne Ganglien des einen mit entsprechenden Ganglien des anderen Grenzstranges verbinden, – wir gewinnen einen Einblick in die verwirrende Vielfalt von Funktionen und Beziehungen eines einzigen Nervengebietes!

Ganglien = Nervenknotenpunkte; zerebrospinal = zu Gehirn und Rückenmark gehörig; Peripherie des Körpers = außen, von der Mitte entfernt liegende Teile des Körpers.

(Aus Kießwetter, „Die Biochemie Dr. Schüßler's")

Biologisch: Vor allem ist Geduld nötig! Ernährungsvorschriften II, in schweren Fällen I *). Keine Überanstrengungen, keine Abhärtungskuren!

Unbedingt wichtig: Seelische Entspannung, autogenes Training, die Erkenntnis der relativen Bedeutungslosigkeit der Dinge, über die wir uns Sorgen machen, Freude an der Natur und ihren Schönheiten, – alles dies erfordert (wir sagen dies mit besonderem Nachdruck!) Arbeit, schwere innere Arbeit, die der Patient an sich selbst leisten muß.

Bei allen Nervenleiden ist die Durchführung einer regelmäßigen Atemgymnastik von wohltuendem Einfluß (siehe dieses Stichwort!).

Zu warnen ist vor dem wahllosen Gebrauch von „nervenstärkenden" Mixturen, Tabletten, Pulvern usw.

5. **Nervöses Hautjucken:** Siehe „Hautjucken".

6. **Nervöses Herzklopfen:** Siehe „Herzleiden", Ziff. 11.

7. **Nervöses Magenleiden:** Siehe die einzelnen Magenleiden.

8. **Nervosität:** Siehe „Nervenschwäche".

Nesselsucht (Urticaria), Nesselfriesel:

Hauptmittel: Kal. phos. und natr. mur.

Meistens liegt eine nervöse Grundlage vor. Falls Überempfindlichkeit gegen gewisse Speisen (Erdbeeren, Tomaten, Krebse usw.) das Leiden auslöst, müssen diese Speisen selbstverständlich gemieden werden. Siehe auch Stichwort „Allergie".

Netzhautentzündung (Retinitis): Siehe „Augenleiden", Ziff. 16.

Neuralgie (Nervenschmerzen): Siehe „Nervenleiden", Ziff. 3.

Neuralgie des Trigeminus (wenn die Schmerzen von den Ohren zu den Zähnen ausstrahlen): Natr. mur.

Biologisch: In chronischen Fällen Ernährungsvorschriften II *).

Neurasthenie (Nervenschwäche): Siehe „Nervenleiden", Ziff. 4.

Neuritis (Nervenentzündung): Siehe „Nervenleiden", Ziff. 1.

---

*) Ernährungsvorschriften siehe Seite 323 ff.

Neurose: Mit diesem Ausdruck bezeichnet man diejenigen Nervenkrankheiten, die lediglich auf funktionellen Abnormitäten beruhen, insbesondere auf einer regelwidrigen Tätigkeit des Nervensystems.
Alle Neurosen werden nach den bei den einzelnen Nervenleiden angegebenen Stichworten biochemisch behandelt.

Eine besondere Gruppe von Neurosen stellen die sogenannten Psychoneurosen dar. Darunter versteht man Nervenleiden, die wesentlich im Seelischen ihre letzte Ursache haben. Bei allen Psychoneurosen (Neurasthenie, Hysterie usw.) ist die Beachtung besonderer biologischer Lebensregeln, insbesondere auch seelische Entspannung, Aufhellung des psychischen Zustandes usw. erforderlich.

Niederkunft: Siehe „Geburt".

Nierenleiden:

1. **Nierenabszeß (Nephritis suppurativa), eitrige Nierenentzündung:** Unbedingt fachmännische Beratung.
   Hauptmittel: Calc. fluor., sil., kal. phos. Siehe auch „Abszeß".
   Unter Umständen wird ein chirurgischer Eingriff nicht zu vermeiden sein.

   Biologisch: Strengste Diät nach Ernährungsvorschriften I *), selbstverständlich unter Beachtung etwaiger ärztlicher Anordnungen. Bettruhe.

2. **Nierenbeckenentzündung (Pyelitis):** Fachmännische Beratung! Hauptmittel: Ferr. phos., kal. phos., kal. sulf. und natr. sulf. Auch natr. phos., das „Säuremittel", kommt zusätzlich in Betracht. Bei Koliken magn. phos. (10 Tabl. zerquetschen, in einem Likörglas sehr heißen Wassers auflösen, teelöffelweise einnehmen).

   Biologisch: Selbstverständlich Bettruhe und Ernährungsvorschriften I *).

3. **Nierenblutung (Hämaturie):** Hauptmittel: Ferr. phos. Weitere Mittel siehe Stichwort „Blutungen".

   Biologisch: Bettruhe, Ernährungsvorschriften I *). (Selbstverständlich Fachmann!).

4. **Nierencirrhose, Schrumpfniere:** Siehe „Nierenschrumpfung".

---

*) Ernährungsvorschriften siehe Seite 323 ff.

5. **Nierenentzündung (Nephritis), Bright'sche Krankheit:**

A) Die akute Nierenentzündung:

Hauptmittel: Ferr. phos., natr. phos. und natr. sulf., einzunehmen in stündlichem Wechsel mit jedesmal 2 Tabletten.

Bei hohem Fieber, Hinfälligkeit, Apathie, ferner bei Nierenentzündung nach schweren Infektionskrankheiten, sowie bei scharf stinkendem Urin: Kal. phos., natr. phos., natr. sulf., ebenfalls abwechselnd alle Stunden (evtl. sogar alle ½ Stunden) 1–2 Tabletten.

Im zweiten Stadium, insbesondere wenn weißer Schleim oder weißgrauer Bodensatz abgeht oder wenn sich weißer oder weißgrauer Zungenbelag zeigt: Kal. chlor. und natr. sulf., dazu Blasen- und Nierentee*).

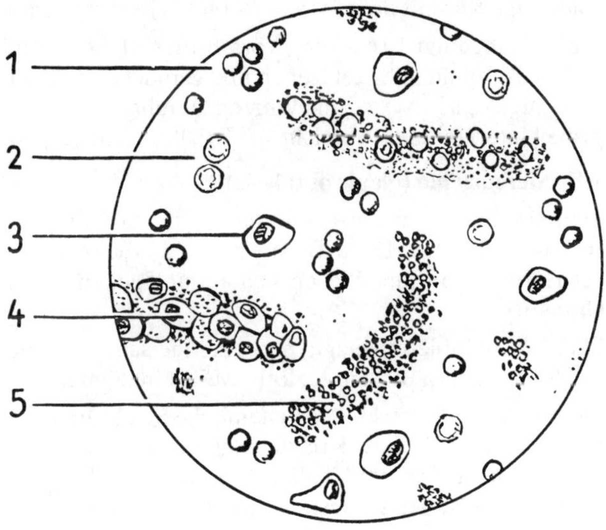

Harnsediment bei Nierenentzündung

(Mikropräparat)

1 Rote Blutkörperchen
2 Weiße Blutkörperchen
3 Epithelzellen
4 Epithelzylinder
5 gekörnte Zylinder

---

*) vgl. Vorwort der V. Auflage

Bei Nierenerkrankungen nach Scharlach: Kal. sulf. und natr. sulf., abwechselnd alle 2 Stunden 2 Tabletten.

Bei tuberkulöser Nierenentzündung: Calc. phos., silicea und magn. phos.

Wenn Urin braun oder schwärzlich ist oder roten Sand enthält, ferner wenn großer Durst, sowie Spannung und Hitze in der Nierengegend bestehen: Natr. mur., kal. sulf. und natr. sulf., stündlich abwechselnd 1 Tablette. Gegen Durst: Kleine Schlucke Milch oder einige Trauben ohne Schale und Kerne.

Biologisch: Bettruhe, Schwitzen, unbedingt Ernährungsvorschriften I *). Als Getränke Milch, Buttermilch, als Nahrung nur frische Gemüse (keine Konserven!), Obst, Reis, Kartoffeln.

B) Die chronische Nierenentzündung erfordert die kurmäßige Anwendung von natr. phos. und silicea. Dazu jenes Mittel, das sich aus einem etwaigen Zungenbelag (siehe Stichwort „Absonderungen"!) ergibt. Mindestens 6-monatige Kur mit dem Blasen- und Nierentee **).

Biologisch: Unbedingt Ernährungsvorschriften II *), vor allem sind verboten Kochsalz und alle gesalzenen und geräucherten Speisen. Das biologische „R"-Salz **) ist zum Würzen erlaubt.
Stets warme Unterkleidung! Vorsicht vor Erkältungen!

6. Nierengrieß, Nierensteine (Nephrolithiasis):

Im Ruhestadium: Sil., natr. phos. und natr. sulf., täglich abwechselnd, täglich 5 mal 2–3 Tabletten. Dazu Blasen- und Nierentee **). Ausgezeichnete Heilerfolge (Steine lösen sich auf und gehen als harnsaurer Sand im Urin ab!).

Beim Kolikanfall: 10 Tabletten magn. phos. zerquetschen, in einem Likörglas sehr heißen Wassers auflösen, teelöffelweise einnehmen.

Die Nierensteine haben verschiedene chemische Strukturen. Die häufigsten Bildungen sind harnsaure Kristallablagerungen; diese werden als Uratsteine bezeichnet (ca. 90 % aller Nierensteinbildungen). Liegen Uratsteine vor, dann ist der Heilerfolg mit Hilfe der Biochemie auf der Grundlage der obigen Angaben mit fast hundertprozentiger Sicherheit gewährleistet.

Die übrigen ca. 10 % der Nierensteinbildungen verteilen sich auf Phosphatsteine, Carbonatsteine, Oxalatsteine, Cystinsteine und Xanthinsteine. Bei derartigen chemischen Strukturen ist die Heilwirksamkeit der

---

*) Ernährungsvorschriften siehe Seite 323 ff.
**) vgl. Vorwort zur V. Auflage

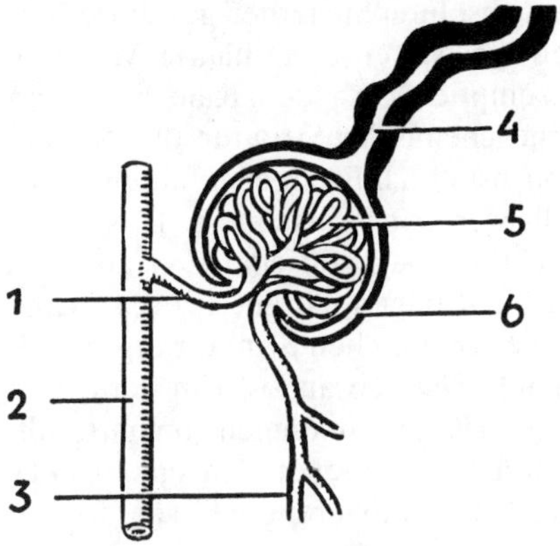

Bau eines Nierenkörperchens

1 Zuführende Arterie
2 Schlagader
3 Abführende Arterie
4 Harnkanälchen
5 Nierenkörperchen
6 Bowman'sche Kapsel

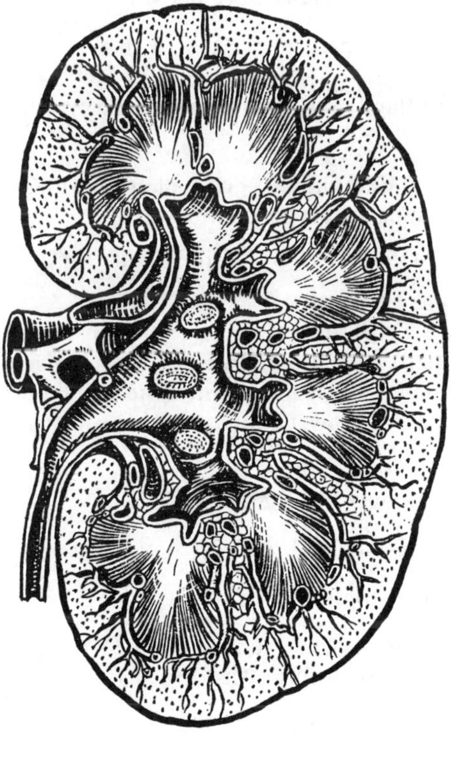

Querschnitt durch die Niere

Die beiden waagerechten Röhren, links in der Bildmitte, sind die dunkelgraue weite Nierenvene, davor die helle, enge Nierenarterie; vor beiden das kelchförmige Nierenbecken.

Die auf dem Bild links abwärts steigende Röhre ist der Harnleiter.

obigen biochemischen Mittel nicht mit absoluter Sicherheit gewährleistet. Man darf aber nicht vergessen, daß die Nierensteine häufig Mischbildungen aufweisen, so daß es sich also empfiehlt, in jedem Falle die obigen Anordnungen durchzuführen. Welche chemische Struktur die Nierensteine im Einzelfall haben, kann zunächst durch Röntgenaufnahmen mit einiger Wahrscheinlichkeit festgestellt werden: Uratsteine z. B. sind im Röntgenbild schlecht oder nicht sichtbar, dagegen sind Oxalatsteine, Phosphatsteine und Carbonatsteine im Röntgenbild gut sichtbar. Eine andere Möglichkeit der Feststellung der chemischen Struktur ergibt sich durch die Untersuchung des abgehenden Nierensandes. Ein derartiger Abgang wird besonders durch das regelmäßige Einnehmen von natr. sulf. hervorgerufen. Der Patient möge dreimal Morgenurin in einem Glas sammeln und absetzen lassen. Der Rückstand („Nierengrieß") kann dann chemisch untersucht werden.
Unter allen Umständen Ernährungsvorschriften II *).

7. **Nierenhyperämie (Blutüberfüllung der Nieren):** Ferr. phos.

8. **Nierenschrumpfung:** Calc. fluor., sil., natr. phos. Evtl. kommen auch noch kal. phos. und natr. mur. in Frage.
   Biologisch: Unbedingt eine Zeitlang streng nach Ernährungsvorschriften I *) leben.

9. **Nierentuberkulose:** Fachmännische Beratung! Sil., calc. phos. und magn. phos. Dazu die bei Nierenentzündung angegebenen Mittel.
   Biologisch: Anordnungen des Arztes befolgen! Ernährungsvorschriften I *).

10. **Stauungsniere:** Stellt eine chronische Blutüberfüllung (im Gegensatz zur akuten Nierenhyperämie) dar, meist auf Basis eines Herz- oder Lungenleidens. Hauptmittel: Calc. phos. und sil. Dazu die Mittel wie bei Nierenentzündung, insbesondere kurmäßige Anwendung des Blasen- und Nierentees **).

11. **Wanderniere:** Bandage! Unterstützung: Calc. fluor. und sil.

Nystagmus (Augenzittern): Siehe „Augenleiden", Ziff. 21.

Obstipation, habituelle: Siehe „Stuhlverstopfung".

Ödeme sind schmerzlose, nicht gerötete Anschwellungen infolge Wasseransammlung. Für die Behandlung siehe Stichwort „Wassersucht".

*) Ernährungsvorschriften siehe Seite 323 ff.
**) vgl. Vorwort zur V. Auflage

Ödem des Kehlkopfes: Siehe „Kehlkopfödem".

Ödem der Lungen: Siehe „Lungenödem".

Ösophagitis: Siehe „Speiseröhrenentzündung".

Offene Beine: Siehe „Krampfadern" und „Hämorrhoiden"! Bei letzterem Stichwort sind für „Offene Beine" genaue Rezepte angegeben. Unbedingt Ernährungsvorschriften II, besser I *) beachten!

Ohnmacht (Kollaps, Koma):

Kollaps: Plötzliche Herzschwäche oder Kreislaufschwäche mit schneller Atmung, kalten Gliedern, kleinem, raschem Puls.
Koma: Tiefste Bewußtlosigkeit.
Hauptmittel: Kal. phos. und natr. mur. Bei Krämpfen: Magn. phos.

Das Einnehmen muß erforderlichenfalls nach den für den Säugling gegebenen Vorschriften (Tabletten zerquetschen und trocken auf die Zunge oder auf die Innenfläche der Wangen streichen) bewerkstelligt werden.

Biologisch: Beengende Kleidungsstücke lösen, evtl. aufschneiden. Frische Luft. Bei blassem Gesicht: Körper flach lagern, dabei den Kopf etwas tiefer legen. Bei heißem gerötetem Kopf: Oberkörper höher lagern. Starke Reizmittel einatmen lassen, wie etwa Kölnisch Wasser, Essigäther, Salmiakgeist; Senfpflaster an Fußsohlen legen.
Bei Ohnmacht infolge Hitzschlags keine Reizmittel einatmen lassen.

Ohrenkrankheiten:

1. **Ohrenentzündung,** Entzündung des äußeren Gehörganges und des Trommelfelles: Hauptmittel: Ferr. phos.
   Bei Furunkelbildung: Sil., natr. phos. und kal. chlor.
   Bei schweren Entzündungserscheinungen: Kal. phos.

   Wenn Skrofulose, Rachitis, Blutarmut, allgemeine Körperschwäche vorliegen (bei Kindern sehr häufig!): Calc. phos. zu den obigen Mitteln dazu nehmen.

2. **Mittelohrkatarrh (Otitis media):**

   In akuten Fällen: Das Kind faßt sich oft an das Ohr, hat etwas Fieber in wechselnder Höhe und ist meist sehr „unwirsch": Sofort Arzt rufen! Hauptmittel am Anfang: Ferr. phos. und kal. chlor.

*) Ernährungsvorschriften siehe Seite 323 ff.

Bei Mittelohrerkrankung nach schweren Infektionskrankheiten: Sil. und kal. phos. (statt der erstgenannten Mittel).
Bei übelriechendem Ausfluß: Kal. phos. besonders bevorzugen.
Bei skrofulösen, rachitischen Kindern, bei Blutarmut und allgemeiner Körperschwäche: Calc. phos., sil., natr. phos.
Bei Ausfluß von dickem, gelbem Eiter: Sil. und natr. phos.

3. **Mittelohreiterung (chronisch), Ohrenfluß:**

Bei mildem, gelbem Ausfluß (wie meistens) ist das Hauptmittel: Kal. sulf. Dazu einschalten: Sil., natr. phos. und natr. sulf. Siehe auch Stichwort „Konstitution".
Mittelohreiterung nach Grippe: Hauptmittel: Natr. sulf.

Biologisch: Ernährungsvorschriften II, zeitweise I *).

4. **Ohrengeräusche:** Sil. und natr. phos.
Falls Blutandrang zum Kopf die Ursache: Ferr. phos.
Falls Nervosität die Ursache: Kal. phos. und magn. phos.

5. **Schwerhörigkeit:** Falls bedingt durch Katarrh der Eustachischen Röhre, Gefühl von Verstopfung im Nasen-Rachenraum: Kal. chlor., natr. mur., natr. phos.

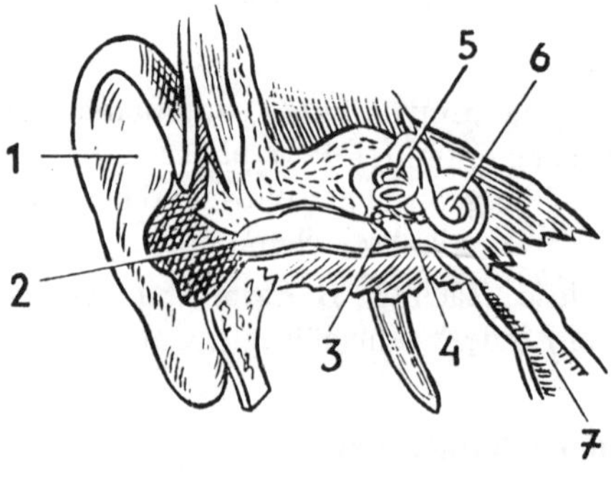

Das menschliche Ohr

1 Ohrmuschel
2 Gehörgang
3 Trommelfell
4 Gehörknöchelchen: Hammer, Amboß, Steigbügel
5 Bogengänge
6 Labyrinth
7 Ohrtrompete

---

*) Ernährungsvorschriften siehe Seite 323 ff.

Schwerhörigkeit durch Blutüberfüllung mit Ohrgeräuschen und Hitze: Ferr. phos.

Schwerhörigkeit älterer Personen: Sil., natr. mur.

Schwerhörigkeit durch Verhärtungen, Verwachsungen und Verdickungen im Mittelohr: Calc. fluor. und sil. (Erfolg jedoch nur im Anfangsstadium!)

Schwerhörigkeit infolge Schwächung der Gehörnerven: Kal. phos. und magn. phos.

Otosklerose: Vererbbare, fortschreitende Schwerhörigkeit. Das Leiden dürfte unheilbar sein.

Schwerhörigkeit infolge verhärteten Ohrenschmalzes: Ohrenschmalz entfernen, aber nur durch Fachmann, nicht mit Haarnadeln, Hölzchen usw.

6. **Ohrenschmerzen, nervöse:** Kal. phos. und magn. phos.

Bei Blutandrang zum Kopf, auch bei Ohrensausen: Ferr. phos. und kal. sulf.

Bei bohrenden, stechenden Schmerzen: Vorzugsweise magn. phos.

Bei Schmerzen in den Knochen: Calc. phos. und sil.

Ohrspeicheldrüsenentzündung, Ziegenpeter, Mumps (Parotitis):

Bei Fieber: Ferr. phos. und kal. phos.

Bei hohem Fieber mit häßlichem Mundgeruch, stinkendem Eiter: Nur kal. phos.

Bei Ausbruch der Eiterung: Sil. und natr. phos.

Bei starkem Speichelfluß: Natr. mur.

Bei entzündlichen Schwellungen insbesondere: Kal. chlor., calc. fluor. und natr. phos.

Biologisch: Mundspülungen mit Kamillentee, flüssige weiche Nahrung, warme trockene Umschläge! Ernährungsvorschriften I, nach Besserung II *).

Oktavuskrise: Siehe „Menière'sche Krankheit".

Operationen: Zur schnellen Wiederauffrischung der Körperkräfte und des Blutes nach schwächenden Operationen soll monatelang calc. phos. (täglich 5 x 3 Tabletten) genommen werden.

Biologisch: Viel naturnahe Nahrung (Rohkost), wenig Säurebildner (siehe dieses Stichwort).

---

*) Ernährungsvorschriften siehe Seite 323 ff.

Osteoarthritis: Siehe „Knochenentzündung" und „Gelenkentzündung".

Osteochondritis (Knochen- und Knorpelentzündung): Calc. fluor., calc. phos. und natr. mur. Ernährungsvorschriften II, in schweren Fällen I *).

Osteomyelitis (Knochenmarkentzündung): Siehe „Knochenentzündung".

Osteoporose (Schwund der Knochenmasse): Calc. fluor. und calc. phos., daneben die für das ursächliche Leiden in Frage kommenden Mittel. Selbstverständlich ist auch die Konstitution zu berücksichtigen (siehe dieses Stichwort).

Biologisch: Unbedingt Ernährungsvorschriften II, besser I *).

Ostitis: Siehe „Knochenentzündung".

Otitis (Ohrenentzündung): Siehe „Ohrenkrankheiten", Ziff. 1.

Otitis media (Mittelohrkatarrh, Mittelohrentzündung): Siehe „Ohrenkrankheiten", Ziff. 2.

Otosklerose: Siehe „Ohrenkrankheiten", Ziff. 5.

Oxyuris vermicularis: Siehe „Wurmleiden", Buchst. c.

Ozaena, Stinknase: Siehe „Schnupfen", Buchst. d.

Panaritium („Umlauf"): Siehe „Fingerentzündung".

Pankreas (Bauchspeicheldrüse): Erkrankungen der Bauchspeicheldrüse erfordern als Hauptmittel regelmäßig sil.

Pankreatitis (Bauchspeicheldrüsenentzündung): Ärztliche Betreuung erforderlich!

Anfangs: Ferr. phos., kal. phos. und sil., abwechselnd sehr häufig.
Später: Sil., kal. chlor. und natr. sulf.
Dazu die nach einem etwaigen ursächlichen Leiden (z. B. Infektion) in Betracht kommenden Mittel.
Biologisch: Ernährungsvorschriften I *).

Papageienkrankheit (Psittakosis): Schwere fieberhafte Allgemeinerkrankung, verursacht durch einen Erreger, der von exotischen Vögeln stammt. Behandlung wie bei Grippe.

Papillom: Meist gutartige Geschwulst, Zottengeschwulst, bestehend aus gefäßhaltigem Bindegewebe. Biochemische Behandlung wie bei „Warzen" angegeben.

---

*) Ernährungsvorschriften siehe Seite 323 ff.

Parodontitis und Parodontose: Siehe „Zahnkrankheiten", Ziff. 13 und 14.

Paralysis agitans (Schüttellähmung): Siehe „Krämpfe", Buchst. h.

Paratyphus: Eine Infektionskrankheit, die bald wie Typhus, bald wie Cholera nostras oder wie Enteritis verläuft. Behandlung je nach diesen Verlaufsformen. Siehe „Typhus", „Brechdurchfall", „Darmleiden", Ziff. 4 (Darmentzündung).

Parotitis: Siehe „Ohrspeicheldrüsenentzündung".

Pathogen: Krankheitserregend (z. B. pathogene Bakterien).

Pathologie: Die Lehre von den Krankheiten, ihren Ursachen, den körperlichen (und auch seelischen) Veränderungen, ihrer Entstehung und ihrem Wesen.

Pellagra, lombardischer Aussatz: Vitamin-Mangel-Erkrankung. Unbedingt ärztliche Beratung erforderlich! Entsteht durch ausschließliche oder fast ausschließliche Ernährung mit geschältem Mais. Heilung nur durch vitaminreiche Kost nach ärztlicher Vorschrift.

Biochemisch: Calc. fluor., sil., kal. phos., kal. sulf., magn. phos. und natr. sulf. Das wichtigste unter diesen Mitteln ist kal. phos.

Pemphigus (Blasenausschlag): Siehe „Blasenleiden", Ziff. 1.

Pericarditis (Herzbeutelentzündung): Siehe „Herzleiden", Ziff. 2.

Periostitis, Knochenhautentzündung: Siehe „Knochenentzündung".

Peritonitis: Siehe „Bauchfellentzündung".

Pertussis: Siehe „Keuchhusten".

Pharyngitis, Rachenkatarrh: Siehe „Halsentzündung".

Phlebitis (Venenentzündung): Behandlung wie bei Krampfadern, siehe dieses Stichwort.

Phlegmone (Zellgewebsentzündung): Siehe „Abszeß". Bei wässeriger, bläulich-roter Anschwellung der Haut: Natr. sulf.

Phthisis: Siehe „Tuberkulose".

Pickel: Behandlung wie bei Mitessern.

Platzangst (Agoraphobie): Behandlung wie bei Nervosität.

Pleuritis (Rippenfellentzündung): Siehe „Brustfellentzündung".

Pneumonie: Siehe „Lungenentzündung".

Pocken (Variola): Sehr gefährliche, sehr ansteckende und anzeigepflichtige Erkrankung. Der Erreger ist das Vario-Virus, die Inkubationszeit beträgt 10–14 Tage. Die Kranken oder auch nur Ansteckungsverdächtigen müssen nach gesetzlicher Vorschrift sofort strengstens isoliert werden. Die Behandlung obliegt ausschließlich dem Arzt. Die nachstehend angegebenen Mittel haben nur informatorische Bedeutung, falls ärztlicherseits der Entschluß gefaßt wird, zusätzlich biochemische Mittel einzuschalten.

Im Anfangsstadium: Ferr. phos. und kal. chlor.

In schweren Fällen, bei hohem Fieber, bei Erschöpfungszuständen, großer Mattigkeit: Kal. phos. und natr. mur.

Im Eiterstadium: Sil. und natr. phos.

Bei Speichelfluß und wässerigem Erbrechen: Natr. mur. zu den vorstehenden Mitteln hinzunehmen.

Einnehmevorschriften: Abwechselnd alle 10–20 Minuten 1 Tablette.

Im dritten (Abschuppungs-)Stadium: Kal. sulf., täglich 5mal 3 Tabletten, monatelang!

Biologisch: Absonderung des Kranken! Zimmer viel lüften! Ernährungsvorschriften I *). Viel frische Obstsäfte, bei Herzschwäche ganz wenig Wein! Rotes Licht im Zimmer.

Podagra (Fußgicht): Siehe „Gelenkgicht".

Polioencephalitis: Siehe „Kinderlähmung".

Poliomyelitis: Siehe „Kinderlähmung".

Pollenkrankheit: Siehe „Heuschnupfen" und „Allergie".

Polyarthritis: Entzündung einer großen Zahl von Gelenken im Gegensatz zur Monarthritis, Entzündung eines einzelnen Gelenks. Behandlung siehe „Gelenkentzündung".

Polypen: Behandlung stets wie bei „Nasenpolypen" angegeben.

Primelkrankheit: Hautausschlag, der durch Berührung mit Primeln bei dafür besonders empfindlichen Personen entsteht. Siehe auch Stichwort „Allergie".

Biochemische Mittel: Ferr. phos. (gegen die Entzündungserscheinungen), natr. sulf. (zur Ausscheidung der Giftstoffe), calc. fluor. (zur Stärkung der Widerstandskraft des Oberhautgewebes), evtl. auch sil.

---

*) Ernährungsvorschriften siehe Seite 323 ff.

Die vorstehenden Mittel (gegebenenfalls mit Auswahl) auch äußerlich in Form der biochemischen Coldcremes. Liegt ein stärkerer Befall vor, so empfiehlt sich: Ernährungsvorschriften II *).

Prostata-Hypertrophie: Vergrößerung der Vorsteherdrüse. Alterserscheinung des männlichen Geschlechts, auftretend jenseits der 50-er Jahre. Als Ursache werden entwicklungsgeschichtliche Zusammenhänge angenommen. Im Anfangsstadium beginnend mit häufigem nächtlichen Harnlassen, dann erschwerte Harnentleerung, oftmals nur unter Anwendung der Bauchpresse. Im 2. Stadium Insuffizienz der Blase, Harnverhaltung; im 3. Stadium Niereninsuffizienz, schleichende Urämie (Harnvergiftung!). Ärztliche Behandlung erforderlich, vor allem wegen der Notwendigkeit, den Verlauf der Erkrankungen dauernd unter Kontrolle zu halten.

Biochemisch: Calc. fluor., magn. phos. und natr. sulf. Frühzeitige, sofort nach einwandfreier Feststellung der Diagnose beginnende, kurmäßige Anwendung vorstehender Mittel.

In der Zeitschrift „Hippokrates" 12/1957 werden Kürbiskerne (neueste Ernte, zerstoßen oder gemahlen), sowie Tee aus Zitterpappelblättern und Goldraute empfohlen.

Biologisch: Die Durchführung einer sorgfältig ausgewogenen Lebens- und Ernährungsweise ist hier von ausgezeichnetem Einfluß: Unbedingt Ernährungsvorschriften II, besser, wenigstens in gewissen Abständen, Ernährungsvorschriften I *). Ferner: Strengstes Alkoholverbot, Vermeidung von Erkältungen (nasse Füße!), viel Bewegung in freier Luft, Tiefatmen (siehe Stichwort „Atemgymnastik"), Sorge für leichten regelmäßigen Stuhlgang, viel Wärme auf den Unterleib, niemals den Urin zurückhalten, stets Entleerung versuchen!

Pruritus: Siehe „Hautjucken" und „Afterjucken".

Pseudo-Krupp (falscher Krupp): Siehe „Krupp".

Psoriasis vulgaris (Schuppenflechte): Siehe „Flechten", Ziff. 3.

Psychologie: Seelenkunde.

---

*) Ernährungsvorschriften siehe Seite 323 ff.

Psychotherapie: Darunter versteht man Behandlungsmethoden, die unter vollständigem oder weitgehendem Verzicht auf Medikamente eine Heilung seelischer und/oder körperlicher Leiden durch Einwirkung auf die Seele (Psyche) des Kranken anstreben.

Puerperalfieber: Siehe „Kindbettfieber".

Pulsschlag: Wenn Puls klein und schnell, insbesondere bei Blutverwässerung (Hydrämie): Kal. phos., natr. mur. und natr. sulf.
In anderen Fällen: Calc. phos., weil es beruhigend auf die Herztätigkeit wirkt.

Pyämie (Eitervergiftung): Siehe „Blutvergiftung".

Pyelitis (Nierenbeckenentzündung): Siehe „Nierenleiden", Ziff. 2.

Pyknolepsie: Anfallserkrankung bei Kindern vom 4.–14. Lebensjahr. Wird heute angesehen als eine durch gehäufte kleinere Anfälle gekennzeichnete (leichtere) Form der Epilepsie.

Selbstverständlich ärztliche Betreuung (manchmal Gefahr des Übergangs in echte Epilepsie!). Unter allen Umständen sollen allopathische „Beruhigungsmittel", auch sogenannte „harmlose", wegbleiben! Schädigungen des kindlichen Organismus können bei Anwendung solcher Mittel niemals ausgeschlossen werden. Die Pyknolepsie ist ein „Testfall" für die Einstellung des Arztes zu den Naturheilmethoden; den Eltern ist nicht nur weitgehendes Mitspracherecht, sondern auch die Möglichkeit zur nachhaltigen Beeinflussung des Arztes gegeben.

Die biochemische Behandlung ist die gleiche, wie bei der echten Epilepsie unter weitgehender Berücksichtigung der Konstitution sowohl des Kindes als auch der Eltern! Siehe Stichwort „Konstitution".

Selbstverständlich: Strengste Beachtung der Ernährungsvorschriften I *).

Quaddeln, durch Insektenstiche, Brennesseln, Magenstörungen (z. B. nach dem Genuß von Erdbeeren, Tomaten usw.) hervorgerufene, meist juckende Erhebungen der Haut. Behandlung wie beim Stichwort „Insektenstiche" angegeben.

Quecksilbervergiftung: Hauptmittel: Kal. chlor. in sehr häufigen Gaben, dazwischen sil., natr. mur. und natr. sulf.

---

*) Ernährungsvorschriften siehe Seite 323 ff.

Quetschungen: Sofort am Anfang sehr häufig: Ferr. phos., solange Schmerzen bestehen; hernach kal. chlor.
Bei Ausschwitzungen, Ergüssen: Kal. chlor.
Wenn Geschwülste zurückbleiben: Calc. fluor. und sil.
Bei Wildfleischbildung: Sil. und kal. chlor.

Rabies (Tollwut, Hundswut): Siehe „Hundswut".

Rachenbräune: Der Ausdruck bedeutet sowohl Krupp als auch Diphtherie. Siehe diese beiden Stichworte. Ärztliche Behandlung selbstverständlich unerläßlich.

Rachenkatarrh (Pharyngitis): Siehe „Halsentzündung".

Rachitis: Siehe „Englische Krankheit".

Radioaktivität: Gegen die gesundheitlichen Gefahren, die aus der radioaktiven Verseuchung unserer Atmungsluft, des Trinkwassers und der Kulturböden erwachsen, wirkt der „Gegensätzler" des Strontium 90, nämlich calc. phos. D 6. Einzunehmen täglich 3-mal 3 Tabletten, viele Monate lang! Viel Milch trinken, da die Milch einen hohen Kalziumgehalt aufweist.

Regenbogenhautentzündung (Iritis): Siehe „Augenleiden", Ziff. 12.

Reizbarkeit: Kal. phos. Bei blutarmen und schwächlichen Personen calc. phos. und natr. mur.
Bei Kindern: Besonders sil.
Siehe auch Stichwort „Wechseljahre".

Retinitis (Netzhautentzündung): Siehe „Augenleiden", Ziff. 16.

Rheumatismus: Siehe „Gelenkgicht" und „Muskelrheumatismus".

Rhinitis, Nasenkatarrh: Siehe „Schnupfen".

Rippenfellentzündung (Pleuritis): Siehe „Brustfellentzündung".

Risse in der Haut:

Hauptmittel: Calc. fluor., auch äußerlich in Form der biochemischen Coldcreme. Falls hartnäckige Heilungsverzögerung, evtl. bei gleichzeitig vorliegender Stuhlverstopfung oder sonstigen Übersäuerungserscheinungen (Sodbrennen, saures Aufstoßen usw.): Sil., natr. phos. dazunehmen, sowie das Spezialmittel Hämosan *) und Ernährungsvorschriften II **).

---

*) vgl. Vorwort zur V. Auflage
**) Ernährungsvorschriften siehe Seite 323 ff.

Bei Entzündungserscheinungen: Ferr. phos. und biochemische Coldcreme ferr. phos.

Bei Verjauchung: Kal. phos. und natr. mur.

Röteln (Friesel), Rubéolae: Infektionskrankheit mit maserähnlichem Charakter.

Bei Erwachsenen: Siehe „Nesselsucht".

Bei Kindern: Hauptmittel: Ferr. phos. Etwaige weitere Mittel siehe Stichwort „Masern".

Rose (Erysipelas), Gesichtsrose: Infektionskrankheit.

Hauptmittel: In leichten Fällen: Ferr. phos. und kal. chlor.

In schweren Fällen (bei höherem Fieber): Kal. phos. und kal. sulf.

Bei Eiterungen: Sil.

Beim Eintritt von Schwellungen:

a) Wenn Schwellung weich: Natr. sulf.

b) Wenn Schwellung hart: Natr. phos.

Beim Eintritt von Abschuppungen: Kal. sulf.

Im Genesungsstadium: Monatelang calc. fluor. und kal. sulf., ersteres auch in Form der biochemischen Coldcreme.

Biologisch: Frische Luft, gründliche Darmentleerung, trockene, warme Umschläge, Ernährungsvorschriften II *).

Rotz, Rotzkrankheit: Schwere Erkrankung, fachmännische Beratung unerläßlich. Hauptsächlich: Kal. phos. und natr. mur.

Rubéolae: Siehe „Röteln".

Rückenmarksschwindsucht (Tabes dorsalis): Nur in ärztlicher Beratung und unter ärztlicher Aufsicht zu behandeln.

Rückenschmerzen: Je nach der Ursache (Rheumatismus, Lähmung, Ischias, Muskelzerrung usw.) zu behandeln, sowie nach den Erscheinungsformen des Schmerzes. Siehe vorstehende Stichworte und Stichwort „Schmerzen".

Rückfallfieber (Febris recurrens): Unbedingt fachmännische Beratung!

Hauptmittel: Kal. phos., weitere Mittel nach den besonderen Erscheinungen und den etwa zugrunde liegenden Erkrankungen (Ausschläge, Erbrechen, Nierenentzündung, Zungenbelag usw.).

---

*) Ernährungsvorschriften siehe Seite 323 ff.

Rückgratverkrümmung:
Kyphose: Ausbuchtung nach hinten.
Skoliose: Seitliche Verkrümmung.
Biochemische Mittel wie bei „Englischer Krankheit" angegeben.

Ruhr (Dysenterie): Schwere ansteckende Erkrankung, die fachmännischen Rat unbedingt notwendig macht.
Hauptmittel am Anfang: Ferr. phos. und kal. chlor.
Bei hohem Fieber, stinkenden Durchfällen, Delirien: Kal. phos. und natr. mur.
Bei großer Schwäche, Schlummersucht: Ebenfalls kal. phos. und natr. mur.
Bei schleimig-eitrigen Stühlen: Sil.
Bei krampfhaften Bauchschmerzen, Mastdarmkrampf: Magn. phos., am besten 10 Tabletten zerquetschen, in einem Likörglas sehr heißen Wassers auflösen, teelöffelweise einnehmen.
Im Genesungsstadium monatelang hindurch calc. phos. und natr. mur.

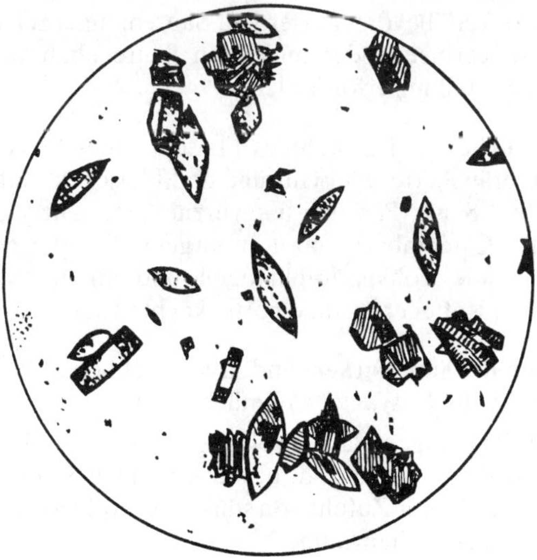

Harnsäurekristalle
aus einem Harnsediment. Besonders charakteristisch die häufig vorkommende Wetzsteinform.

Biologisch: Sofortige Desinfektion der Stühle mit Chlorkalk oder Karbollösung. Bettwäsche in Sodawasser auskochen. Nichts Ungekochtes essen oder trinken, außer geriebenen, sorgfältig gereinigten Äpfeln. Genaue Ernährungsvorschriften bestimmt der Arzt, der auch die nötigen Desinfizierungsmaßnahmen für Kleidung, Handgriff der Toilette, Schuhzeug, usw. bestimmt.
(Bestes Getränk: Schwarzer Tee ohne Zucker und Milch.)

Rundes Magengeschwür: Siehe „Magenleiden", Ziff. 7.

Runzeln, frühzeitige: Siehe „Gesichtsfalten".

Säuferleber: Siehe „Leberleiden", Ziff. 8.

Säuferwahnsinn: Kal. phos. und natr. mur.

Säure: Der Säurezustand des Körpers ist von ausschlaggebender Bedeutung für die Gesundheit und damit auch für die Heilung von allen auf Säuremangel oder Säureüberschuß beruhenden Erkrankungen.

Bei Säuremangel (relativ selten) müssen in der Ernährung die sogenannten „Säurelocker" bevorzugt werden. Säuremangel zeigt sich vor allem in einem zu geringen oder fehlenden Säuregehalt des Magensaftes (ärztliche Feststellung erforderlich).

Starke Säurelocker sind gebratenes Fleisch, rohes Fleisch, alles Gesalzene und Geräucherte, Fleischbrühe und Fleischextrakt. Ferner Kochsalz, Pfeffer, Senf, Paprika, Gewürznelken, Curry, scharfer Käse (Roquefort, Camembert und Limburger). Desgleichen sind starke Säurelocker alle kohlensäurehaltigen und alkoholischen Getränke sowie Kaffee, Kaffeeersatz und hartgekochte Eier.

Schwache, milde Säurelocker sind frisch gekochte Fische, Weißbrot, Zwieback, alkalische Wässer, Vollmilch, Sahne und Tee.

Auch bei vollständigem Salzsäuremangel empfehle ich, mit der säuernden Kost vorsichtig zu sein, d. h. nur schwache Säurelocker zu genießen, weil bei größerer Zufuhr von starken Säurelockern allzuleicht eine Übersäuerung entstehen kann.

Das biochemische Mittel zur Unterstützung der Säurebildung ist natr. mur. In jedem Falle muß auch die Konstitution (siehe dieses Stichwort) berücksichtigt werden. Besonders leicht neigen blutarme und nervöse Personen zu Säuremangel.

Bei Säureüberschuß sollen von den vorstehend genannten Säurelockern die stark wirkenden Speisen und Getränke vollständig gemieden, die milden Säurelocker aber nur mit besonderer Vorsicht genossen werden. Bei Säureüberschuß soll eine besonders basenreiche Kost bevorzugt werden. Basenreich sind: Buttermilch, saurer Rahm (ein nur scheinbarer Widerspruch!), Kartoffeln, die meisten Gemüse (außer Linsen und Bohnen) und alle Obstsorten außer Preiselbeeren.
Das biochemische Mittel gegen Säureüberschuß ist natr. phos.

Säurekrankheiten sind vor allem Sodbrennen, saures Aufstoßen, stark sauer riechender Schweiß, Rheumatismus und Gicht in allen Formen, Stuhlverstopfung, Hämorrhoiden, Krampfadern, chronische Nieren-, Blasen-, Leber- und Gallenleiden, meistens auch Nervenleiden, Herzleiden, Kreislaufstörungen, Magenleiden.

Salzfluß ist eine nässende Flechte, deren auslösende Ursache meist mangelhafter Stoffwechsel und eine unzweckmäßige Lebensweise (Harnsäureüberladung!) sind. Heilung also nur möglich bei Abstellung dieser Ursachen!
Bei wässerig-ätzender Absonderung: Natr. mur. und natr. sulf.
Wenn mit Schwellung der Leistendrüsen verbunden: Kal. chlor., magn. phos., natr. mur. und natr. phos.
Im übrigen siehe Stichworte „Absonderungen" und „Krampfadern".
B i o l o g i s c h: Sofortige Umstellung auf Ernährungsvorschriften II, besser I *).

Salzgeschmack im Munde: Magn. phos. und natr. mur. im Wechsel.

Salzhunger, großes Verlangen nach Salz (oder nach Saurem und Scharfem): Natr. mur. Grundkrankheit beachten, z. B. Blutarmut, Blutverwässerung usw. Die bei diesen Krankheiten angegebenen biologischen Erfordernisse sind streng durchzuführen.

Salzkrankheiten: Darunter versteht man Erkrankungen, die durch übermäßige Zufuhr von Kochsalz (sei es in Substanz oder in extra gesalzenen Speisen – Fleischbrühe, Schinken, Wurst, Salzhering usw. –) entstehen. Auf Kochsalzmißbrauch sind fast alle chronischen Stoffwechselleiden zurückzuführen: Hautunreinigkeiten, Verstopfung, Krampfadern, Hämorrhoiden, die meisten Nieren-, Leber-, Galle-, Magen-, Herzleiden, oftmals auch Fettsucht, Schlaflosigkeit, Nervosität usw.

---

*) Ernährungsvorschriften siehe Seite 323 ff.

Die Behandlung der einzelnen Leiden ist bei den Stichworten angegeben. In jedem Falle strengstes Kochsalzverbot, – wie es in den Ernährungsvorschriften I und II *) bereits festgelegt ist. Ohne Verzicht auf Kochsalz, also unter Mißachtung der Ernährungsvorschriften, ist eine wirkliche Heilung solcher Salzkrankheiten kaum möglich. Das biologische „R"-Salz**) ist, wie in den Ernährungsvorschriften bereits angegeben, erlaubt (Kochsalz schwemmt auf, „R"-Salz**) scheidet aus!).

Salzsäuremangel im Magen: Natr. mur.

Sarkom, bösartige Geschwulst, aus Bindegewebe hervorgehend.

Saures Aufstoßen: Natr. phos. und magn. phos. Dazu Magenpulver Stomac**) und Magentee**).
Biologisch: Ernährungsvorschriften II *).

Scharlach (Scarlatina): Ansteckende, anzeigepflichtige Erkrankung. Die Ansteckung erfolgt durch Tröpfchen- und Kontakt-(Berührungs-)Infektion. Inkubationszeit 3–5 Tage. Charakteristisch: Himbeerzunge, starke Rachenrötung, kleinfleckiger Hautausschlag, das Kinn-Mund-Dreieck bleibt vom Ausschlag frei! Neigung zu späteren Nacherkrankungen. Daher ärztliche Betreuung auch nach Überstehen der eigentlichen Erkrankung (regelmäßige Urinkontrollen!). Hauptmittel am Anfang: Ferr. phos. und kal. chlor., abwechselnd alle ½ Stunden 1 Tablette.
Bei hohem Fieber: Kal. phos. und kal. chlor.
Bei Scharlach-Diphtherie: Calc. phos. und kal. phos.
Bei großer Schwäche, Schlummersucht, eintretender Nierenentzündung, Wassersucht: Kal. phos. und natr. mur.
Bei auftretender Drüsenschwellung: Calc. fluor., calc. phos., kal. chlor., magn. phos., natr. phos.
Bei auftretender Drüsenvereiterung: Sil., magn. phos., natr. phos.
Im Abschuppungsstadium: Kal. sulf.
Zur Nachbehandlung: Monatelang calc. phos.
Biologisch: Sofortige strenge Isolierung des Kranken! Arzt rufen! Täglich mindestens einmalige Stuhlentleerung, nötigenfalls durch Darmeinläufe. Unbedingt Ernährungsvorschriften I *).

Schaufensterkrankheit: Siehe Stichwort „Wadenschmerzen".

Schenkelbruch: Siehe „Brüche".

---

*) Ernährungsvorschriften siehe Seite 323 ff.
**) vgl. Vorwort zur V. Auflage

Scheuermannsche Krankheit (Adoleszentenkyphose): Rundrücken bei Jugendlichen (meist 12.–16. Lebensjahr). Ursache wahrscheinlich Bandscheibenschaden mit nachfolgendem Absterben der vorderen Winkelkanten.

Biochemisch: Calc. fluor., calc. phos. und natr. mur.

Biologisch: Leichte Gymnastik nach fachmännischer Anordnung.

Schielen: Siehe „Augenleiden", Ziff. 20.

Schilddrüsenschwellung: Siehe „Kropf".

Schilddrüse: Bei allen Erkrankungen der Schilddrüse hat sich neben den sonst angezeigten Mitteln das Ergänzungsmittel kal. jod. ausgezeichnet bewährt. Es sei verwiesen auf die Stichworte „Kropf" und „Basedow'sche Krankheit" (Glotzaugenkrankheit).

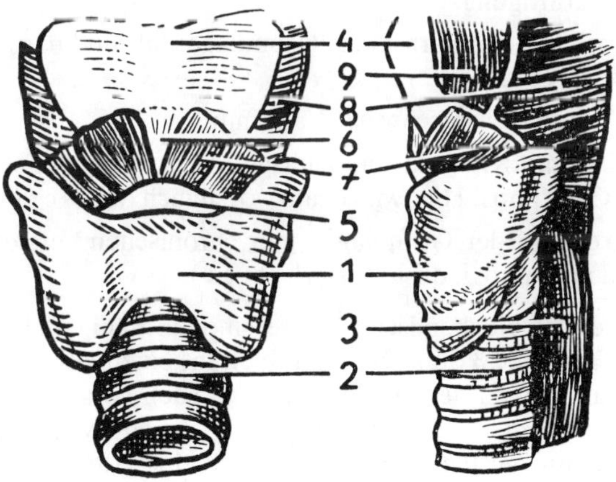

Schilddrüse

von vorne (links) und von der Seite (rechts) gesehen

1 Schilddrüse
2 Luftröhre
3 Speiseröhre
4 Schildknorpel
5 Ringknorpel
6 Ringknorpelband
7 Ringknorpelmuskeln
8 Muskel, der den Rachen verengert
9 Muskel, der das Zungenbein herabzieht und den Schildknorpel hebt

Überfunktion der Schilddrüse ist meist begleitet von beschleunigtem Herzschlag, Unruhe, Reizbarkeit, erhöhtem Blutdruck, Basedow.

Unterfunktion der Schilddrüse mit niedrigem Blutdruck, Herzschwäche, in schweren Fällen Idiotismus, Schwachsinn, Kretinismus usw.:

Selbstverständlich bedürfen alle Erkrankungen der Schilddrüse ärztlicher Betreuung.

Schinn, Kopfschinn: Siehe „Haarausfall".

Schlaflosigkeit: Dieses weit verbreitete Leiden muß selbstverständlich nach der Ursache behandelt werden. Vor dem wahllosen Gebrauch von giftigen Betäubungsmitteln kann nicht eindringlich genug gewarnt werden! Die biochemisch-biologische Behandlung ist bei entsprechender Konsequenz und Geduld des Patienten äußerst erfolgreich im Sinne einer Dauerheilung!

Nervöse Schlaflosigkeit: Kal. phos. und Nerventee *).

Bei Blutandrang zum Kopf: Ferr. phos. und kal. phos.

Bei Schlaflosigkeit bleichsüchtiger, schwächlicher Personen: Calc. phos. und natr. mur., dazu das biochemische Spezialmittel Florin *) zur allgemeinen Kräftigung.

Bei Schlaflosigkeit auf harnsaurer Grundlage: Sil. und natr. phos., dazu ebenfalls Nerventee *).

Schlaflosigkeit mit Nachtschweiß: Natr. mur.

Schlaflosigkeit mit Kribbeln, Taubheitsgefühl, zu schnellem Puls, innerer Unruhe: Calc. phos. Hier wirkt ganz vorzüglich der Nerventee *).

Schlaflosigkeit auf der Grundlage einer chronischen Verstopfung: Ferr. phos. und natr. phos., dazu Abführtee *).

Die vorstehenden biochemischen Mittel sind kurmäßig, d. h. monatelang auch am Tage (alle 3 Stunden 2–3 Tabletten) einzunehmen; abends vor dem Schlafengehen den Nerventee *) nach Vorschrift gebrauchen. Eventuell zusätzlich 2–3 Tabletten des am Tage angewandten Mittels. In jedem Fall muß der Patient sich selbst und seine „Reaktion" auf die biochemischen Mittel genau beobachten und die Behandlung danach einrichten.

In vielen Fällen hat sich – zusätzlich zu vorstehenden Anwendungen – ausgezeichnet bewährt: 10 Tabletten magn. phos. zerquetschen, in einem Likörglas sehr heißen Wassers auflösen und unmittelbar vor dem Zubettgehen langsam, schluckweise trinken.

---

*) vgl. Vorwort zur V. Auflage

Biologisch: Unbedingt Ernährungsvorschriften II, in sehr hartnäckigen, langjährigen Fällen I *), durchführen. Körperliche und geistig-seelische Entspannung vor dem Schlafengehen, also nicht: Sticken oder Stricken, auch nicht aufregende Romane lesen oder sich mit den geschäftlichen oder sonstigen Ärgerlichkeiten des Tagesablaufes herumquälen, wohl aber: Spaziergang in freier Luft, Tiefatmen (siehe Stichwort „Atemgymnastik"), Freude suchen am Sternenhimmel und am Regen!

Schlafsucht ist keine Krankheit an sich, sondern nur eine Nebenerscheinung anderer Krankheiten (Gehirnleiden, Entzündungen, Erschütterungen, innersekretorische Störungen usw.). Behandlung des ursächlichen Leidens erforderlich.

Bei Benommenheit, Betäubung, Apathie, sind die biochemischen Hauptmittel: Kal. phos. und natr. mur.

Schlafwandeln: Sil., natr. mur. und natr. phos.

Schlaganfall, Schlagfluß: Siehe „Gehirnschlagfluß".

Schleimbeutelentzündung (Bursitis): Ganz am Anfang: Ferr. phos. und kal. phos. sehr häufig. Nach Besserung: Kal. chlor. und natr. sulf. Eventuell kommen auch die bei „Gelenkentzündung" und „Sehnenscheidenentzündung" angegebenen Mittel in Betracht.
Äußerlich: Biochemische Coldcreme ferr. phos.

Biologisch: Warme Packungen.

Schleimgeschwulst: Siehe „Hygroma".

Schleimhämorrhoiden: Siehe „Hämorrhoiden" (Natr. mur. und Spezialmittel Hämosan**)).

Schleimhäute, trockene: Kal. sulf., natr. mur., natr. phos.

Schleimrasseln in der Brust: Kal. chlor. und natr. mur. und Brusttee**).

Schlucksen (Schluckauf): Als krampfartige Erscheinung erfordert dieser Zustand das Krampfmittel magn. phos.: 10 Tabletten zerquetschen und in einem Likörglas sehr heißen Wassers auflösen, teelöffelweise einnehmen. Bei öfterer Wiederkehr: Dazu kal. phos. und natr. phos.

Biologisch: Hastiges Essen vermeiden!

---

*) Ernährungsvorschriften siehe Seite 323 ff.
**) vgl. Vorwort zur V. Auflage

Schmerzen: Da Schmerzen die allerverschiedensten Ursachen haben können, die Biochemie aber nicht den Schmerz betäuben, sondern das ursächliche Leiden ergründen will und danach die Behandlung einrichtet, kommen nahezu alle biochemischen Mittel bei „Schmerzen" zur Anwendung.

Für die Anwendung gilt folgendes:

1. Bei allen chronisch auftretenden Schmerzen muß der Patient die infrage kommenden Mittel unter nachstehenden Angaben heraussuchen. Diese Mittel sind selbstverständlich kurmäßig, d. h. mehrere Monate lang, ganz regelmäßig anzuwenden.
2. Treten Schmerzen akut auf, so bestimmen sich die Mittel ebenfalls gemäß nachstehenden Symptomen. Beim akuten Schmerz werden die in Betracht kommenden Mittel sehr häufig – etwa alle 10–20 Minuten abwechselnd 1 Tablette – eingenommen. Wirkung meist schon in kürzester Frist!

Im einzelnen:

a) Der Entzündungsschmerz (Hitze, Rötung, Schwellung, Blutandrang, Verschlimmerung durch Wärme und Bewegung) erfordert ferr. phos., eventuell (besonders wenn Schleimhäute in Mitleidenschaft gezogen sind) im Wechsel mit kal. chlor.

b) Bei Schmerzen skrofulöser, rachitischer, tuberkulöser Personen; Auftreten bei Witterungswechsel, nächtliche Verschlimmerung: Sil.

c) Schmerzen mit Taubheitsgefühl, Ameisenlaufen, Kribbeln, Gliederkälte: Calc. phos.

d) Schmerzen der blutarmen, bleichsüchtigen Personen: Calc. phos. und natr. mur.

e) Schmerzen der blassen, reizbaren Personen mit hypochondrischer Veranlagung: Kal. phos.

f) Krampfartige, hin- und herschießende, pausenmachende Schmerzen: Magn. phos., 10 Tabletten zerquetschen, in einem Likörglas sehr heißen Wassers auflösen, teelöffelweise einnehmen. Charakteristikum für den „Magn.-phos.-Schmerz" ist, daß Wärme bessert (der Patient verlangt nach Wärme, nach einem Wollschal oder Wolldecken zum Einhüllen!), und daß Zusammenkrümmen Erleichterung verschafft.

g) Schmerzen, die sich gegen Abend verschlimmern, in freier, kühler Luft bessern: Kal. sulf.

h) Schmerzen mit Tränenfluß, mit Verschlimmerung durch Feuchtigkeit, Nebel, bei wässerig-gedunsenen Geweben, bei Speichelfluß: Natr. mur. und natr. sulf.

i) Bei Verschlimmerung nach Genuß fetter Speisen, bei Besserung durch Milchgenuß: Natr. phos. Dieses Mittel ist besonders – und zwar im Wechsel mit ferr. phos. – beim Schmerz der Gichtiker und Rheumatiker zu empfehlen.

k) Lähmende Schmerzen erfordern kal. phos.

l) Schmerzen durch unterdrückten Fußschweiß: Sil.

m) Schmerzen mit gleichzeitigen kalten Händen und Füßen: Natr. mur., eventuell unter Hinzunahme von calc. phos.

n) Schmerzen in den Waden: Siehe Stichwort „Wadenschmerzen".

In den Fällen f) und m) hilft schnell eine Einreibung mit dem Nervenöl*).

Schnürleber: Siehe „Leberleiden", Ziff. 10.

Schnupfen (Rhinitis):

a) Im akuten Stadium (Erkältungsschnupfen): Ferr. phos. und natr. mur., abwechselnd in häufigen Gaben.

Wichtig: Sofort beim ersten Niesen alle 10 Minuten eine Tablette ferr. phos. einnehmen, ca. eine Stunde fortsetzen.

Wenn weiße oder weißgraue Absonderungen auftreten (Zungenbelag): Kal. chlor.

Bei gelblich-schleimiger Absonderung: Kal. sulf. Dieses Mittel im Wechsel mit natr. mur. auch bei Geruchs- und Geschmacksverlust.

Bei gelblich eitriger Absonderung: Sil. und natr. phos.

Bei grünlich-schleimiger Absonderung: Natr. sulf.

Bei glasigem, mildem (nicht ätzendem!) Ausfluß, ebenso bei kalter Nasenspitze, beim Schnupfen skrofulöser Kinder: Calc. phos.

Während des akuten Stadiums ist häufiges Einnehmen (etwa jede Stunde 1–2 Tabletten) erforderlich.

b) Beim chronischen Schnupfen: Hier bestimmen sich die biochemischen Mittel ebenfalls nach der Natur der Absonderungen und nach der Konstitution des Patienten (siehe diese beiden Stichworte).

Biologisch ist aber beim chronischen Schnupfen unter allen Umständen die Ernährung nach den Ernährungsvorschriften II **) umzustellen.

---

*) vgl. Vorwort zur V. Auflage

**) Ernährungsvorschriften siehe Seite 323 ff.

Beim chronischen Schnupfen wird mit den in Betracht kommenden Mitteln täglich abgewechselt. Einnehmen alle 3 Stunden 2–3 Tabletten.

c) Stockschnupfen erfordert besonders kal. chlor. und natr. sulf. (auf skrofulöser Grundlage: Besonders natr. phos. und calc. phos.).

d) Stinknase ist eine besonders unangenehme Form des Schnupfens. Auch hier bestimmen Konstitution und Absonderungen die Mittelwahl:
Bei wässerigen, salzigen, scharfmachenden Absonderungen ohne Geruch:
Kal. chlor., natr. mur. und natr. sulf.
Bei übelriechendem Ausfluß: Sil., kal. phos. und kal. sulf.
Bei Übergreifen auf die Nasenknochen: Calc. fluor.
Bei skrofulösen, rachitischen und tuberkulösen Patienten: Sil. und calc. phos.

Schreckhaftigkeit infolge überreizter Nerven: Kal. phos. und natr. phos., bei Kindern besonders sil.

Schreibkrampf (Melkerkrampf): Magn. phos., calc. phos., kal. phos. Siehe auch Stichwort „Krämpfe".

Schreikrampf: Siehe „Krämpfe".

Schrumpfleber: Siehe „Leberleiden", Ziff. 5.

Schrumpfniere: Siehe „Nierenleiden", Ziff. 8.

Schrunden: Siehe „Risse in der Haut".

Schüttelfrost: Siehe „Frostgefühl".

Schüttellähmung (Paralysis agitans): Siehe „Krämpfe", Buchst. h.

Schulz, Hugo (1853 bis 1932), Mitbegründer des „Biologischen Grundgesetzes", siehe Teil I.

Schuppen, Kopfschuppen: Siehe „Haarausfall".

Schuppenflechte (Psoriasis vulgaris): Siehe „Flechten", Ziff. 3.

Schwachsinn: Sil., calc. phos., natr. phos. Weitere Mittel bestimmen sich nach der Konstitution (siehe dieses Stichwort) und nach den etwa überstandenen Geistes- oder Gehirnkrankheiten.

Schwächezustände: Siehe „Ohnmacht".
Bei allgemeiner chronischer Körperschwäche:
Entweder: Kal. phos. und natr. mur.,
oder: Calc. phos., natr. mur. und sil.

Schwämmchen: Siehe „Mundentzündung, aphtöse".

Schwangerschaftsbeschwerden: Diese sind zu behandeln
a) nach den „Symptomen", z. B. Erbrechen, Kopfschmerz, Schwindel, Krämpfe, Schwellungen usw., und
b) nach der Konstitution (siehe dieses Stichwort).

Siehe auch Stichwort „Geburt".
Für die werdende Mutter ist die regelmäßige Anwendung der beiden „Kalk-Mittel" der Biochemie, calc. fluor. und calc. phos., von größter Wichtigkeit: Vorbeugung gegen die aus der Schwangerschaft erwachsenden Kalkschäden des mütterlichen Körpers und Fürsorge für eine gesunde und kräftige Zahn- und Knochenbildung beim Kleinkind. Einzunehmen in täglichem Wechsel, täglich 4mal 2–3 Tabletten, nüchtern oder ½ Stunde vor dem Essen, vom 2. Schwangerschaftsmonat an bis zum Ende der Stillperiode!

Biologisch: Einfache und naturgemäße Lebensweise, viel frische Luft, frohe Gemütsstimmung, Ernährungsvorschriften II *).

Schweißabsonderung:
Keinesfalls Schweiß unterdrücken!
Schweißausbruch – etwa bei Erkältungen – wird gefördert durch sil. und natr. sulf.
Übermäßige Schweißbildung wird auf ein normales Maß zurückgeführt durch natr. mur. und natr. sulf.
Beim Kopfschweiß des skrofulösen Kindes und des Tuberkulösen: Calc. phos.
Interessanter Hinweis: Der Schweiß des Sil.-Patienten ist übelriechend, stinkend, der Schweiß des Calc.-phos.-Patienten ist geruchlos, jedenfalls „normal".

Schwerhörigkeit: Siehe „Ohrenkrankheiten", Ziff. 5.

Schwermut, Teilnahmslosigkeit, Lebensüberdruß, Apathie: Kal. phos. und natr. mur.

---

*) Ernährungsvorschriften siehe Seite 323 ff.

Schwielen: Calc. fluor., auch äußerlich in Form der biochemischen Coldcreme.

Schwindel: Die Behandlung muß sich selbstverständlich nach der Ursache richten:

Schwindel beim Bücken: Sil.

Schwindel infolge Blutandrangs zum Kopf: Ferr. phos.

Nervöse Schwindelanfälle, bei Blutleere im Kopf, bei Schwächezuständen: Kal. phos., magn. phos. und natr. mur.

Bei Schwindel älterer Personen, bei Kreislaufstörungen: Vor allem kal. sulf. Dazu Herztee*) und Herztropfen*).

Bei Schwindel mit Ohnmacht nach schweren Krankheiten, Blutverlusten: Calc. phos. und natr. mur.

Bei Schwindel nach dem Essen, plötzlichem Schweißausbruch auf der Stirn: Natr. sulf.

Bei Schwindel mit Schwäche und gleichzeitigem Schweißausbruch: Sil.

Bei Schwindelanfällen blutarmer, bleichsüchtiger Personen: Calc. phos. und natr. mur.

Labyrinthschwindel: Siehe „Menière'sche Krankheit".

Bei Schwindel infolge Bluthochdrucks: Siehe „Aderverkalkung".

Schwindsucht: Siehe „Tuberkulose".

Seekrankheit: Sil., magn. phos., natr. phos. Längere Zeit vor Antritt der See- (oder Luft-) Reise einnehmen. Beim Herannahen kritischer Zustände: Magn. phos. sehr häufig.

Sehnenscheidenentzündung:

Hauptmittel am Anfang: Ferr. phos. und kal. chlor.

Wenn der Fall erst einige Zeit nach Beginn der Erkrankung zur Behandlung kommt: Sil., calc. phos. und kal. chlor.

Bei Verhärtungen: Calc. fluor., bei gleichzeitigem Knirschen dazu: Sil.

Biologisch: Ruhe, am besten Ruhigstellung auf Schiene.

Sehnervenerkrankung: Siehe „Augenleiden", Ziff. 16 (Netzhautentzündung).

Sehschwäche: Siehe „Augenleiden", Ziff. 7.

Sehstörungen: Siehe „Augenleiden".

Senkfuß: Vor allem orthopädische Behandlung. In geeigneten Fällen (z. B. bei Jugendlichen oder in leichteren Fällen) biochemisch calc. fluor. und calc. phos.

---

*) vgl. Vorwort zur V. Auflage

Senkung innerer Organe (Magen, Leber, Niere, überhaupt jede Verlagerung): Erfordert stets calc. fluor. und sil. monatelang.

Sepsis, Fäulnis, Brand, Blutvergiftung: Hauptmittel kal. phos. und natr. mur., sehr häufig (abwechselnd alle 5 Minuten 1 Tablette). Siehe auch „Blutvergiftung".

Biologisch: Unbedingt Ernährungsvorschriften I *).

Sinusitis: Entzündung der Nebenhöhlen (Kieferhöhle, Stirnhöhle, Siebbeinhöhle, Keilbeinhöhle). Am Anfang ferr. phos. und kal. chlor.

In chronischen Fällen bestimmen sich die biochemischen Mittel nach der Natur der Absonderungen (Ausfluß aus Mund und Nase, Zungenbelag usw.). Siehe Stichwort „Absonderungen".

Meist wird kal. chlor. oder natr. mur. in Frage kommen.

Bei beginnender Eiterung: Sil. und natr. sulf. In chronischen Fällen von Vereiterung siehe Stichwort „Kieferhöhlenvereiterung".

Sklerose, d. i. „Verhärtung", multiple Sklerose: Komplizierte Erkrankung des Zentralnervensystems. Meist schleichend verlaufende Erkrankung. Biochemische Behandlung unter Berücksichtigung der Konstitution, der auslösenden Primärerkrankung und der speziellen Begleiterscheinungen.

Die eigentliche Ursache der multiplen Sklerose ist bis heute noch nicht mit Sicherheit erkannt. Mit Spezialdiät (z. B. Evers-Diät) sind sehr gute Erfolge erzielt worden. Diese Tatsache läßt den Schluß gerechtfertigt erscheinen, daß bei der multiplen Sklerose auch eine chronische Schädigung der Nervenzellen durch unsere denaturierte, z. T. vergiftete und einseitige Kost vorliegt. Diese Vermutung wird auch durch die Tatsache bestätigt, daß mit systematischem Heilfasten und anschließender Rohkosternährung Dauerheilungen erzielt worden sind. (Siehe „HIPPOKRATES", Zeitschrift für praktische Heilkunde, Heft 23/1952 Seite 675).

Wiederholt sind auch ausgezeichnete Besserungserfolge bei Wechsel des Aufenthaltsortes mit deutlicher Verschlechterung bei Rückkehr an den alten Wohnsitz beobachtet worden. Dies läßt den Schluß zu, daß die Krankheit doch irgendwie auch durch geopathische Einflüsse mitverursacht sein kann.

Die genauen Ernährungsvorschriften bestimmt in jedem Falle der Arzt. Wichtig ist stets: Keine Überanstrengung, keine seelischen Aufregungen!

---

*) Ernährungsvorschriften siehe Seite 323 ff.

Skoliose (Rückgratverkrümmung): Behandlung wie bei „Englischer Krankheit" angegeben.

Skorbut: Vitamin-Mangel-Krankheit, also Heilung nur durch Vitamin-Zufuhr möglich: Rohkost aller Art, im übrigen Ernährungsvorschriften I *) durchführen. Biochemisches Hauptmittel: Kal. phos.
In der Nachbehandlung monatelang calc. phos. und natr. mur.

Skrofulose (Drüsenleiden):

Biochemische Hauptmittel: Sil. und calc. phos., und zwar bei schlechtem Knochenbau, schlaffem, eingefallenem Leib und großem Kopf auf dünnem Hals, bei geruchlosem Schweiß: Vor allem calc. phos., dagegen bei dickem, plumpem Bauch, stinkendem Schweiß: Vor allem sil.

Selbstverständlich können beide Mittel wechselseitig angewandt werden.

Dazu: Bei Verlangen nach Salz, Abneigung gegen Brot: Natr. mur.
Bei Hüftgelenkentzündung: Natr. phos.
Bei skrofulösem Stockschnupfen: Natr. phos.
Bei verhärteten Drüsen: Calc. fluor. und natr. phos.
Bei entzündlichen Drüsenschwellungen: Ferr. phos. und kal. chlor.

Biologisch: Alle naturgemäßen Anwendungen, Licht, Luft, Sonne! Ernährungsvorschriften II *), gute Haut- und Körperpflege, keine Abhärtungskuren, keine Überanstrengungen. Warme (nicht heiße!) Bäder mit Heublumen oder Haferstroh.

Sodbrennen: Hauptmittel: Natr. phos. Dazu biochemisches Magenpulver Stomac **) und Magentropfen **).

Beim Aufstoßen unverdauter Speisen: Ferr. phos.

Bei gleichzeitigem bitterem Geschmack im Munde: Natr. sulf. (Wenn öfters auftretend: Dazu Leber- und Gallentee **) und Leber- und Galletropfen **).

Bei gleichzeitigen Magenkrämpfen: Magn. phos. und Stomac **).

In allen Fällen empfiehlt sich der kurmäßige Gebrauch des Magentees **).

Biologisch: Siehe Stichworte „Säure" und „Magensäure". Ernährungsvorschriften II *).

Sommerkatarrh: Siehe „Heuschnupfen".

Sommersprossen: Kal. chlor. und kal. sulf. im Wechsel, später kal. sulf. allein. Erfolg nicht sicher!

---

*) Ernährungsvorschriften siehe Seite 323 ff.
**) vgl. Vorwort zur V. Auflage

Sonnenbrand, Sonnenstich: Zur Vorbeugung mit biochemischer Coldcreme ferr. phos. einreiben.
Wenn „Sonnenbrand" bereits eingetreten ist: Ebenfalls kräftige Einreibung mit Coldcreme ferr. phos. Außerdem innerlich alle 10 Minuten abwechselnd ferr. phos. und natr. mur.
Kein kaltes Wasser verwenden.

Soor: Siehe „Mundentzündung, oidische".

Spasmus: Siehe „Krämpfe".

Speicheldrüsenentzündung: Kal. chlor., magn. phos., natr. mur.
Siehe auch „Ohrspeicheldrüsenentzündung" und „Pankreatitis".

Speichelfluß: Natr. mur., daneben kal. chlor. und natr. sulf.
Ursächliches Leiden erforschen und Behandlung danach einrichten!

Speiseröhrenentzündung (Oseophagitis):
Wenn katarrhalisch: Ferr. phos. und kal. chlor.
Wenn Entzündung infolge Verbrennung oder Verätzung (zu heiße Speisen oder Getränke): Ferr. phos. und natr. mur.
Bei Gefahr der Eiterung: Sil.

Speiseröhrenverengung, Speiseröhrenerweiterung: Calc. fluor. und sil. Fachmännische Beratung unbedingt erforderlich wegen Krebsverdachts.

Speiseröhrenkrämpfe: Magn. phos., evtl. mit kal. phos.
Wenn mit Sodbrennen verbunden: Magn. phos., natr. phos., kal. phos.

Speiseröhrenkrebs: Siehe „Krebs".

Spinale Kinderlähmung: Siehe „Kinderlähmung".

Spondylitis (Wirbelentzündung): Zu behandeln wie Arthrosis deformans.

Spondylosis (nicht entzündliche Degeneration der Wirbelknochen):
Zu behandeln wie Arthrosis deformans.

Spreizfuß: Siehe Stichwort „Senkfuß".

Springwürmer und Spulwürmer: Siehe „Wurmleiden".

Star, grauer und grüner: Siehe „Augenleiden", Ziff. 13 und 14.

Starrkrampf (Tetanus): Infektionskrankheit, durch Verunreinigung von Wunden. Größte Vorsicht! Arzt! Schnellste Hilfsmaßnahmen, evtl. Serum erforderlich.

Hauptmittel: Calc. phos., kal. phos., magn. phos. und natr. sulf. in sehr schnellem Wechsel hintereinander einzunehmen.

Stauungsleber: Siehe „Leberleiden", Ziff. 2.

Stauungsniere: Siehe „Nierenleiden", Ziff. 10.

Stenokardie (Herzbräune): Siehe „Herzleiden", Ziff. 4.

Stickhusten: Siehe „Keuchhusten".

Stimmbandkrampf: Siehe „Krämpfe".

Stimmbandlähmung: Sil., kal. phos. und magn. phos.
Nach überanstrengenden Vorträgen: Ferr. phos.
Bei gleichzeitiger geistiger Übermüdung: Ferr. phos., kal. phos. und natr. mur.

Stimmritzenkrampf: Magn. phos.

Stinknase (Ozaena): Siehe „Schnupfen", Buchst. d.

Stirnhöhlenkatarrh: Kal. chlor. Im übrigen siehe Stichworte „Absonderungen" und „Schnupfen".

Biologisch wird das sogenannte Kopfdampfbad empfohlen: Ein Gefäß mit heißem Wasser unter Zusatz von Kamillentee auf den Spiritus-Kocher stellen (damit das Wasser heiß bleibt); man neigt sich mit dem Kopf darüber und legt eine Decke über Kopf und Hals, damit kein Dampf entweichen kann. Dauer des Bades höchstens 10 Minuten, evtl. am nächsten Tag wiederholen.
Heilung wird außerordentlich begünstigt und beschleunigt bei Durchführung der Ernährungsvorschriften I *).

Stirnhöhlenvereiterung: Zu behandeln wie Kieferhöhlenvereiterung, siehe dieses Stichwort.

Stockschnupfen: Siehe „Schnupfen", Buchst. c.

Stomatitis aphtosa, catarrhalis und oidica: Siehe „Mundentzündung", verschiedene Formen.

Stomatitis ulcerosa: Siehe „Mundfäule".

Struma: Siehe „Kropf".

---

*) Ernährungsvorschriften siehe Seite 323 ff.

Stuhlverstopfung, chronische:

a) Wenn Stuhlverstopfung auf Basis einer chronischen Übersäuerung beruht, dann sind die biochemischen Hauptmittel ferr. phos., natr. phos. und natr. sulf. Dazu Abführtee *). Bestehen gleichzeitig Hämorrhoiden, dann wird das biochemische Spezialmittel Hämosan *) empfohlen. Anzeichen einer chronischen Übersäuerung sind insbesondere Sodbrennen, Magensäure, saures Aufstoßen.

b) Bestehen brennende, stechende Schmerzen beim oder nach dem Stuhlgang oder ist derselbe mit Schleim überzogen: Natr. mur., natr. sulf. und ferr. phos. Diese Mittel auch dann, wenn abwechselnd Durchfall und Verstopfung auftreten.

Biologisch in den Fällen a) und b): Ernährungsvorschriften II **), viel Bewegung in freier Luft, Morgengymnastik, die insbesondere die Bauchpartie zu bevorzugen hat (von einem geprüften Gymnastiklehrer zeigen lassen!).

c) Chronische Verstopfung auf Basis einer Nervenerkrankung des Darmes erfordert calc. phos. und kal. phos., evtl. dazu, besonders bei Neigung zu Blähungen: Magn. phos. Ebenfalls Abführtee *). Ob eine Nervenerkrankung des Darmes vorliegt, kann nur der Fachmann entscheiden. Anhaltspunkte: Allgemeine Nervenschwäche, besondere Reizbarkeit vor dem Stuhlgang.

d) Chronische Verstopfung infolge Untätigkeit und Erschlaffung der Darmmuskulatur:
Am 1. Tag im Wechsel (alle drei Stunden 1–2 Tabletten) ferr. phos. und magn. phos.,
am 2. Tag im Wechsel ebenso calc. phos. und natr. phos.
Auch hier empfiehlt sich der Abführtee *), er wirkt nicht drastisch, sondern milde und anhaltend.

e) Einzelfälle:
Faulig-stinkender Stuhl, auch bei faulig-stinkenden Winden: Kal. phos. und natr. mur.
Stuhlverstopfung mit Beschwerden nach fetten Speisen: Natr. phos.
Kotklumpen mit Schleim überzogen: Natr. mur.
Darmblutung infolge Verstopfung: Sil. und calc. phos., siehe hierzu auch Stichworte „Blutungen" und „Hämorrhoiden" (evtl. Spezialmittel Hämosan *).

*) vgl. Vorwort zur V. Auflage
**) Ernährungsvorschriften siehe Seite 323 ff.

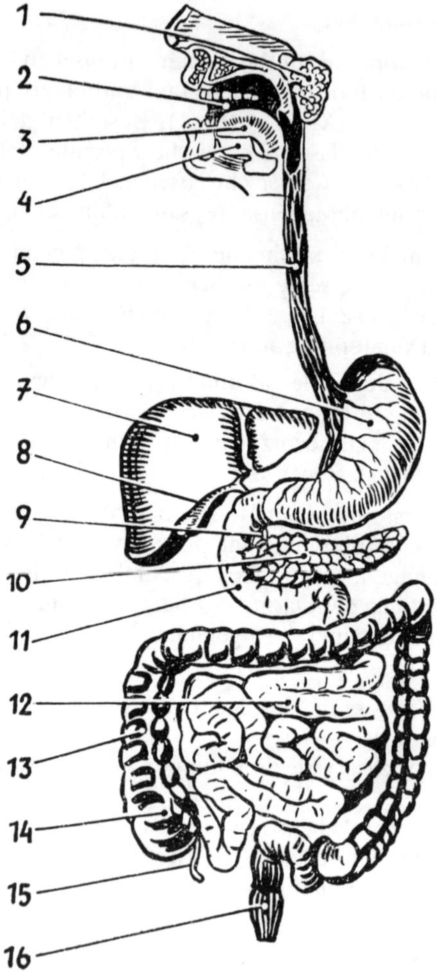

Die Verdauungsorgane des Menschen

1 Ohrspeicheldrüse
2 Mundhöhle
3 Zunge
4 Unterzungen-Speicheldrüse
5 Speiseröhre
6 Magen
7 Leber
8 Gallenblase
9 Gallengang
10 Bauchspeicheldrüse
11 Zwölffingerdarm
12 Dünndarm
13 Dickdarm
14 Blinddarm
15 Wurmfortsatz
16 Mastdarm

Stuhlverstopfung mit Druck und Völlegefühl, bei gelbschleimigem Zungenbelag, oftmals auch mit bitterem Geschmack im Munde: Natr. sulf. und Leber- und Gallentee*).

Stuhlverstopfung mit Windestauungen: Magn. phos. und natr. sulf.

Schmerzhafte Stuhlverstopfung mit Speichelfluß oder Wasserzusammenlaufen im Munde: Natr. mur. und ferr. phos.

Stuhlverstopfung infolge Darmlähmung (ärztliche Diagnose wichtig!): Kal. phos. und natr. mur.

Stuhlverstopfung infolge Darmverschlusses: Siehe „Ileus".

Stuhlverstopfung mit Kräfteverfall und Betäubung: Kal. phos. und natr. mur.

Allgemeine Bemerkung: Für die Feststellung der erforderlichen biochemischen Mittel ist ein sicheres Kennzeichen ein etwaiger Zungenbelag. Die biochemischen Mittel können dann auf Grund der Angaben beim Stichwort „Absonderungen" ohne weiteres ausgewählt werden.

Biologisch: Es muß eindringlich vor dem wahllosen Gebrauch von mehr oder weniger drastisch wirkenden Abführmitteln gewarnt werden. Ausgesprochene Abführmittel sollen nur im äußersten Notfall und nur selten, niemals aber regelmäßig genommen werden.
Für alle Fälle von Verstopfung empfiehlt sich die Beachtung der Ernährungsvorschriften II **)!

Subacidität, verminderter Salzsäuregehalt des Magens: Siehe Stichworte „Anacidität" und „Säure".

Sudeck'sche Dystrophie: (Sudeck, Chirurg, Hamburg, 1866–1938): Es handelt sich bei diesem Krankheitsbild um trophische Störungen (Ernährungs-Störungen) der Gliedmaßenanteile (Knochen, Knorpel, Weichteile). Die Ursache liegt stets in einer vorangegangenen Entzündung oder Verletzung, wobei die „Heilreaktion" des Organismus geschwächt oder unterbunden ist. Die biochemischen Mittel sind calc. fluor., calc. phos., silicea und natr. mur. Ist kein Knorpel beteiligt, dann kann natr. mur. wegbleiben.

Heilungsaussichten (im Sinne einer vollständigen Dauerheilung oder wenigstens der Herbeiführung einer fast 100%igen Bewegungs- und Gebrauchsfähigkeit der betroffenen Gliedmaßen) ausgezeichnet,

---

*) vgl. Vorwort zur V. Auflage
**) Ernährungsvorschriften siehe Seite 323 ff.

wenn Patient

a) eine mindestens 3 bis 4-monatige Kur ganz regelmäßig durchführt und

b) streng nach Ernährungsvorschriften II *) lebt.

Etwaige Massage oder gymnastische Übungen nur nach Befragung eines Fachmannes.

Sumpffieber: Siehe „Wechselfieber" (Malaria).

Superacidität, übermäßig hoher Salzsäuregehalt des Magens: Siehe Stichworte „Säure" und „Säureüberschuß".

Sympathicus (Nervus): Teil des vegetativen (d. h. unserem Willen entzogenen) Nervensystems.

Syndrom: Krankheitsbild. Im Gegensatz zum Symptom, das nur eine Einzelerscheinung umfaßt, ist das Wort Syndrom die Bezeichnung für einen ganzen Symptomenkomplex.

Syphilis: Geschlechtskrankheiten aller Art gehören ausschließlich in die Hand des Arztes.

Systole: Zusammenziehung (z. B. des Herzmuskels). Die Systole wird gefördert durch calc. phos. (Der „Gegensätzler" kal. phos. fördert die Diastole, die Erweiterung).

Tabes dorsalis: Siehe „Rückenmarksschwindsucht".

Taenia, Bandwurm: Siehe „Wurmleiden", Buchst. a.

Talgdrüsenverstopfung: Siehe „Mitesser".

Taubheitsgefühl: Calc. phos. und sil.

Therapie: Behandlung der Krankheiten.

Tetanus: Siehe „Starrkrampf".

Thrombophlebitis (Entzündung der Gefäßwände): Die Symptome sind vor allem:
Starke Schmerzen, Stauungen in den Venen, wassersüchtige Schwellungen der betroffenen Gewebspartien, manchmal, besonders in akuten Fällen, Temperaturanstieg.

---

*) Ernährungsvorschriften siehe Seite 323 ff.

Behandlung wie bei „Thrombose" angegeben unter Hinzunahme von natr. sulf. (zur Wasserausscheidung).

Thrombose: Hiermit wird das Gerinnen des Blutes im Blutgefäß bezeichnet.
Das Gerinsel selbst heißt Thrombus.
Hauptmittel: Ferr. phos., kal. chlor. und calc. phos.
Siehe im übrigen „Embolie".

Tiefatmen: Siehe „Atemgymnastik".

Tollwut: Siehe „Hundswut".

Tonsillitis: Siehe „Mandelabszeß".

Trachom (Ägyptische Augenentzündung): Ansteckende, chronische und schwere Augenbindehautentzündung. Daher äußerste Vorsicht und fachmännische Behandlung erforderlich.

Tränenfluß: Siehe „Augenleiden", Ziff. 17.

Trigeminus, dreiteiliger Gesichtsnerv. Von diesem Nerv gehen häufig Schmerzen aus, die von den Ohren über die Schläfe nach den Zähnen ausstrahlen. Derartige Schmerzen erfordern natr. mur. Siehe auch Stichworte „Kopfschmerzen" und „Gesichtsschmerzen".

Trockenheit

a) der Zunge: Natr. mur.
b) der Schleimhäute (in Nase, Rachen usw.): Kal. sulf., natr. mur. und natr. phos. Auch bei Trockenheit der Zunge können alle drei vorstehenden Mittel angewendet werden, besonders wenn natr. mur. für sich allein nicht überzeugend wirken sollte.

Tuberkulose, Lungenschwindsucht (Phthisis), Lungentuberkulose, einschließlich Tuberkulose anderer Organe:
Behandlung stets durch einen Fachmann.
Besonders wichtig: Vernünftige Lebensweise. Keine Exzesse!

a) Lungentuberkulose: Hauptmittel von der ersten Erscheinung bis zum höchsten Fieber: Ferr. phos. und natr. phos. (Kal. phos. soll wegbleiben!) Nach Eintritt des Verkäsungszustandes: Magn. phos. und natr. mur. In ruhigeren Zwischenstadien: Calc. phos. und sil.
Weitere Mittel bestimmen sich nach der Natur des Auswurfs (siehe Stichwort „Absonderungen") und nach der Konstitution des Patienten (siehe dieses Stichwort).

Biologisch: Liegekuren im Freien, stets frische Luft, keine Genußgifte. Heilstättenbehandlung.

b) Knochentuberkulose: Hauptmittel: Calc. fluor., calc. phos., sil. und natr. mur.
Im Fieberstadium: Ferr. phos.

c) Nierentuberkulose: Sil., calc. phos., magn. phos.

d) Darmtuberkulose: Natr. mur., natr. phos. und calc. phos.

e) Kehlkopftuberkulose, tuberkulöse Rippenfellentzündung: Zu behandeln nach den bei Lungentuberkulose angegebenen Richtlinien.

f) Gehirntuberkulose: Behandlung wie bei Gehirnentzündung.

g) Tuberkulöse Gelenkentzündung: Siehe „Gelenkentzündung".

Biologisch: Anordnungen des Arztes genau befolgen!

Tussis: Siehe „Husten".

Tussis convulsiva: Siehe „Keuchhusten".

Typhlitis: Siehe „Blinddarmentzündung".

Typhus: Schwere ansteckende Erkrankung, die unbedingt fachmännische Behandlung erfordert. Zwei Formen:

a) Unterleibstyphus, Typhus abdominalis und

b) Flecktyphus, Fleckfieber, Hungertyphus (Typhus exanthematicus).

Biologisch: Desinfektion des Stuhlganges und des Urins. Bettwäsche sofort in Schmierseifenlösung geben. Peinlichste Sauberkeit, besonders auch für die Personen, die mit dem Kranken in Berührung kommen. Bettwärme, frische Luft, aber keine kalte Luft. Ernährungsvorschriften I *), jedoch nichts Rohes; alles, Gemüse, Obst usw. nur abgekocht. Nur abgekochtes Trinkwasser.

Übelkeit: Siehe „Blähungen", „Darmleiden", Ziff. 4, „Erbrechen", „Magenleiden", Ziff. 8 u. 12, „Stuhlverstopfung".

Überbein (Ganglion): Calc. fluor. und sil., beide innerlich und äußerlich, letzteres als biochemische Coldcreme.
Biologisch: Aufbinden eines harten Gegenstandes (Metallstück, Geldstück usw.).

Übersäuerung: Siehe Stichworte „Säure" und „Säureüberschuß".

Ulcus cruris (Beingeschwür): Siehe Stichworte „Krampfadern" und „offene Beine".

---

*) Ernährungsvorschriften siehe Seite 323 ff.

Ulcus duodeni: Siehe „Zwölffingerdarmgeschwür".

Ulcus ventriculi (Magengeschwür): Siehe „Magenleiden", Ziff. 7.

Umlauf (Panaritium): Siehe „Fingerentzündung".

Unterleibsbruch: Siehe „Brüche".

Unfälle und Unfallfolgen: Siehe Stichworte „Brüche" (Knochenbrüche), „Verletzungen", „Verrenkung".

Unterleibstyphus: Siehe „Typhus".

Unterschenkelgeschwür (Ulcus cruris): Siehe Stichworte „Krampfadern" und „offene Beine".

Urin: Wenn eiweißhaltig: Calc. phos.
Wenn blutig: Ferr. phos.
Wenn eitrig: Sil. und natr. phos.
Wenn Brennen beim Wasserlassen: Natr. mur.
Wenn zuckerhaltig: Siehe Stichwort „Zuckerkrankheit".
Bei Bettnässen: Siehe dieses Stichwort.
Unwillkürlicher Harnabgang: Natr. sulf.
Krampf des Blasenschließmuskels: Kal. phos. und magn. phos.
Siehe auch Stichwort „Harnträufeln".

Urticaria: Siehe „Nesselsucht".

Variköse Geschwüre: Siehe „Krampfadern".

Variola: Siehe „Pocken".

Varizellen: Siehe „Windpocken".

Varizen: Siehe „Krampfadern".

Vegetative Dystonie: Siehe Stichwort „Dystonie".

Vegetatives Nervensystem: Jenes Nervensystem, das unserem Willen entzogen ist. Siehe Stichworte „Erregbarkeit", „Kinder", „Nervenleiden".

Veitstanz (Choréa): Funktionelle Erkrankung des Nervensystems. Hauptmittel: Sil., calc. phos., magn. phos., natr. phos. Im übrigen siehe Stichwort „Krämpfe".

Biologisch: Viel Bettruhe. Ernährungsvorschriften I *).

*) Ernährungsvorschriften siehe Seite 323 ff.

Venenentzündung (Phlebitis): Behandlung wie bei Krampfadern.

B i o l o g i s c h : Ernährungsvorschriften II, besser I *).

Venenerweiterung: Je nach den Erscheinungen Behandlung wie bei Krampfadern oder Hämorrhoiden.

Verbrennungen (auch Verbrühungen):

Bei einfachen kleinen Verbrennungen ohne Blasenbildung: Ferr. phos. innerlich, dazu äußerlich als b i o c h e m i s c h e C o l d c r e m e .

Bei Blasenbildung: Ferr. phos. und natr. mur.

Bei schweren Verbrennungen, ferner bei Brand und Verjauchung: Kal. phos. und unbedingt Ernährungsvorschriften I *).

Bei nachfolgender Eiterung und bei Wildfleisch: Kal. chlor. und sil.

Zur Erweichung schlechter oder verhärteter Narben: Calc. fluor., auch äußerlich in Form der b i o c h e m i s c h e n C o l d c r e m e .

B i o l o g i s c h hat sich eine Mischung aus echtem Leinöl und medizinischem Kalkwasser zu gleichen Teilen bestens bewährt.

Verdauungsbeschwerden: Siehe „Blähungen", „Darmleiden", Ziff. 4, „Erbrechen", „Magenleiden", Ziff. 8 u. 12, „Stuhlverstopfung".

Verdauungs-Leukozytose: Die physiologische (d. h. naturgemäße) Vermehrung der Leukozyten (weiße Blutzellen) kurz nach der Nahrungsaufnahme. Die Leukozyten haben verschiedene Aufgaben, so vor allem Abwehr von Giften, Bildung von Schutzstoffen (Fermenten) usw. Sie sind die Schutzpolizei im Organismus. Der Verdauungsvorgang bedeutet für den Körper eine gewaltige Kraftleistung, – zur Bewältigung derselben wird die Schutzpolizei eingespannt. Diese Kraftleistung – noch zusätzlich verstärkt durch die „Umdirigierung" großer Polizeitruppen – macht sich dem Körper als „Müdigkeit", die uns regelmäßig nach kräftigem Essen befällt, bemerkbar. Und nun macht man eine interessante Beobachtung: Je mehr „unbiologische" Nahrung (Fleisch, Gewürze, tierische Fette usw.) wir dem Körper zuführen, um so mehr muß er seine Kräfte zur Verdauung anstrengen und umso stärker tritt das Müdigkeitsgefühl auf! Nehmen wir nur biologische Nahrung – Rohkost, Gemüse, pflanzliche Fette – auf, dann braucht die Schutzpolizei gar nicht oder nur wenig in Aktion zu treten, die Verdauungsleukozytose bleibt aus, – und die Müdigkeit tritt ebenfalls nicht auf! Eine interessante biologisch-physiologische Feststellung.

---

*) Ernährungsvorschriften siehe Seite 323 ff.

Verdauungsschwäche (Dyspepsie): Siehe „Magenleiden". Ziff. 8.

Verhärtungen aller Art: Calc. fluor., innerlich und äußerlich, letzteres in Form der biochemischen Coldcreme.

Verjauchung: Faulige, brandige und septische Zustände: Kal. phos., später im Wechsel mit natr. mur.

Verkalkung: Siehe „Aderverkalkung".

Verletzungen:

Am Anfang stets ferr. phos. sehr häufig.

Bei stark verunreinigten Wunden, bei Befürchtung einer Verunreinigung durch Schmutz, bei Fieber, Mattigkeit, bei Brand, bei Krampferscheinungen: Kal. phos. sehr häufig.

Bei eintretender Wildfleischbildung, bei Eiterungen: Sil.

Zur Beseitigung häßlicher oder verhärteter Narben: Calc. fluor., innerlich und äußerlich, letzteres in Form der biochemischen Coldcreme.

Biologisch: Alle Verletzungen heilen besonders schnell und leicht, wenn Patient die Ernährungsvorschriften I *) durchführt. Unbedingte Sauberkeit bei Berührung der Wunden. Wunden nicht auswaschen. Blutgerinnsel und Schorf nicht entfernen.

Verrenkung, Verstauchung, Knochenbrüche: Selbstverständlich fachmännische (chirurgische) Hilfe in ernsteren Fällen notwendig.

Hauptmittel: Ferr. phos. und kal. chlor.

Bei Knochenbrüchen: Anfangs – für einige Tage – ebenfalls ferr. phos. und kal. chlor., hernach calc. fluor. und calc. phos.

Biologisch: Heiße Umschläge sind bei Verrenkungen den kalten vorzuziehen. In ernsteren Fällen Ernährungsvorschriften I *) durchführen, Heilung geht dann viel schneller vonstatten.

Verschleimung:

Akut: Siehe „Bronchialkatarrh", „Heiserkeit", „Husten" sowie „Absonderungen".

Chronisch: In unserer nachstehenden Darlegung nehmen wir jene Fälle aus, bei denen ein ernsteres Leiden zugrunde liegt, z. B. Tuberkulose, Speiseröhrenkrebs usw.

---

*) Ernährungsvorschriften siehe Seite 323 ff.

Namentlich in späteren Lebensjahren finden wir die chronische Verschleimung recht häufig; und es muß auch hier wieder gesagt werden, daß die allopathische Behandlung im allgemeinen ergebnislos verläuft.

Die biochemische Behandlung muß sich vor allem auf die Erforschung der Konstitution gründen. Siehe dieses Stichwort!

Die biochemische Behandlung ist außerordentlich aussichtsreich im Sinne einer vollständigen Dauerheilung. Die Rezeptzusammenstellung hat zwei Punkte zu berücksichtigen:

a) Den Zungenbelag, der fast in jedem Fall vorliegt und der am besten morgens, gleich nach dem Aufstehen festgestellt wird. Siehe Stichwort „Absonderungen". In den meisten Fällen liegt ein weißer bis weißgrauer oder ein gelblicher Zungenbelag vor; also kommt in diesen Fällen entweder kal. chlor. oder kal. sulf. in Betracht. Dieses so gefundene Mittel nennen wir das „Hauptmittel"; es wird in den Wochenkurplan dreimal oder viermal eingesetzt.

b) Das oder die weiteren Mittel bestimmen sich nach der „Konstitution"; lesen Sie auch bei diesem Stichwort das Nähere nach.

Und nun geben wir für einige besonders charakteristische Fälle nachstehende

Rezepte

I. Bei gleichzeitig bestehender Blutarmut:

Montag:	Hauptmittel	Freitag:	Calc. phos.
Dienstag:	Calc. phos.	Sonnabend:	Hauptmittel
Mittwoch:	Natr. mur.	Sonntag:	Natr. mur.
Donnerstag:	Hauptmittel		

II. Bei bestehender Übersäuerung:

Diese ist kenntlich an Sodbrennen, saurem Aufstoßen, Verstopfung, Neigung zu Rheuma, zu Hämorrhoiden und Krampfadern.

Montag:	Hauptmittel	Freitag:	Hauptmittel
Dienstag:	Natr. phos.	Sonnabend:	Silicea
Mittwoch:	Hauptmittel	Sonntag:	Hauptmittel
Donnerstag:	Natr. phos.		

Dazu: Bei Magenbeschwerden: Das natronfreie Magenpulver Stomac*) oder Magentropfen*).

*) vgl. Vorwort zur V. Auflage

III. Bei Bluthochdruck:

Montag:	Hauptmittel	Freitag:	Calc. fluor.
Dienstag:	Calc. fluor.	Sonnabend:	Hauptmittel
Mittwoch:	Hauptmittel	Sonntag:	Calc. phos.
Donnerstag:	Calc. phos.		

IV. Bei Neigung zu Leber- und Galleleiden, bei Empfindlichkeit gegen Witterungsumschlag:

Montag:	Hauptmittel	Freitag:	Hauptmittel
Dienstag:	Natr. sulf.	Sonnabend:	Natr. sulf.
Mittwoch:	Hauptmittel	Sonntag:	Hauptmittel
Donnerstag:	Kal. sulf.		

Dazu: Bei Beschwerden biochemische Leber- und Galletropfen *).

V. Bei starker Nervosität:

Montag:	Hauptmittel	Freitag:	Magn. phos.
Dienstag:	Kal. phos.	Sonnabend:	Hauptmittel
Mittwoch:	Hauptmittel	Sonntag:	Kal. phos.
Donnerstag:	Hauptmittel		

In allen Fällen:

a) Kurmäßige, mindestens 3–4 Monate durchgeführte Anwendung des Brusttees *).

b) Strengste Beachtung der Ernährungsvorschriften II **). Bei Rezept III (Bluthochdruck): Unbedingt Ernährungsvorschriften I **). Weiterhin: Absolutes Nikotinverbot! Absolutes Verbot von Kochsalz und allen gesalzenen (Fleischbrühe!), gebratenen, geräucherten und gepökelten Speisen. „R"-Salz *) ist zum Würzen erlaubt.

c) Tiefatmen, siehe Stichwort „Atemgymnastik".

Verstopfung: Siehe „Stuhlverstopfung".

Vitamine sind lebensnotwendige Wirkstoffe, die – im Gegensatz zu den Hormonen – nicht, bzw. nur zu geringem Teil vom tierischen und menschlichen Organismus selbst gebildet werden können. Sie können im allgemeinen nur von Pflanzen produziert werden und daher sind alle Lebewesen darauf angewiesen, den Vitaminbedarf des Körpers aus der pflanzlichen Nahrung zu decken.

Fehlen von Vitaminen führt zu den sogenannten Mangelkrankheiten, den Avitaminosen und den Hypovitaminosen, siehe diese Stichworte.

---

*) vgl. Vorwort zur V. Auflage

**) Ernährungsvorschriften siehe Seite 323 ff.

Vorbeugungsmittel: Die alte Weisheit „Vorbeugen ist besser als Heilen" bewährt sich gerade auf dem Gebiet der biochemischen Heilweise ganz besonders. Der Begriff der „Vorbeugung" im medizinischen Sinn umfaßt zwei Bedeutungen:

1. Die Vorbeugung vor dem Ausbruch einer Erkrankung. Besonders zweckmäßig erscheint die Durchführung einer solchen Vorbeugung in Zeiten einer drohenden Epidemie (Grippe, Influenza, Ruhr usw.). Bei allen solchen Bedrohungen sollte j e d e r m a n n seine Gesundheit schützen. Das allgemeine Vorbeugungsmittel der Biochemie ist f e r r. p h o s . Es bietet einen ausgezeichneten Schutz gegen alle Infektionen. Man nimmt etwa jede Stunde 1 Tablette und läßt dieselbe langsam im Munde zergehen.
2. In einer zweiten Richtung kommt dem Begriff „Vorbeugung" eine Bedeutung zu: Es gibt sehr viele Personen, die unter gewissen erschwerenden Lebensbedingungen zu bestimmten Erkrankungen neigen: Man nennt dies die „Anfälligkeit", z. B. für Beschwerden von Seiten der Nieren oder der Galle oder Leber; am bekanntesten und häufigsten ist wohl die Anfälligkeit gegen Erkältungen. In solchen Fällen sollen die betreffenden Personen regelmäßige „Vorbeugungskuren", besonders in Zeiten drohender Belastungen (Schlechtwetterperioden usw.) durchführen. Es werden hierbei diejenigen Mittel angewendet, die für die betreffende Erkrankung selbst in Frage kommen, also z. B. bei Anfälligkeit der Nieren natr. sulf., für die Galle und Leber natr. sulf. und kal. sulf., für die Anfälligkeit gegen Erkältungen ferr. phos. und calc. phos. (letzteres zur Stärkung des Blutzustandes!).
3. Eine gesundheitlich hochbedeutsame „Vorbeugungsgewohnheit", die in höherem Lebensalter ausgezeichnete Dienste leistet: Ältere Personen sollten es sich zur Richtschnur machen, a l l e 11 Mittel der Reihe nach in täglichem Wechsel einzunehmen. Man nimmt von dem auf den betreffenden Tag fallenden Mittel etwa 4mal 2 Tabletten ein. Wenn dieses Verfahren auch nicht eine 100%ige Garantie gegen jedes Krankwerden bieten kann, so wird doch in Tausenden von Berichten die für den gesamten Organismus wohltuende Wirkung dieses Verfahrens bestätigt.

Wadenkrampf: Hauptmittel: Magn. phos., kal. sulf. und kal. phos. Bei akutem Auftreten: 10 Tabletten magn. phos. zerquetschen, in einem Likörglas sehr heißen Wassers auflösen, teelöffelweise einnehmen. Zu vorstehenden Mitteln sollen blutarme, schwächliche und rachitische Personen noch calc.phos. dazu nehmen.

Wenn solche Wadenkrämpfe mit einer gewissen Regelmäßigkeit besonders nachts auftreten, dann empfiehlt es sich, kurz vor dem Schlafengehen 10 Tabl. magn. phos. in heißem Wasser einzunehmen, wie vorstehend angegeben, und außerdem die Waden kräftig mit dem biochemischen Nervenöl *) einzureiben (mit gespreizten Fingern von unten nach oben streichen). Dieses Verfahren ist nicht nur ein Schutz gegen die nächtlichen Wadenkrämpfe, sondern es hat noch einen weiteren Vorteil: Das Nervenöl *) schafft eine stärkere Durchblutung der damit eingeriebenen Körperpartien; die Folge davon ist, daß das Blut von den oberen Körperteilen, insbesondere vom Kopf, abgezogen wird, und dies erleichtert in vielen Fällen das Einschlafen. Bei bestehenden Krampfadern darf das Nervenöl *) nicht zur Einreibung der Waden angewendet werden.

Wadenschmerzen: Schmerzen in den Waden können die verschiedensten Ursachen haben: Rheuma, Kreislaufstörungen, Krampfadern, Muskelschwäche, Ischias, selbst Bandscheibenschäden können Wadenschmerzen auslösen. Die Behandlung muß sich nach dieser festzustellenden Ursache richten.
Eine besondere Art von Wadenschmerzen sind die: Die Patienten bekommen ohne jeden äußeren Anlaß plötzlich während eines Spaziergangs undefinierbare Schmerzen in den Waden, die gleichzeitig von einer absoluten Geh- und Bewegungsunfähigkeit begleitet sind: Die Patienten müssen einfach an der Stelle, an der sie sich gerade befinden, einige Minuten ruhig stehenbleiben. Nach kurzer Zeit funktioniert der Bewegungsapparat wieder – die Schmerzen sind wie weggeblasen. Nun können die Patienten wieder fünf, manchmal auch zwanzig Minuten, hier und da aber auch nur einige Meter weit gehen, und das gleiche Symptom tritt wieder auf.
Diese Erscheinung, die volkstümlich mit dem Begriff „Schaufensterkrankheit" belegt wurde, basiert auf Durchblutungsstörungen. Der Schmerz entsteht durch die Abbauprodukte des Muskelstoffwechsels (Milchsäure), die nicht schnell genug abtransportiert werden können.
Mit dem regelmäßigen Einnehmen von kal. sulf. sind ausgezeichnete Dauererfolge zu erzielen. Die Kurdauer beträgt etwa 3 Monate, täglich 4mal 2–3 Tabletten einnehmen.

Wanderniere: Siehe „Nierenleiden", Ziff. 11.

Warzen: Calc. fluor., kal. chlor. und natr. sulf. Davon calc. fluor. und natr. sulf. auch äußerlich in Form der biochemischen Coldcreme, die eine morgens, die andere abends einreiben. Die Warzen spalten sich,

---

*) vgl. Vorwort zur V. Auflage

beginnen gelegentlich auch leicht zu bluten und trocknen schließlich ein, ohne eine Narbe zu hinterlassen.

Wasseransammlung in den Geweben: Hauptmittel: Natr. sulf. Siehe auch Stichwort „Wassersucht".

Wassergeschwulst: Siehe Stichwort „Hygrom".

Wasserkopf: Siehe „Hydrocephalus" (auch „Gehirnhöhlenwassersucht", „Gehirnhautentzündung").

Wasserpocken: Wie Windpocken.

Wassersucht (Hydrops): Hier muß selbstverständlich das Grundleiden die biochemischen Mittel bestimmen.
Natr. mur. und natr. sulf. sind die Hauptmittel.

Dazu:

Bei Herzleiden und Scharlach: Kal. chlor. und kal. phos.
Bei Leberleiden und bei Nierenleiden: Kal. chlor. und kal. sulf. Dazu Leber- und Gallentee*), bzw. Blasen- und Nierentee*).

Bei Wassersucht nach Blutverlust, Wassersucht blutarmer Personen: Calc. phos.

Biologisch: Ernährungsvorschriften II, in schweren Fällen I **), durchführen, Flüssigkeitsaufnahme (besonders auch in Form von Suppen!) beschränken, kein Salz (höchstens in mäßiger Menge „R"-Salz*). Dagegen wirkt Obst, auch das sogenannte „saftige" Obst, flüssigkeitsaustreibend.

Wechselfieber, Sumpffieber, Malaria: Diese Krankheit ist sehr schwer zu beeinflussen; sie bedarf selbstverständlich ärztlicher Beratung.

An fieberfreien Tagen: Natr. mur. und natr. sulf. Diese beiden Mittel auch bei gelblich-grüner Gesichtsfarbe, bei Leberleiden, Gelbsucht, Verschlimmerung durch Feuchtigkeit (vorzugsweise natr. sulf.) und bei hell-schleimigem Zungenbelag, nach Chininmißbrauch, bei vorherrschendem Frost (hier vorzugsweise natr. mur.).

Im Hitzestadium und bei Speiseerbrechen: Ferr. phos., kal. phos. und natr. mur.

Im Froststadium: Magn. phos. und natr. mur.

---

*) vgl. Vorwort zur V. Auflage
**) Ernährungsvorschriften siehe Seite 323 ff.

In allen schweren Fällen, bei starker Benommenheit, stinkendem Schweiß: Kal. phos., natr. mur.

Bei sauren Stühlen, saurem Erbrechen, goldgelb belegter Zunge, bei Verschlimmerung gegen Abend und in der Wärme, sowie in geschlossenen Räumen: Kal. sulf. und natr. phos.

Bei älteren Leuten, wenn Milz und Leber in Mitleidenschaft gezogen sind: Natr. phos., magn. phos. und sil.

Biologisch: Täglich 1–2 Teelöffel frischen Zitronensaft einnehmen. Feuchte Gegenden und dumpfe Wohnungen sind sehr nachteilig. Sonnenbäder und Seeaufenthalt.

Unbedingt Ernährungsvorschriften II, besser I *).

Wechseljahre, Klimakterium: Die Umstellung des weiblichen Körpers, die eingeleitet und begleitet wird von dem Nachlassen der Funktion der Eierstöcke. Es handelt sich hier um eine natürliche Abbauerscheinung, die eigentlich ohne besondere Störungen ablaufen müßte. Es ist bezeichnend, daß dieser „ruhige" Verlauf der Wechseljahre nur recht selten zu beobachten ist, meist treten mehr oder weniger starke gesundheitliche Beschwerden auf. Am stärksten werden labile, willensschwache Frauen und solche Frauen betroffen, die schon vor Beginn der eigentlichen Wechseljahre mit irgendeinem Leiden – sei es ein Nerven- oder Herz-, ein Leber- und Gallen- oder ein Magenleiden – behaftet sind. Wir möchten daher allen Frauen den dringenden Rat geben, kleinere Unpäßlichkeiten, die regelmäßig auftreten (wie Kopfschmerzen, Schlaflosigkeit, Wetterfühligkeit, Nervosität, Gereiztheit, Stuhlverstopfung usw.), unbedingt vor Beginn der Wechseljahre mit biochemischen Mitteln möglichst vollständig auszuheilen. Gegen die Beschwerden der Wechseljahre selbst bieten Biochemie und Kräuterheilkunde wertvolle Linderungs- und Heilmittel.

Die biochemische Behandlung: Das Hauptmittel ist hier magn. phos. Dieses Mittel wird in den Wochenkurplan viermal eingeschaltet, am besten am Montag, Mittwoch, Freitag und Sonntag. An den übrigen Wochentagen nimmt man, je nach dem Erscheinungsbild der Beschwerden:

Bei Vorherrschen der Hitzewallungen: Ferr. phos., kal. phos., ferr. phos.

Bei regelmäßigem Schwindelgefühl mit blassem, kühlem Kopf: Calc. phos.

*) Ernährungsvorschriften siehe Seite 323 ff.

Bei geschwollenen Füßen und Oberschenkeln, oder wenn sich andere Körperpartien (Schulter, Bauch usw.) schwammig anfühlen: Natr. sulf., kal. chlor., natr. sulf.

Diese Mittel auch bei Wetterfühligkeit.

Eventuell möge die Patientin noch beim Stichwort „Konstitution" nachlesen und die hiernach erforderlichen Mittel in die drei freien Wochentage einbauen. Nach diesen Angaben kann sich die Leserin sicherlich ein Wochenrezept zusammenstellen.

Die Kur muß ganz regelmäßig mindestens 3–4 Monate lang durchgeführt werden. Sie kann dann versuchsweise unterbrochen werden, sollte aber sofort wieder aufgenommen werden, sobald sich erneut Beschwerden zeigen.

Beim plötzlichen Auftreten von Beschwerden gilt:

Bei Hitzewallungen: Kal. phos. und magn. phos., letzteres womöglich in heißem Wasser.

Bei Schwindelgefühl: Siehe Stichwort „Schwindel".

Bei sonstigen Beschwerden: Die entsprechenden Mittel aus dem Wochenkurplan.

Dosis des Einnehmens bei akutem Auftreten: Abwechselnd alle ¼ Stunde eine Dosis (2 Tabletten oder einige Schlucke der magn. phos.-Lösung).

Für die Heilkräuterbehandlung wird eine Mischung aus Erdbeerblättern, Queckenwurzel, Bohnenschalen, Brennesselkraut und Bickbeerblättern empfohlen.

Selbstverständlich muß auch die Kräuterkur mehrere Monate regelmäßig durchgeführt werden.

Biologisch: Unbedingt Ernährungsvorschriften II *). Naturgemäße Lebensweise, viel frische Luft, Freude an der Natur, Vermeidung von Aufregungen, geistig-seelisch-körperliche Entspannung!

Weinerlichkeit: Kal. phos. Siehe auch Stichworte „Gemütsverstimmung" und „Kinder".

Weinkrampf: Siehe „Krämpfe".

Weißblütigkeit (Leukämie), Blutkrebs: Außerordentliche Vermehrung der weißen Blutkörperchen. Fachmännische Beratung unerläßlich.
Hauptmittel: Natr. sulf.

---

*) Ernährungsvorschriften siehe Seite 323 ff.

Dazu:
Entweder: Ferr. phos. und sil.
Oder: Kal. phos. und natr. mur.

Weißfluß: Siehe Stichwort „Absonderungen".

Wetterfühligkeit: Siehe Stichwort „Empfindlichkeit".

Wildfleisch: Siehe „Verbrennungen".

Winddorn: Wenn Folgeerscheinung der Knochenentzündung: Behandlung wie bei Knochenentzündung.

Windestauungen, Windkolik: Magn. phos. und natr. sulf. Siehe auch „Darmleiden", Ziff. 4 (Darmentzündung), „Krämpfe", „Stuhlverstopfung".

Windpocken (Varizellen): Ansteckende, aber meist gutartige Kindererkrankung. Behandlung wie bei echten Pocken.

Wirbelentzündung (Spondylitis): Im akuten Stadium zu behandeln wie Gelenkentzündung. Im chronischen Stadium: Behandlung wie bei „Arthrosis deformans" angegeben.

Wirbelknochen: Alle Erkrankungen der Wirbelknochen erfordern calc. fluor., calc. phos. und natr. mur.

Wirbelsäule: Verkrümmung derselben siehe „Kyphose".

Witterungsumschlag: Siehe „Empfindlichkeit".

Wochenbett: Siehe „Geburt".

Wucherungen, gutartige: Behandlung wie bei „Nasenpolypen" angegeben.

Wunden: Siehe „Verletzungen".

Wundfieber, Brand, Fäulnis, Sepsis: Kal. phos., später im Wechsel mit natr. mur. (sehr häufiges Einnehmen erforderlich!).

Wundrose: Siehe „Rose".

Wundsein, Wundliegen, Durchliegen (Decubitus):
Da meist Entzündungserscheinungen vorliegen: Ferr. phos. und calc. fluor. abwechselnd, äußerlich in Form der biochemischen Coldcreme ferr. phos. und calc. fluor. abwechselnd.
Wenn keine Entzündungserscheinungen vorliegen: Natr. mur. und natr. phos.

Bei gleichzeitigem stinkendem Durchfall (besonders bei Säuglingen): Kal. phos.

Wundstarrkrampf: Siehe „Starrkrampf".

Wurmfortsatzentzündung (Appendicitis): Siehe „Blinddarmentzündung".

Wurmleiden:

a) **Bandwürmer (Taeniae):** Ein zuverlässiges biochemisches Mittel gegen Bandwürmer gibt es nicht. Es wird folgendes Verfahren empfohlen: Am Abend genieße man reichlich Heringssalat (ohne Kartoffelzusatz). Am nächsten Morgen wird ½ Pfund rohe geschälte Kürbiskerne (neuester Ernte) zerstoßen und mit einer Tasse eingemachter Preißelbeeren (Kronsbeeren) nüchtern eingenommen. Eine Stunde später ein starkes Abführmittel (1 Eßlöffel Rizinusöl, 1 Glas Bitterwasser). Sollte der Kopf des Bandwurms noch nicht mit abgangen sein, so gebe man zwei Stunden später ein großes Klistier.

b) **Spulwürmer (Ascariden, Fadenwürmer):** Etwa 8–12 cm lang. Biochemisches Hauptmittel: Natr. phos.

c) **Madenwürmer (Springwürmer, Oxyuris vermicularis):** Biochemisches Hauptmittel: Natr. mur.
Oft erfolgreich: Täglich 4mal 3 Tabletten natr. phos. (bei Spulwürmern), bzw. natr. mur. (bei Madenwürmern), dazu täglich eine rohe Wurzel (Karotte). Am 8., 12. und 16. Tag nach Beginn der Kur wird ein Klistier gegeben: 1 Knoblauchzwiebel wird in ¼ Liter Wasser (nicht mehr!) kräftig aufgekocht, und die Abkochung zum Klistier verwendet. Während der ganzen Zeit wird die Kur mit den biochemischen Mitteln und der rohen Wurzel durchgeführt. Gesamtkurdauer: Etwa 3 Wochen.

Da von Spul- und Madenwürmern vorzugsweise schwächliche, blutarme Personen, insbesondere Kinder, befallen werden, empfiehlt es sich, nach Durchführung der „Wurmkur" die Konstitutionsmittel calc. phos., sil. und natr. mur. noch längere Zeit hindurch zu nehmen.

Wutkrankheit, Tollwut: Siehe „Hundswut".

Zäpfchen: Wenn geschwollen: Kal. chlor. und natr. phos.
Wenn entzündet: Ferr. phos. und natr. mur.
Wenn verlängert: Calc. fluor.

Zahnfisteln: Siehe „Fisteln".

Zahnfleischgeschwulst: Siehe „Backengeschwulst". Falls leicht blutend, mit Mundgestank: Kal. phos.

Zahnkrankheiten, Zahnerhaltung, Zahnschmerzen:
Wichtig: Das heranwachsende Kleinkind soll jahrelang regelmäßig calc. fluor. und calc. phos. (Zahn- und Knochenbildung!) einnehmen.
Wichtig: Regelmäßige Zahnpflege! Regelmäßige zahnärztliche Untersuchung, ggf. Versorgung!!

Richtige, vor allem „harte" Nahrung, die die Zähne zum kräftigen und gründlichen Kauen zwingt! Vollkornbrot, rohe Wurzeln, hartes Obst, rohes Gemüse (z. B. Strunk vom Weißkohl!).

1. **Zahnkrämpfe beim Kleinkind:** Hauptmittel: Calc. fluor., calc. phos. In schweren Fällen magn. phos. dazunehmen.
   Besteht gleichzeitig Fieber: Ferr. phos. dazunehmen.
   Bei starkem Speichelfluß: Natr. mur. zu obigen Hauptmitteln.

   Einnehmevorschrift: Mittel nicht mischen! In raschem Wechsel die einzelnen Mittel anwenden! Tabletten zerquetschen und mit einem Hornlöffel auf die Zunge oder auf die Innenfläche der Wange streichen.

2. **Zahnschmerzen im hohlen Zahn** (Empfindlichkeit, Schmerzhaftigkeit): Hier hilft nur eine Füllung.

3. **Zahnschmerzen im gesunden Zahn:**
   Wenn nervös: Kal. phos. und magn. phos.
   Wenn zuckend und bohrend: Magn. phos. (häufige Gaben in heißem Wasser).
   Wenn rheumatisch: Ferr. phos. und natr. phos. und Einreibung mit Nervenöl* (außen, hinter dem Ohr oder unter dem Kinn).
   Zahnschmerzen während der Schwangerschaft: Calc. fluor. und calc. phos.

4. **Zahnschmerzen mit Wurzelhautentzündung:** Empfindlichkeit gegen Berührung, Gefühl des Lockerseins, Kieferschwellung: Calc. fluor. und ferr. phos. (evtl. sil und kal. chlor.).

5. **Zahnschmerz mit Eiterbildung bei nächtlicher Verschlimmerung:** Sil.

6. **Zahnschmerzen nach Erkältung:** Ferr. phos.

7. **Zahnschmerzen mit Tränen- oder Speichelfluß:** Natr. mur.

---

*) vgl. Vorwort zur V. Auflage

8. **Zahnschmerzen mit geschwollener Backe:** Kal. chlor. und sil.
9. **Zahnschmerzen mit Besserung durch Wärme:** Magn. phos.
   Zahnschmerzen mit Besserung durch Kälte: Ferr. phos.
   Zahnschmerzen mit Verschlimmerung im Zimmer und abends: Kal. sulf.
   Zahnschmerzen, wenn Zahn lose und berührungsempfindlich ist: Ferr. phos. und calc. fluor., abwechselnd alle 10 Minuten 1 Tablette.
10. **Zahnschmerzen, schießende,** bohrende, pausenmachende: Magn. phos.
11. **Zahnschmerzen („Reißen") vom Ohr ausgehend (Trigeminus):** Magn. phos. und natr. mur.
12. **Zahnschmerzen mit gleichzeitigen Ohrenschmerzen, Drüsenschwellung, Schluckbeschwerden:** Sil., kal. chlor. und natr. phos.
13. **Parodontitis (Entzündung des Zahnfleischrandes):**
    Zu behandeln wie Gingivitis, Zahnfleischentzündung, siehe nachstehend.
13. **Parodontose** (nichtentzündliche, chronische Form dystrophischer Zustände am Parodontium = Zahnfleisch und Zahnfleischtaschen). Die Parodontose ist eine weitverbreitete Zivilisationskrankheit. Die Erforschung der Ursachen ist erste Vorbedingung für eine erfolgreiche Behandlung, – ganz gleich, nach welchem therapeutischen „System" diese Behandlung durchgeführt wird.

    Eine naturgemäße Behandlung der Parodontose: Obenan muß die Umstellung der Ernährung auf harte Kost erfolgen: Altbackenes Schwarzbrot; wenn dieses nicht „vertragen" wird, dann soll Knäckebrot genossen werden. Viel rohe Wurzeln: Karotten, Rettich (diesen wie einen Apfel essen!), kräftige Apfelsorten usw.

    Im übrigen möglichste Vermeidung aller Nahrungsmittel, die durch industrielle Bearbeitung entwertet sind. Viel Rohkost! Kein Kochsalz! Das biologische „R"-Salz*) ist erlaubt. Grundsätzlich Ernährungsvorschriften II **).

    Biochemisch kommen in Betracht: Calc. fluor., calc. phos., silicea und magn. phos. Sollten besondere konstitutionelle Schwächen vorliegen (z. B. Blutarmut, harnsaure Diathese, Nervenleiden usw.), so müßten die entsprechenden Mittel (siehe Stichwort „Konstitution!") noch in den obigen Kurplan eingebaut werden.

---

*) vgl. Vorwort zur V. Auflage
**) Ernährungsvorschriften siehe Seite 323 ff.

Selbstverständlich: Sehr lange Kurdauer, mindestens 4–5 Monate! Im Anfangs- und Mittelstadium sind die Heilungsaussichten (und zwar im Sinne einer vollständigen Heilung) ausgezeichnet, wenn der Patient die Vorschriften unbedingt und konsequent durchführt; Verf. hat dies wiederholt beobachten können: Die Zähne „festigen" sich wieder.

15. **Karies:** Behandlung wie bei „Knochenentzündung" angegeben.
16. **Wurzelhautentzündung:** Ferr. phos. und calc. fluor., sehr häufig abwechselnd eine Tablette.
17. **Zahnfleischentzündung (Gingivitis):** Ferr. phos., sil., kal. chlor. Bei Mundgestank, bei hellrotem Saum am Zahnfleisch, statt kal. chlor besser kal. phos.

Zellgewebsentzündung (Phlegmone): Behandlung wie bei Abszeß.
Bei wässeriger, bläulich-roter Anschwellung der Haut: Natr. sulf.

Ziegenpeter: Siehe „Ohrspeicheldrüsenentzündung".

Zitterlähmung (Paralysis agitans), Schüttellähmung: Siehe „Krämpfe", Buchst. h.

Zittern: Durch innere Unruhe: Kal. phos. und magn. phos., sowie Nerventee*).
Falls Alterserscheinung: Siehe „Aderverkalkung".

Zuckerkrankheit (Diabetes mellitus):
Selbstverständlich ärztliche Beratung!
Zwei wichtige Ratschläge:
a) Genaueste Innehaltung der vom Arzt bestimmten Diät, und
b) ein gesunder Humor, lebensbejahender Optimismus.
Biochemische Mittel zur Unterstützung der ärztlichen Maßnahmen sind: Magn. phos., natr. sulf., sil.

Zu diesen Hauptmitteln sind weiter in den Kurplan einzuschalten:
a) Etwaige „Konstitutionsmittel" (siehe Stichwort „Konstitution").
b) In Einzelfällen:
Bei großem Durst, Verlangen nach Salzigem, Saurem, bei Schlafsucht und Schwäche: Natr. mur., calc. phos. und natr. phos.
Bei gleichzeitiger Gicht: Natr. phos., sowie Gicht- und Rheumatee*).

---

*) vgl. Vorwort zur V. Auflage

Bei Neigung zur Abszeßbildung, bei Verkalkungserscheinungen: Calc. fluor.

Bei nervösen Störungen, Schlaflosigkeit: Kal. phos., sowie Nerventee*).

Wichtig: Nicht mehr als 6–8 Tabletten am Tage einnehmen (Kohlehydratzufuhr hierdurch: 2 Gramm!).

Biologisch: Diät (siehe oben!). Pflanzenrohsaft vom Meerrettich.

Zuckungen, nervöse: Calc. phos., kal. phos., magn. phos. und Nerventee*). Bei Zuckungen der Arme und Beine im Halbschlaf helfen sil. und natr. phos. Zuckungen auf epileptischer Grundlage: Siehe „Epilepsie".

Zunge: Die Betrachtung der Zunge bietet für die Auswahl der biochemischen Mittel stets sehr wichtige Anhaltspunkte. Zungenbelag und Geschmackserscheinungen auf der Zunge sollten stets genau geprüft werden. Siehe „Absonderungen". Geschmack:

Wenn salzig, wässerig: Natr. mur.
Bei Trockenheit: Ebenfalls natr. mur.
Wenn bitter: Natr. sulf.
Wenn sauer: Natr. phos.

Zungenentzündung (Glossitis): Hauptmittel: Ferr. phos. und kal. chlor.

In schweren Fällen, bei großer Schwäche und Hinfälligkeit: Kal. phos.

Bei Zungenvereiterung, auch bei sogenannter Landkartenzunge: Sil. und natr. phos.

Bei Zungenverhärtung: Calc. fluor.

Zurückgebliebene Kinder: Siehe Stichwort „Kinder".

Zwerchfellkrampf: Siehe „Krämpfe".

Zwölffingerdarmgeschwür (Ulcus duodeni): Behandlung wie beim Magengeschwür.

---

*) vgl. Vorwort zur V. Auflage

TEIL III

Ernährungsvorschriften

Es ist ein grundlegender Irrtum, wenn Sie etwa glauben sollten, daß in allen Fällen nichts weiter zu tun sei, als einfach die in Betracht kommenden biochemischen Mittel ordnungsgemäß einzunehmen. In allen Fällen m u ß der Patient die Bedingungen, die die Krankheit verursacht haben, abstellen oder wenigstens mildern. Während es nun aber für jeden eine Selbstverständlichkeit ist, daß sich z. B. der Grippekranke ins Bett legt, sich jedenfalls vor neuen Erkältungen und Infektionen schützt, glauben die meisten an chronischen Leiden Erkrankten, daß das Einnehmen des Arzneimittels zur Heilung genügen müsse! Da aber weitaus der größte Teil aller chronischen Erkrankungen in letzter Hinsicht auf eine falsche Lebens-, insbesondere falsche Ernährungsweise zurückzuführen ist, m u ß der Patient, wenn er wirklich Heilung finden will, diese die Krankheit verursachenden Umstände abstellen, d. h. er m u ß seine Ernährung umstellen.

Nun liegen aber nicht alle Fälle gleich. Und deshalb erscheint es zweckmäßig, verschiedene „Standard-Vorschriften" für diese Ernährungs-Umstellung anzugeben.

Das Problem einer gesunden Ernährung ist so vielschichtig, daß im Rahmen dieses Buches keine ausführlichen Richtlinien gegeben werden können, da jeder Einzelfall individuelle Vorschriften verlangt.

Uns erscheint es deshalb zweckmäßig, mit den folgenden 2 Ernährungsvorschriften Leitlinien zu geben, die ihre Bewährungsprobe seit Jahrzehnten bestanden haben.

Für Spezialdiäten muß die zahlreich vorhandene Literatur herangezogen werden.

Ernährungsvorschrift I

(strenge Form)

Vorwiegend vegetarische Kost mit Einschluß der Rohkost.

Eine streng vegetarische Kost (rein pflanzliche Nahrung) ist dann Rohkost, wenn sie ohne Hitzeeinwirkung zubereitet wird.

Rohkost soll frisch und naturbelassen verzehrt werden. Diese Darreichungsform setzt voraus, daß die Nahrungsmittel nicht gespritzt sind (auch die sogenannten Toleranzzeiten ändern daran nichts!) und daß die Böden biologisch gedüngt und bearbeitet sind.

Unter diesen Voraussetzungen stehen zur Verfügung als Nahrungsmittel für diese Vorschrift I:

Beeren-, Kern-, Stein- und Hartschalenobst (Mandeln, Nüsse), kapselartige Früchte (Bananen) und Südfrüchte (Ananas, Datteln, Feigen, Oliven und Zitrusfrüchte (letztere nicht im Übermaß), ferner Körnerfrüchte, Fruchtgemüse (Gurke, Kürbis, Melone, grüner Paprika, Tomate, Wassermelone), Wabenhonig und einige Blatt-, Wild- und Wurzelgemüse wie Radieschen, Rettiche und Karotten.

Mechanisch veränderte Lebensmittel einer Rohkost sind Frischsäfte, Salate aus Obst und Gemüse, Getreidemahlprodukte und kaltgeschlagene Öle, sowie Schleuder- und Preßhonig. Zur fermentativ veränderten Rohkost zählen Rohbreie aus Getreidekörnern und Vollkornschrot, Zubereitungen aus gekeimten Körnerfrüchten und das Sauerkraut.

Für Rohkostsalate stehen uns zur Verfügung: Mangold, Spinat, Rosenkohl, Rot- und Weißkohl, Wirsing.
Artischocken, Blumenkohlröschen.
Gurken, Kürbis, Gemüsepaprika, Tomaten, Melonen, Wassermelone.
Ackersalat, Kresse, Endivien, Feld- und Kopfsalat, Chicorée.
Junge grüne Erbsen, Kohlrabi, Spargel, Rharbarber.
Karotten, rote Rüben, Radieschen, Rettiche, Meerrettich, Selleriewurzel, Schwarzwurzel, Zwiebeln, Lauch und Pilze.
An Wildgemüsen nehmen wir Löwenzahnblätter und Sauerampfer.

Aus dieser Aufstellung ergibt sich, daß auch eine Rohkost-Diät sehr abwechslungsreich und vor allem sehr schmackhaft sein kann.

Tierische Produkte sind in diesem Zusammenhang nicht erlaubt.

Notwendig ist eine sinnvolle Anwendung von Gewürzen, die einmal den Wohlgeschmack erhöhen und zum anderen eine medizinische Wirkung ausüben!

Also: Majoran, Basilikum, Melisse, Pimpinelle, Dill und Kümmel! Paprika in den milden Sorten, Pfeffer mit Bedacht!

Diätsalz („R"-Salz*) und Honig sind erlaubt.

Süßigkeiten sind in jeder Form verboten, auch die sogenannten „reformerischen"!

Der Fettbedarf des Körpers wird durch pflanzliche Fette gedeckt, die aus den Ölfrüchten stammen und in Form dieser oder in Form der Speiseöle und der Pflanzenmargarinen verwendet werden. Aber auch hier ist eine weise Beschränkung notwendig.

Ernährungsvorschrift II

Wir setzen die „lacto-vegetabile Kostform" hier als zweite Stufe einer Diät. Wir verstehen darunter eine fleischfreie Ernährung, die aber schon – und daher der Name – Milch und Milcherzeugnisse in den Plan einbaut.

Die lacto-vegetabile Kost läßt zu: Frisches Obst und Gemüse, das schonend gedämpft werden darf. Kartoffeln nach Möglichkeit als Pellkartoffeln. Dazu Vollkorn- und Vollkornschrotbrote, Weizenbrot, rohe und gekeimte Getreidekörner, Getreideflocken, Reis, Teigwaren, wenig ausgemahlene Mehle aus Getreiden und Hülsenfrüchten, vor allem Sojamehl. Weiterhin getrocknete Früchte, roher Rohrzucker, Milchzucker, ferner Milch und Milcherzeugnisse, wie Butter- und Sauermilch, Joghurt, Bioghurt, Kefir, Sahne, Butter, Quark und sonstige Frischkäse, sowie milde, gereifte Käse, kalt geschlagene Öle.

Auch hier ist sorgfältiges Würzen von besonderer Bedeutung!

---

*) vgl. Vorwort zur V. Auflage

Adressen der Biochemischen Vereine

Stand 01. 09. 1990

Der Bund

Biochemischer Bund Deutschlands e. V.

Präsident: Heinz-Dierk Schildt, Arenzheide 8, 4047 Dormagen 5, Tel.: (0 21 06) 7 16 11.

Stellvertr. Präsident: Georg Zoller, Stadtblick 16, 3300 Braunschweig, Tel.: (05 31) 32 51 29

Schatzmeister: Günter Kalbreier, Albertugs-Magnus-Straße 80, 3200 Hildesheim, Tel.: (0 51 21) 26 29 77

Schriftführerin: Irmgard Huntemann, Goethestr. 55, 2900 Oldenburg, Tel.: (04 41) 8 43 73

Alle Geldsendungen an den Bund (Beiträge etc.) sind weiterhin auf das Konto: Biochemischer Bund Deutschlands e. V., Postgirokonto Hannover 974 07-307 (BLZ 250 100 30) zu überweisen.

Vorsitzender des Bundesbeirates: Arndt Hähnel, Hopfenstraße 18, 4980 Bünde, Tel.: (0 52 23) 8 30 54

Geschäftsstelle: Dr.-Schüßler-Sanatorium, 3380 Goslar 2 (Hahnenklee-Bockswiese), Tel.: (0 53 25) 7 02-0.

Die Landesverbände

Landesverband Rhein-Main

Leiter: Peter Pohland, Tannenring 69, 6200 Wiesbaden-Auringen, Tel.: (0 61 27) 6 11 86

Landesverband Rheinland

Leiter: Kurt Baum, Schiefbahner Straße 31, 4052 Korschenbroich, Tel.: (0 21 61) 67 21 36.

Landesverband Süden

Leiter: Josef Kamenik, Guntherstraße 4, 6140 Bensheim 1, Tel.: (0 62 51) 41 03.

Landesverband Hannover-Braunschweig

Leiter: Margareta Irle, Mozartstraße 13 B, 3000 Hannover, Tel.: (05 11) 88 64 43.

Landesverband Westfalen-Lippe

Leiter: Arndt Hähnel, Hopfenstraße 18, 4980 Bünde, Tel.: (0 52 23) 8 30 54.

Landesverband Norden

Leiter: Heinz Huntomann, Goethestraße 55, 2900 Oldenburg, Tel.: (04 41) 8 43 73.

Die Vereine

Biochemischer Verein von 1898 e. V. Bad Salzuflen

1. Vorsitzender: Rolf Thiele, Schillerstraße 10, 4902 Bad Salzuflen 1, Tel.: (0 52 22) 1 64 34

Verein für Volksgesundheit Bensheim
(Biochemischer Verein Bergstraße e.V.)

Vorsitzender: Josef Kamenik, Guntherstraße 4, 6140 Bensheim 1, Tel.: (0 62 51) 41 03.

Biochemischer Verein Groß-Berlin e.V.
gegr. 1920

1. Vorsitzender: Jürgen Torcok, Bliccoctraße 27 1000 Berlin 31, Tel.: (0 30) 8 53 65 96.

Geschäftsstelle:
Elisabeth Jurisch, Selgenauer Weg 64, 1000 Berlin 47, Tel.: (0 30) 6 63 94 52.

Biochemischer Verein Bielefeld-Gadderbaum e. V.

Vorsitzender: Richard Schubert, Eisenbahnstraße 38, 4800 Bielefeld-Brackwede.

Biochemischer Verein Ravensberg e. V. Bielefeld

Geschäftsstelle: August-Bebel-Straße 177, Sprechzeiten freitags von 16 – 17 Uhr.

1. Vorsitzender:
Horst Stuckenbrock, Kreiensieksheide 22, 4800 Bielefeld 1, Tel.: (05 21) 10 03 33.

Biochemischer Verein Bielefeld-Schildesche e.V.

Vorsitzender: Klaus Achtzehn, Schillerstraße 13, 4800 Bielefeld 1, Tel.: (05 21) 8 25 80.

Biochemischer Verein Bodensee

1. Vorsitzende: Helga Teufel, Döllenstraße 11, 7763 Öhningen, Tel.: (0 77 35) 39 86.

Volksgesundheitsverein e.V. Braunschweig

1. Vorsitzender: Georg Zoller, Fallersleber-Tor-Wall 21, 3300 Braunschweig, Tel.: (05 31) 4 45 38. Privat, Tel.: (05 31) 32 51 29.

Biochemischer Verein »Dr. med. Schüßler« e.V. Bremen

1. Vorsitzender: Heinrich Dierks, Geschäftsstelle Celler Straße 2, 2800 Bremen 1, Tel.: (04 21) 44 01 16 u. (0 42 04) 51 67.

Biochemischer Verein Bünde und Umgebung e.V.

1. Vorsitzende: Luzie Timmerhaus, Im Weingarten 4980 Bünde 11.

Biochemischer Verein Castrop-Rauxel e.V.

Vorsitzender: Helmut Witte, Schatzmeister, Lange Straße 24, 4620 Castrop-Rauxel 4, Tel.: (0 23 05) 7 55 14.

Biochemischer Verein Clausthal-Zellerfeld e.V.

Vorsitzender: Ulrich Zimmermann, Bremer Stieg 2, 3392 Clausthal-Zellerfeld.

Verein für Volksgesundheit Darmstadt e.V.

Vorsitzender: Günther Lahr, Geschäftsstelle: Heinheimer Straße 48 (Hof), 6100 Darmstadt, Tel.: (0 61 51) 71 48 86.

Homöop.-Biochem. Gesundheitsverein e.V. Diepholz

1. Vorsitzender: Werner Sandrock, Pregelweg 12, 2840 Diepholz 1, Tel.: (0 54 41) 46 92.

Verein für angewandte Biochemie Dortmund-Süd

Vorsitzende: Frauke Jung, Aplerbecker Schulstr. 6, 4100 Dortmund-Aplerbeck, Tel.: (02 31) 45 72 60.

Biochemischer Verein Dortmund-Mengede e.V. gegr. 1922

Vorsitzender: Albert Lorbeer, Dachstraße 7, 4600 Dortmund 15, Tel.: (02 31) 35 25 46.

Biochemischer Verein Düsseldorf e.V.

Vorsitzender: Rudolf Seidel, Venloer Straße 4, 4000 Düsseldorf 30, Tel.: (02 11) 49 19 90.

Biochemischer Gesundheitsverein Essen

Vorsitzender: F.H. Niederdreng
Geschäftsstelle: Frau Hp. M. Windt, Windmühlenstraße 1, 4300 Essen 1, Tel.: (02 01) 70 83 32.

Biochemischer Verein e.V. Frankfurt a.M.

Vorsitzender: Erwin Wiegand, Dielmannstraße 5, 6000 Frankfurt a. M. 70, Tel.: (0 69) 62 51 54.

Geschäftsstelle: Peter H. Martens, Robert-Koch-Straße 1, 6233 Kelkheim/Taunus 3 (Ruppertshain). Tel.: (0 61 74) 6 17 13.

Verein für natürliche Lebensweise – Biochem. Verein Freiburg i. Br. –

1. Vorsitzender: Friedrich Bartelmeyer, Andreas-Hofer-Straße 43, 7800 Freiburg i. Br., Tel.: (07 61) 47 33 41.

Biochemischer Verein Groß-Hamburg e.V.

Vorsitzende: Lotte Jeschke, Kiefernweg 25, 2085 Quickborn-Heide, Tel.: (0 41 06) 7 33 37.

Volksgesundheitsverein Gütersloh e.V.

Vorsitzender: H.-D. Oltmanns, Bismarckstraße 51, 4830 Gütersloh, Tel.: (0 52 41) 1 23 14.

Volksgesundheitsverein Hannover e.V.

Verein für naturgemäße Lebens- und Heilweise, Biochemie und Homöopathie, Hannover,
1. Vorsitzender: Roland John, Möckernstraße 3, 3000 Hannover 1, Tel.: (05 11) 67 18 15.

Geschäftsstelle: Werner Ruhkopf, Niedersachsenring 41, 3000 Hannover 1, Tel.: (05 11) 63 75 53.

Volksgesundheitsverein Hemeln e.V.

1. Vorsitzender: Wilhelm Bischoff, Unterdorf 19, 3510 Hann.-Münden OT Hemeln, Tel.: (0 55 44) 2 67.

Biochemischer Verein Herford e.V.

1. Vorsitzender: Erhard Strathmann, Viehtriftenweg 142 a, 4900 Herford, Tel.: (0 52 21) 5 65 72 und 7 10 69.

Volksgesundheitsverein Herzebrock-Clarholz

Leiter: Gerhard Pollmann, Grevenkamp 10,
4836 Herzebrock, Tel.: (0 52 45) 32 53.

Biochemischer Gesundheitsverein e. V. von 1909 Hildesheim

1. Vorsitzende: Karin Bartels, Augustastraße 9,
3200 Hildesheim, Tel.: (0 51 21)1 49 67.

Verein für natürliche Lebensweise Homburg/Saar

– Verein für Biochemische Heilweise
nach Dr. med. Schüßler,
1. Vorsitzender: Manfred Schmidt, Am Wacken 25,
6650 Homburg (Saar), Tel.: (0 68 41) 51 82.

Biochemischer Verein Horn-Bad Meinberg

1. Vorsitzender: Heinz-Jürgen Otten,
Königsberger Allee 14,
4934 Horn-Bad Meinberg, Tel.: (0 52 34) 9 97 32.

Biochemischer Verein Kassel e. V.

Vorsitzender: Walter Schiller, Schopenhauerstr. 11,
3500 Kassel, Tel.: (05 61) 2 12 78.

Gesundheitsverein Kiel e. V.

1. Vorsitzender: Reinhard Hellmund,
Holtenauer Straße 202,
2300 Kiel 1, Tel.: (04 31) 80 36 09.

Biochemischer Verein Koblenz

1. Vorsitzender: Hans Eduard Reitz,
Am Eschbach 17,
5401 Waldesch, Tel.: (0 26 28) 85 07.

Geschäftsstelle: Pfuhlgasse 15,
5400 Koblenz, Tel.: (02 61) 3 86 82.

Naturheilverfahren e. V. Köln

1. Vorsitzender: Helmut Scheibel, Oberstraße 28,
4047 Dormagen 5, Tel.: (0 21 06) 7 33 53.

Biochemischer Volksgesundheitsverein Krefeld

1. Vorsitzende: Margret Knüppel, Königstraße 145,
4150 Krefeld, Tel.: (0 21 51) 6 52 74.

Biochemischer Verein Lage e. V.

Vorsitzender: Josef Filla, Wilhelm-Raabe-Straße 26,
4937 Lage, Tel.: (0 52 32) 6 14 42.

Biochemischer Verein Lautenthal

Vorsitzende: Rosemarie Kaufeld, Am Marktplatz 18,
3394 Langelsheim, Tel.: (0 53 25) 45 17.

Biochemischer Verein Lübeck v. 1920 e. V.

1. Vorsitzender: Erwin Jackson, Dorfstraße 2 b,
2400 Lübeck, Tel.: (04 51) 5 10 08.

Biochemischer Verein Mannheim-Ludwigshafen

1. Vorsitzende: Lotte Ratzel, Haardtstraße 2,
6800 Mannheim 1, Tel.: (06 21) 82 36 72.

Biochemischer Verein München

Vorsitzende: Ursula Müller, Schwedensteinstr. 43,
8000 München 82, Tel.: (0 89) 4 30 84 46.

Biochemischer Volksgesundheits-Verein 1977 Neuss

1. Vorsitzender: Kurt Baum, Schiefbahner Straße 31,
4052 Korschenbroich 2, Tel.: (0 21 61) 67 21 36.

Biochemischer Verein Neviges e. V.

1. Vorsitzender: Uwe Siebler, Elberfelder Straße 11,
5620 Velbert 15, Tel.: (0 20 53) 4 81 85.

Biochemischer Verein Northeim

1. Vorsitzender: Hellmut Ansorge, Suadicanistraße 19,
3410 Northeim, Tel.: (0 55 51) 5 21 23.

Biochemischer Gesundheitsverein Nürnberg e.V.

Vorsitzender: Heinz-Gottfried Neff
Geschäftsstelle: Roland Leitner, Trierer Straße 162,
8500 Nürnberg 50, Tel.: (09 11) 48 78 49

Biochemischer-Homöopathischer Verein Oelde e. V.

1. Vorsitzende: Irmgard Bökamp, Haberkamp 4,
4740 Oelde 4, Tel.: (0 25 29) 15 04.

Verein für volkstümliche Gesundheitspflege Offenbach (Main) – Biochemischer Verein e. V. –

Vorsitzender: Peter Hain, Arndtstraße 18 a,
6050 Offenbach, Tel.: (0 69) 84 50 39.

Biochemischer Gesundheitsverein Oldenburg e.V. gegr. 1885

1. Vorsitzender: Hans-Heinrich Jörgensen,
Moorbeker Straße 35,
2907 Großenkneten, Tel.: (0 44 35) 50 68.

Geschäftsstelle: Brieger Straße 10,
2900 Oldenburg, Tel.: (04 41) 20 35 23.

Biochemischer Verein 1923 Osnabrück e. V.

Vorsitzender: Hartmut Bei der Kellen
Geschäftsstelle: Werner Campe, Oststraße 53,
4500 Osnabrück, Tel.: (05 41) 2 62 69.

Verein für angewandte Biochemie Pirmasens e. V.
Vorsitzende: Lilli Jekel, Bahnhofstraße 2 - 6,
6780 Pirmasens, Tel.: (0 63 31) 9 59 00.

Homöopathisch-Biochemischer Verein Recklinghausen
Vorsitzender: Kasimir Andrzejewski,
Hochlarmarkstraße 3 B,
4350 Recklinghausen, Tel.: (0 23 61) 3 38 51 (Rutecki)

Biochemischer Verein Remscheid e. V.

Baustraße 39, 5630 Remscheid 1,
Vorsitzende: Ilse Mühlenmeister,
Falkenberger Straße 12,
5630 Remscheid 1, Tel.: (0 21 91) 3 16 10.

„Gesundheitskreis" Biochem. Verein e. V. Rimbach

1. Vorsitzender: Wolfram Herzog, Staatsstraße 1,
6149 Rimbach/Odenwald, Tel.: (0 62 53) 69 89.

Biochemischer Verein Rosenheimer Land e. V.

1. Vorsitzender: Toni Ernst, Rote Wand 1,
8201 Neubeuern (Inn), Tel.: (0 80 35) 39 39.

Biochemischer Verein Schonungen-Waldsachsen e. V.
– Verein für Volksgesundheit –

Vorsitzender: Eduard Kenner, Wilhelmstraße 20,
8721 Niederwerrn, Tel.: (0 97 21) 4 06 88

Biochemischer Verein e. V. Stadthagen

Vorsitzender: Helmut Külpmann,
Wietersheimer Straße 20,
3060 Stadthagen, Tel.: (0 57 21)46 23.

Biochemischer Verein Stuttgart

Vorsitzender: Robert Krämer, Wehinger Weg 5,
7000 Stuttgart 75 (Sillenbuch), Tel.: (07 11) 47 46 76.

Geschäftsstelle: Doris Stahl, Werastraße 59,
7000 Stuttgart 1, Tel.: (07 11) 24 68 02.

Verein für natürliche Lebensweise St. Wendel/Saar e. V.
– Verein für Biochemische Heilweise
nach Dr. med. Wilhelm Schüßler

1. Vorsitzender: Alfred Ziegler, Kelsweilerstr. 28,
6690 St. Wendel, Tel.: (0 68 51) 38 13.

Biochemischer Verein Wiesbaden und Umgebung e. V.

1. Vorsitzender: Peter Pohland, Tannenring 69,
6200 Wiesbaden 65, Tel.: (0 61 27) 6 11 86.

Biochemischer Gesundheitsverein e. V. Wilhelmshaven

1. Vorsitzender: Rolf Lübke, Joh.-Seb.-Bach-Str. 56,
2940 Wilhelmshaven, Tel.: (0 44 21) 8 39 41.

Biochemischer Verein Wolfenbüttel e. V.

1. Vorsitzende: Petra Cholewa, Breslauer Straße 2,
3340 Wolfenbüttel, Tel.: (0 53 31) 7 75 83.

Biochemischer Verein Würzburg-Lengfeld e. V.
– Verein für Volksgesundheit –

Vorsitzender: Rudolf Ebert,
Alfons-M.-Mitnacht-Straße 4,
8700 Würzburg-Lengfeld, Tel.: (09 31) 27 11 14.

Homöop.-Biochemischer-Gesundheitsverein Wunstorf e. V.

Vorsitzender: Herbert Ilsenstein, Wedekindstr. 28,
3000 Hannover 1, Tel.: (05 11) 66 85 49.

Geschäftsstelle:
Alte Bahnhofstraße 26, 3050 Wunstorf

Biochemischer Verein Wuppertal e. V.

1. Vorsitzender: Siegfried Bierkamp,
Neue Friedrichstraße 54,
5600 Wuppertal 1, Tel.: (02 02) 45 10 76.

Geschäftsstelle und Beratungsstelle: Hofkamp 133.

Biochemischer Bund Deutschland e. V. Kontaktstelle Schweiz

Verein für angewandte Biochemie nach Dr. Schüßler,
Präsidentin: Hilde Eckert, Rüteli 242,
CH-5224 Unterbözberg (AG),
Tel.: i. d. Schweiz: 0 56/41 77 86,
Tel.: von Deutschland aus: 00 41 56/41 77 86.

Biochemischer Verein Graz/Österreich

Frau Maria Bauernhofer, Buchkogelgasse 10,
A-8020 Graz, Tel.: (03 16) 94 12 83.

Literatur-Verzeichnis

Berg, Ragnar, Die Nahrungs- und Genußmittel, Verlag Emil Pohl, Dresden 1929.

Copei, F. und Ad. Quest, Der biochemische Ratgeber, Lage in Lippe, 1906.

Deters, Hermann, Handbuch der Schüßler'schen Biochemie, Verlag Dr. Madaus & Co, Radeburg 1926.

Diwok, Dr. W., Körperbau und Lebensvorgänge der Menschen, 22. Aufl., Fröhlich-Verlag, Hamburg.

Frey, Dr. med. O., Atlas der Anatomie des Menschen, 6. Auflage, Schreiber, Eßlingen.

Froher Sinn – Gesundes Leben, Monatschrift, jetzt Biochemie Allgemeine, Jesteburg.

Halbfas-Ney, Dr. med. Paul, Erkrankungen der Nieren, Blase, Vorsteher-Drüse, Wilkens Verlag, Hannover.

Hertwig, Hugo, Gesund durch Heilpflanzen, Schaffer-Verlag, Berlin.

Hickethier, Kurt, Lehrbuch der Biochemie, 1925.

Hippokrates, Zeitschrift f. prakt. Heilkunde, Hippokrates-Verlag.

Jung, Heinrich, Dr. med., Die Zerstörung der normalen Zellatmung als Ursache des Krebses, Hilchenbach 1960.

Kahn, Fritz, Das Leben des Menschen, 5 Bände, Stuttgart 1925.

Kiesswetter, Dr. med., Biochemie, eine natürliche Heilweise, Neubabelsberg 1937.

Kollath, Werner, Prof. Dr. med., Die Ordnung unserer Nahrung, Stuttgart 1953.

Lampert, H., Prof. Dr. med., Umstrittene Heilverfahren, Hippokrates-Verlag 1953.

Meinert, F., prakt. Tierarzt, Leitfaden zur biochemischen Behandlung unserer kranken Haustiere, Bünde.

Meyer, A., Die Biochemie Dr. Schüßlers, Oldenburg 1921.

Reiff, Dr. med., Gesammelte Beweise für die Richtigkeit der Mineralsalztherapie, Oldenburg i. O. 1932.

Ruediger, Dr. med., Kleine Anatomie des menschlichen Körpers, Fröhlich, Hamburg.

Schneider, Dr. med. J., Biochemischer Hausarzt, Schwabe, Leipzig 1918.

Schnitzer, Dr. med. dent. J. G., Gesund und vital, Der Schnitzer-Report, 1974.

Seifert, A., Gärtnern ohne Gift, Biederstein, 1975.

Silberkuhl, Dr. W., Wie pflege ich Kranke, Fröhlich, Hamburg.

Spang, Prof. Dr. K., Taschenbuch der Therapie, Leipzig 1961.

Tippelskirch, Dr. med. von, Naturgemäße Heilung von Augenleiden, Wilkens, Hannover.

Venzmer, Dr. med. et. phil., Blut ist ein besonderer Saft, Franckh., Stuttgart.

Vester, Dr. F., Das Überlebensprogramm, Kindler, 1972.

Voß u. Herrlinger, Taschenbuch der Anatomie, Band 1–3, Verlag Gustav Fischer, Stuttgart.